"十四五"职业教育国家规划教材

高等职业教育药学类与食品药品类专业第四轮教材

实用发酵工程技术 第2版

（供药学类、药品与医疗器械类、食品类、生物技术类专业用）

主 编 臧学丽 李 宁

副主编 徐 意 范 琳 张天竹

编 者 （以姓氏笔画为序）

于 丽（黑龙江职业学院） 文 雯（杨凌职业技术学院）

刘小鸣（辽宁职业学院） 李 宁（山东药品食品职业学院）

张天竹（重庆医药高等专科学校） 范 琳（威海职业学院）

林俊涵（福建生物工程职业技术学院） 赵慧娟（长春医学高等专科学校）

徐 意（天津生物工程职业技术学院） 温兆林（辽宁医药职业学院）

臧学丽（长春医学高等专科学校）

中国健康传媒集团

中国医药科技出版社

内容提要

　　本教材是"高等职业教育药学类与食品药品类专业第四轮教材"之一，系根据发酵工程技术教学大纲的基本要求和课程特点编写而成。内容上涵盖发酵制药生产企业典型岗位职业能力和工作任务等，按项目、任务、工作过程导向设计教材内容。本教材直接对接职业领域、职业岗位，突出新技术、新工艺、新规范的要求，以学生应用技能和岗位能力培养为基本目标，注重学生职业素养和职业能力的持续发展，将职业素质培养贯穿教材始终，形成了体系化、前沿性、工作整体性特色的课程思政内容。本教材为书网融合教材，配套知识点体系、微课、PPT、题库数字化资源，使数字化资源更多样化、立体化。

　　本教材可供全国高职高专院校药学类、药品与医疗器械类、食品类、生物技术类专业师生教学使用，也可作为相关从业人员的参考用书。

图书在版编目（CIP）数据

　　实用发酵工程技术/臧学丽，李宁主编．—2 版．—北京：中国医药科技出版社，2021.7（2025.1重印）

　　高等职业教育药学类与食品药品类专业第四轮教材

　　ISBN 978 - 7 - 5214 - 2551 - 2

　　Ⅰ.①实…　　Ⅱ.①臧…②李…　　Ⅲ.①发酵工程—高等职业教育—教材　　Ⅳ.①TQ92

　　中国版本图书馆 CIP 数据核字（2021）第 143889 号

美术编辑　陈君杞
版式设计　友全图文

出版　**中国健康传媒集团** | 中国医药科技出版社
地址　北京市海淀区文慧园北路甲 22 号
邮编　100082
电话　发行：010 - 62227427　邮购：010 - 62236938
网址　www. cmstp. com
规格　889×1194mm ⅟₁₆
印张　15 ¼
字数　397 千字
初版　2017 年 1 月第 1 版
版次　2021 年 7 月第 2 版
印次　2025 年 1 月第 5 次印刷
印刷　大厂回族自治县彩虹印刷有限公司
经销　全国各地新华书店
书号　ISBN 978 - 7 - 5214 - 2551 - 2
定价　**48.00 元**

获取新书信息、投稿、为图书纠错，请扫码联系我们。

出版说明

　　"全国高职高专院校药学类与食品药品类专业'十三五'规划教材"于2017年初由中国医药科技出版社出版，是针对全国高等职业教育药学类、食品药品类专业教学需求和人才培养目标要求而编写的第三轮教材，自出版以来得到了广大教师和学生的好评。为了贯彻党的十九大精神，落实国务院《国家职业教育改革实施方案》，将"落实立德树人根本任务，发展素质教育"的战略部署要求贯穿教材编写全过程，中国医药科技出版社在院校调研的基础上，广泛征求各有关院校及专家的意见，于2020年9月正式启动第四轮教材的修订编写工作。

　　党的二十大报告指出，要办好人民满意的教育，全面贯彻党的教育方针，落实立德树人根本任务，培养德智体美劳全面发展的社会主义建设者和接班人。教材是教学的载体，高质量教材在传播知识和技能的同时，对于践行社会主义核心价值观，深化爱国主义、集体主义、社会主义教育，着力培养担当民族复兴大任的时代新人发挥巨大作用。在教育部、国家药品监督管理局的领导和指导下，在本套教材建设指导委员会专家的指导和顶层设计下，依据教育部《职业教育专业目录（2021年）》要求，中国医药科技出版社组织全国高职高专院校及相关单位和企业具有丰富教学与实践经验的专家、教师进行了精心编撰。

　　本套教材共计66种，全部配套"医药大学堂"在线学习平台，主要供高职高专院校药学类、药品与医疗器械类、食品类及相关专业（即药学、中药学、中药制药、中药材生产与加工、制药设备应用技术、药品生产技术、化学制药、药品质量与安全、药品经营与管理、生物制药专业等）师生教学使用，也可供医药卫生行业从业人员继续教育和培训使用。

　　本套教材定位清晰，特点鲜明，主要体现在如下几个方面。

1. 落实立德树人，体现课程思政

　　教材内容将价值塑造、知识传授和能力培养三者融为一体，在教材专业内容中渗透我国药学事业人才必备的职业素养要求，潜移默化，让学生能够在学习知识同时养成优秀的职业素养。进一步优化"实例分析/岗位情景模拟"内容，同时保持"学习引导""知识链接""目标检测"或"思考题"模块的先进性，体现课程思政。

2. 坚持职教精神，明确教材定位

　　坚持现代职教改革方向，体现高职教育特点，根据《高等职业学校专业教学标准》要求，以岗位需求为目标，以就业为导向，以能力培养为核心，培养满足岗位需求、教学需求和社会需求的高素质技能型人才，做到科学规划、有序衔接、准确定位。

3. 体现行业发展，更新教材内容

　　紧密结合《中国药典》（2020年版）和我国《药品管理法》（2019年修订）、《疫苗管理法》（2019

年）、《药品生产监督管理办法》（2020年版）、《药品注册管理办法》（2020年版）以及现行相关法规与标准，根据行业发展要求调整结构、更新内容。构建教材内容紧密结合当前国家药品监督管理法规、标准要求，体现全国卫生类（药学）专业技术资格考试、国家执业药师职业资格考试的有关新精神、新动向和新要求，保证教育教学适应医药卫生事业发展要求。

4. 体现工学结合，强化技能培养

专业核心课程吸纳具有丰富经验的医疗机构、药品监管部门、药品生产企业、经营企业人员参与编写，保证教材内容能体现行业的新技术、新方法，体现岗位用人的素质要求，与岗位紧密衔接。

5. 建设立体教材，丰富教学资源

搭建与教材配套的"医药大学堂"（包括数字教材、教学课件、图片、视频、动画及习题库等），丰富多样化、立体化教学资源，并提升教学手段，促进师生互动，满足教学管理需要，为提高教育教学水平和质量提供支撑。

6. 体现教材创新，鼓励活页教材

新型活页式、工作手册式教材全流程体现产教融合、校企合作，实现理论知识与企业岗位标准、技能要求的高度融合，为培养技术技能型人才提供支撑。本套教材部分建设为活页式、工作手册式教材。

编写出版本套高质量教材，得到了全国药品职业教育教学指导委员会和全国卫生职业教育教学指导委员会有关专家以及全国各相关院校领导与编者的大力支持，在此一并表示衷心感谢。出版发行本套教材，希望得到广大师生的欢迎，对促进我国高等职业教育药学类与食品药品类相关专业教学改革和人才培养作出积极贡献。希望广大师生在教学中积极使用本套教材并提出宝贵意见，以便修订完善，共同打造精品教材。

数字化教材编委会

主　编　臧学丽　李　宁

副主编　张天竹　徐　意　范　琳

编　者　(以姓氏笔画为序)

于　丽（黑龙江职业学院）

文　雯（杨凌职业技术学院）

刘小鸣（辽宁职业学院）

李　宁（山东药品食品职业学院）

张天竹（重庆医药高等专科学校）

范　琳（威海职业学院）

林俊涵（福建生物工程职业技术学院）

赵慧娟（长春医学高等专科学校）

徐　意（天津生物工程职业技术学院）

温兆林（辽宁医药职业学院）

臧学丽（长春医学高等专科学校）

前言 《

发酵工程技术是生物技术的重要组成部分，是实现生物技术工业化的关键环节，也是药品生产技术、药品生物技术、生物制药技术的专业核心课程。本教材的编写以教师为主体，并与企业专家紧密协作，共同完成。教师掌握教学规律，具备丰富的教学理论和教学经验，熟悉学生的接受能力、素质基础和实际状况，了解何种方式更加容易让学生接受新知识，而企业专家工作在第一线，掌握最新行业动态和职业诉求，更为知晓现实职场中所需要的专业知识和职业素养，双方互相合作，满足学生对专业知识和职业素养的需要。

本教材依据发酵制药企业生产岗位的工作流程，确定发酵生产的典型岗位及每个岗位的典型工作任务，通过职业能力分析，确定发酵制药生产各典型岗位职业能力清单，并以此为依据构建各个项目，目的是培养学生运用所学知识和技能解决实际问题的能力，并以"奉献精神"和"工匠精神"为本教材的思政教育主题，实施课程思政。教材内容安排以典型的发酵工艺流程为主线，以工作任务为中心组织教材内容，凸显职业领域完成工作任务的知识系统性和工作整体性，以及知识与技能的关联性。教材内容以发酵制药生产企业典型岗位职业能力和工作任务为依据，按项目、任务、工作过程导向设计教材内容，充分考虑工作任务的实用性、典型性和可操作性，项目后还精选发酵过程中重要操作环节作为实训项目，为根据学生的培养方向、未来就业的岗位量身编写，提高教材与工作体系、工作过程的关联度，符合最新实际岗知识与技能需求。实践教学内容难易得当，各高职院校可根据的实训条件灵活选用。与上一版教材相比，本版教材新增生物制品、抗体等新型生物药物发酵生产案例、生物安全与职业防护等内容，全面覆盖行业需求和岗位任职能力所要求的知识体系。本教材为书网融合教材，即纸质教材有机融合电子教材、教学配套资源（PPT、微课、视频等）、题库、数字化教学服务（在线教学、在线作业、在线考试）。

本教材由臧学丽、李宁担任主编，全书共十个项目，具体分工如下：臧学丽编写项目一、项目二、项目三、项目四、项目六、项目七、项目九，李宁编写项目六、项目十，徐意编写项目九，范琳编写绪论，张天竹编写项目七，赵慧娟编写项目二，温兆林编写项目四，于丽编写项目一，林俊涵编写项目三，文雯编写项目五，刘小鸣编写项目八。山东鲁抗医药股份有限公司马继革给予审查并提出了许多宝贵意见，在此表示衷心的感谢。

本教材可供全国高职高专院校药学类、药品与医疗器械类、食品类、生物技术类专业师生教学使用，也可作为相关从业人员的参考用书。

本教材虽然参考了大量近期文献，并结合了各自的教学经验，但鉴于发酵工程发展迅速及编者的能力所限，内容难免有错漏之处，敬请批评指正，以便修订时完善。

编 者
2021 年 5 月

目录
CONTENTS

学习引导

工业生产上笼统地把一切依靠微生物的生命活动而实现的工业生产均称为"发酵",这样定义的发酵就是"工业发酵"。发酵技术是生物技术中最早发展和应用的食品加工技术之一,如许多传统的发酵食品(如酒、豆豉)等。随着分子生物学和细胞生物学的快速发展,现代发酵技术应运而生,传统发酵技术与DNA重组技术等现代生物技术相结合,已经广泛应用到生物制药行业中。

绪论将围绕发酵的特点和发酵产品以及微生物药物、微生物制药的一般生产过程展开介绍。

学习目标

1. **掌握** 发酵的概念、特点及其产品的范围。
2. **了解** 微生物药物、微生物制药的一般生产过程。
3. **熟悉** 工业发酵类型。

一、发酵和发酵工程的基本概念 微课

发酵现象早已被人们所认识,但了解它的本质却是近200年来的事,英语中"发酵"一词"fermentation"是从拉丁语"fervere"派生而来的,原意为"翻腾",它描述酵母作用于果汁或麦芽浸出液时的现象,现在发酵技术已发展成一门工程学科和独立的工业。

发酵的定义因使用场合的不同而不同。通常所说的生化和生理意义的发酵,多是指生物体对于有机物的某种分解过程,发酵是人类较早接触的一种生物化学反应。更严格地说,发酵是以有机物作为电子受体的氧化还原产能反应。

工业上的发酵泛指大规模的培养微生物生产有用产品的过程,既包括微生物厌氧发酵,如乙醇、乳酸等;也包括微生物好氧发酵,如抗生素、氨基酸、酶制剂等,产品有细胞代谢产物,也包括菌体细胞、酶等。传统的发酵工程是指利用微生物的生长和代谢活动来大量生产人们所需要的产品的过程。该技术体系主要包括菌种选育和保藏、菌种扩大培养、代谢产物的合成与分离纯化制备等,如酿造与食品业、抗生素、氨基酸等生产。现代发酵工程是将DNA重组和细胞融合技术、酶工程技术及代谢调控技术、过程工程优化与放大技术等新技术与传统发酵工程相融合,大大提高传统发酵技术水平,拓展传统发酵应用领域和产品范围的一种现代工业生物技术体系,如基因工程药物、细胞工程药物、疫苗等,而各种生物技术分支之间存在着交叉渗透的现象(表绪-1)。

表绪-1 生物工程五大主要技术体系及其联系

生物工程	主要操作对象	工程目的	与其他工程的关系
基因工程	基因及动物细胞、植物细胞、微生物细胞	改造物种	通过细胞工程、发酵工程，使目的基因得以表达
细胞工程	动物细胞、植物细胞、微生物细胞	改造物种	为发酵工程提供菌种，使基因工程得以实现
发酵工程	微生物	获得菌体及各种代谢产物	为酶工程提供酶的来源
酶工程	微生物	获得酶制剂或固定化酶	为其他生物工程提供酶制剂
蛋白质工程	蛋白质空间结构	合成具有特定功能的新蛋白质	是基因工程的延续

二、微生物发酵工程的特点

发酵工业是利用微生物所具有的生物加工与生物转化能力，将廉价的发酵原料转化为各种高附加值产品的产业。它与化工产业相比，具有以下特点。

（1）以活的生命体（微生物）作为目标反应的实现者，反应过程中既涉及特异的化学反应的发生，又涉及生命个体的代谢存活及生长发育，生物反应机制非常复杂，较难控制，反应液杂质较多，不容易提取、分离，因此微生物制药是一个极其复杂的生产过程，但目标反应过程以生命体的自动调节方式进行，数十个反应过程能够在发酵设备中一次完成。

（2）反应通常在常温常压下进行，条件温和，能耗小，设备较简单。

（3）原材料来源丰富、价格低廉，过程中废物的危害性较小，但原料成分往往难以控制，给产品质量带来一定影响，生产原料通常以糖蜜、淀粉及碳水化合物为主，可以是农副产品、工业废水或可再生资源，微生物本身能选择性地摄取所需物质。

（4）由于活的生命体参加反应，受微生物代谢特征的限制（不能耐高渗透压、高浓度底物或产物易导致酶活下降），反应液中底物浓度和产物浓度均不应过高，否则会导致生产能力下降，设备体积庞大。

（5）微生物参与发酵，能够高度选择地进行复杂化合物在特定部位发生的氧化、还原、脱氢、脱氨及官能团引入或去除等反应，易产生复杂的高分子化合物。

（6）微生物发酵过程是微生物菌体非正常的、不经济的代谢过程，生产过程中应为其代谢活动提供良好的环境，因此，必须防止杂菌污染，要进行严格冲洗、灭菌，空气需要过滤等。另外，微生物发酵生产周期长，生产稳定性差，技术复杂，不确定因素多。废物排放及治理要求高，难度大，因此应在实践中不断摸索创新。

（7）产品的质量标准不同，生产环境亦不同，对要求无菌的产品，其最后一道工序必须在洁净车间内完成，所有接触该药物的设备、容器必须灭菌，而操作者也需进行检验及工作前的无菌处理等。

（8）现代微生物发酵的最大特点是高技术含量、全封闭自动化、全过程质量控制、大规模反应器生产和新型分离技术综合利用等。

基于以上特点，发酵工业日益受到人们的重视，与传统的发酵工艺相比，现代发酵工业除上述特点之外更有其优越性，如除了使用从自然界筛选的微生物外，还可以采用人工构建的"基因工程菌"或微生物发酵产生的酶制剂进行生物产品的工业化生产，而且发酵设备也已被自动化、连续化设备所代替，使发酵水平在原来的基础上得到大幅提高，发酵类型不断创新。

三、微生物发酵工程典型工艺流程及产品类型

发酵工程是利用微生物机能将物料加工成所需产品的工业化过程,即工业微生物发酵过程。无论是从微生物体内,还是从其代谢产物中,亦或是用遗传工程菌获得产品,都必须依赖发酵工程技术。

1. 发酵工程一般过程 一般包括菌体生产及代谢产物或转化产物的发酵生产。其主要内容包括生产菌种的选育培养及扩大,培养基的制备,设备与培养基的灭菌,无菌空气的制备,发酵工艺控制,产物的分离、提取与精制,成品的检验与包装等。较常用的深层发酵生产过程如图绪-1所示。

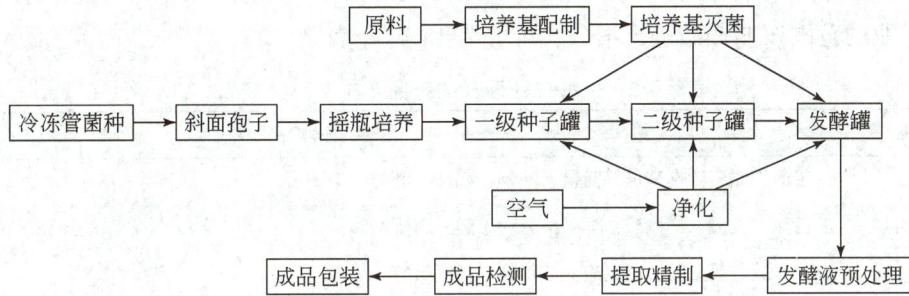

原料 → 培养基配制 → 培养基灭菌

冷冻管菌种 → 斜面孢子 → 摇瓶培养 → 一级种子罐 → 二级种子罐 → 发酵罐

空气 → 净化

成品包装 ← 成品检测 ← 提取精制 ← 发酵液预处理

图绪-1 深层发酵一般生产过程

2. 发酵工业产品类型 发酵工业的应用范围很广,分类方法也多种多样,依据最终发酵产品的类型可以分为五大类。

(1)微生物菌体发酵 这是以获得具有某种用途的菌体为目的的发酵。菌体发酵可用来生产一些药用真菌,如香菇类、冬虫夏草菌及与天麻共生的密环菌、茯苓菌、担子菌等,可通过发酵培养的手段来产生与天然产品具有等同疗效的药用产物。有的微生物菌体还可用作生物防治剂,如苏云金杆菌、蜡状芽孢杆菌和侧孢芽孢杆菌,其细胞中的伴孢晶体可杀死鳞翅目、双翅目害虫;丝状真菌的白僵菌、绿僵菌可防治松毛虫。这类发酵类型中细胞的生长与产物的积累呈平行关系,生长速率最大的时期也是产物合成最高的阶段,生长稳定期细胞物质浓度最大时,也是产量最高的收获时期。

(2)微生物酶发酵 通过微生物发酵手段来实现酶的生产,用于医药生产和医疗检测中。如青霉素酰化酶用来生产半合成青霉素所用的中间体6-APA;胆固醇氧化酶用于检查血清中胆固醇的含量;葡萄糖氧化酶用于检查血液中葡萄糖的含量等。酶生产菌大多是细菌、酵母菌和霉菌等,酶的生产受到严格调节控制,为了提高酶的生产能力,就必须解除酶合成的控制机制,如培养基中加入诱导剂来诱导酶的产生,或者诱变和筛选产生菌的突变株,来解除菌体对酶合成的反馈阻遏等方法,以提高酶产量。

(3)微生物代谢产物发酵 利用微生物发酵可以获得不同的代谢产物。在菌体对数生长期所产生的产物,是菌体生长繁殖所必需的,这些产物称为初级代谢产物,如氨基酸、核苷酸、蛋白质、核酸、糖类等。在菌体生长静止期,某些菌体能合成一些具有特定功能的产物,如抗生素、细菌毒素等,这些产物与菌体的生长繁殖无明显关系,称为次级代谢产物,这类产物是菌体在生长稳定期合成的具有特定功能的产物,也受许多调节机制的控制。由于抗生素不仅具有广泛的抗菌作用,而且有抗毒素、抗癌、镇咳等生理活性,因此得到大力发展,已成为发酵工业的主导产品。

(4)微生物转化发酵 是利用微生物细胞的一种或多种酶把一种化合物转变成结构相关的更有经济价值的产物。可进行的转化反应包括脱氢反应、氧化反应、脱水反应、缩水反应、脱羟反应、氨化反

应、脱氨反应和异构化反应。突出的微生物转化是甾类转化，甾类激素包括醋酸可的松等皮质激素和黄体酮等性激素。过去制造甾类激素是采用单纯化学法，工序复杂，收率很低，利用微生物转化后，合成步骤大为减少。如胆酸化学合成可的松需37步，用微生物转化减少到11步；又如胆固醇化学合成雌酚酮需经6步反应，用微生物法可减少至3步。因此，微生物转化法在许多复杂反应的应用上有更大优势，今后利用微生物转化法来实现复杂药物的合成会越来越多。

（5）生物工程细胞的发酵　这是利用生物工程技术所获得的细胞，如DNA重组的"工程菌"以及细胞融合所得的"杂交"细胞等进行培养的新型发酵，其产物多种多样。用基因工程菌生产的有胰岛素、干扰素、青霉素酰化酶等，用杂交瘤细胞生产的有用于治疗和诊断的各种单克隆抗体。

若将发酵工业的范围按照产品进行细分，可分为14类（表绪-2）。

表绪-2　发酵工业涉及的范围及主要发酵产品

发酵工业范围	主要发酵产品
食品发酵工业	酱油、醋、活性酵母、面包、酸奶、奶酪、酒等
有机酸发酵工业	乙酸、乳酸、枸橼酸、苹果酸、琥珀酸、丙酮酸等
氨基酸发酵工业	谷氨酸、赖氨酸、色氨酸、苏氨酸、精氨酸等
低聚糖与多糖发酵工业	低聚果糖、香菇多糖、云芝多糖、葡聚糖、黄原胶等
核苷酸发酵工业	肌苷酸、鸟苷酸、黄苷酸
药物发酵工业	抗生素：青霉素、头孢菌素、链霉素、制霉菌素、丝裂霉素等 基因工程制药工业：促进红细胞生成素、集落刺激因子、表皮生长因子、人生长激素、干扰素、白介素、各种疫苗、单克隆抗体等 药理活性物质发酵工业：免疫抑制剂、免疫激活剂、糖苷酶抑制剂、脂酶抑制剂、类固醇激素等
维生素发酵工业	维生素C、维生素B_2、维生素B_{12}等
酶制剂发酵工业	淀粉酶、蛋白酶、脂酶、青霉素酰化酶、葡萄糖氧化酶、海因酶等
发酵饲料工业	干酵母、单细胞蛋白、益生菌、青贮饲料、抗生素和维生素饲料添加剂等
生物肥料与农药工业	细菌肥料、赤霉素、除草菌素、苏云金杆菌、白僵菌、绿僵菌、杀稻瘟菌素、有效霉素、春日霉素等
有机溶剂发酵工业	甘油、乙醇、丙酮、丁醇溶剂等
微生物环境净化工业	利用微生物处理废水、污水等
生物能工业	沼气、纤维素等发酵生产乙醇、乙烯甲烷等能源物质
微生物冶金工业	利用微生物探矿、冶金、石油脱硫等

即学即练

答案解析

发酵工业依据最终发酵产品的类型可以分为（　　　）
A. 微生物菌体发酵　　　　B. 微生物酶发酵　　　　C. 微生物代谢产物发酵
D. 微生物转化发酵　　　　E. 生物工程细胞的发酵

3. 生物反应器　是微生物实现目标生物化学反应过程的关键场所。生物反应器性能的好坏将影响产品的质量及产量，生物反应器的性能常常受到传热、传质能力限制。因此，改进生物反应器的传递性能，同时力争反应器向大型及自动化方向发展是今后发展的主要方向。比较常见的生物反应器有机械搅拌式反应器、气升式反应器、鼓泡式反应器、固定床反应器、流化床反应器、膜生物反应器等。

四、微生物发酵工程的发展史

发酵工程技术的历史可以根据发酵技术的重大进步大致分为自然发酵阶段、纯培养发酵阶段、深层通气发酵阶段和基因工程育种阶段 4 个阶段（表绪 –3）。

表绪 –3 发酵工程技术的历史阶段及其特点

发展阶段	技术特点及发酵产品
自然发酵 （1990 年以前）	利用自然发酵制曲酿酒，制醋，栽培食用菌，酿制酱油、酱品、泡菜、干酪、面包以及沤肥等 特点：凭生产经验，主要是食品，混菌发酵
纯培养发酵 （1900 ~ 1940 年）	利用微生物纯培养技术发酵生产面包、酵母、甘油、乙醇、乳酸、丙酮、丁醇等厌氧发酵产品，以及枸橼酸、淀粉酶、蛋白酶等好氧发酵产品 特点：生产过程简单，对发酵设备要求不高，生产规模不大，发酵产品的结构比原料简单，属于初级代谢产物
深层通气发酵 （1940 年以后）	利用液体深层通气培养技术大规模发酵生产抗生素以及各种有机酸、酶制剂、维生素、激素等产品 特点：微生物发酵的代谢从分解代谢转变为合成代谢；真正无杂菌发酵的机械搅拌液体深层发酵罐诞生；微生物学、生物化学、生化工程三大学科形成了完整的体系
基因工程育种 （1979 年以后）	利用 DNA 重组技术构建的生物细胞发酵生产人们所希望的各种产品，如胰岛素、干扰素等基因工程产品 特点：按照人们的意愿改造物种，发酵生产人们所希望的各种产品；生物反应器也不再是传统意义上的钢铁设备，昆虫躯体、动物细胞乳腺、植物细胞的根茎果实都可以看作一种生物反应器；基因工程技术使发酵工业发生了革命性变化

1. 自然发酵阶段 几千年前，人们在长期的日常生产生活中发现一些粮食经过一段时间的储存后，经过自然界一些因素的作用，会产生一些像酸、辣等味道的奇怪现象，这些奇怪的味道逐渐被人们所接受并喜欢。人们慢慢地积累经验，利用自然界的这种现象来生产喜欢的产品，从事酿酒、酱、醋等生产，改善人们的生活。但是，人们对这种现象的本质一无所知，直到 19 世纪仍然是一知半解。当时酿酒、酱、醋等产品完全凭经验，当周围的环境变化了，自然会导致产品的口味变化。

19 世纪以前，发酵一直处于天然发酵阶段，凭经验传授技术，靠自然条件，属于天然发酵技术时期。

2. 微生物纯培养技术阶段 1676 年，荷兰人列文·虎克制成能放大 170 ~ 300 倍的显微镜，首先观察到了微生物，至此人们可以借助光学仪器来观察、认识微生物，并进行利用微生物研究。19 世纪 60 年代，法国科学家巴斯德首先证实发酵是由微生物引起，并首先建立了微生物纯培养技术，从而为发酵技术的发展提供了理论基础，将发酵技术纳入科学的轨道。19 世纪末至 20 世纪 40 年代，以微生物发酵生产的产品逐渐发展起来，有很多药品或与医药有关的产品，如乳酸、枸橼酸、甘油、葡萄糖酸、核黄素等相继生产，诞生了第一代微生物制药技术。但这些产物均属于初级代谢产物，代谢形成过程比较简单，产物化学结构和原料也简单，代谢类型大多属分解代谢兼发酵过程，此阶段特点为发酵条件调控简单，大多表面培养，设备要求不高，规模不大。

3. 液体深层通气搅拌发酵技术阶段 20 世纪 40 年代以后，抗生素成为代表，这是一类由微生物次级代谢产生的生物合成药物，形成途径复杂、发酵周期长，产物结构较原料复杂和不稳定，绝大多数属于好氧性发酵，通气量要求大，氧供应要求高；许多次级代谢途径是由质粒调控的，原始菌合成单位很低，但临床药用量很大，这一矛盾促进了对微生物制药技术的进一步研究开发，使微生物制药技术步入新的阶段，如菌种筛选、培养、诱变及驯育、深层多级发酵、提炼等。

这段时期始于 1928 年英国学者 Fleming 发现了抗菌物质，1940 年英国牛津大学病理学教授 Florey 和生化专家 Chain 等提取并证明了青霉素的疗效。起初是沿用初级代谢产物的发酵条件，采用表面培养法生产青霉素，虽然设备要求不高，规模不大，但成本高、劳动强度大。这是由于次级代谢产物形成途径复杂、周期长、产物结构复杂并且不稳定。随后研发了搅拌发酵沉没法，提高了供氧和通气量，同时在菌株选育、培养和深层发酵、提取技术和设备的研究方面取得了突破性进展，给抗生素生产带来了革命性的变化，开始了微生物工业时代。随着链霉素、金霉素、红霉素等抗生素出现，抗生素工业迅速发展，成为制药业的独立门类，抗生素生产经验很快应用于其他药品的发酵生产，如氨基酸、维生素、甾体激素等。黑根霉一步生物转化孕酮为羟基孕酮，实现了甾体类激素的工业化生产；醋酸杆菌转化山梨醇，使得维生素 C 能人工全合成。

4. 基因工程育种技术阶段　现代生物制药技术是以 20 世纪 70 年代重组 DNA 技术的建立，标志着生物核心技术——基因工程技术开始。向人们提供了一种全新的技术手段，使人们可以按照意愿在试管内切割 DNA，分离基因并重组后导入其他生物或微生物细胞，改良菌种的生理特性，借以产生新的代谢产物或提高产量，特别是生产异源蛋白质、药物、疫苗。基因工程菌在工业上的应用，开辟了微生物发酵的新天地。另外，原生质体和原生质体融合技术、突变生物合成技术、利用微生物选择性催化合成重要手性药物技术等也为生物制药技术增添了新的活力。

中国微生物制药业的发展已有几十年的历史。1953 年，青霉素在上海第三制药厂正式投产，1958年，中国最大的抗生素生产厂华北制药厂建成，随后全国各地陆续建成一批抗生素生产厂，中国抗生素工业开始蓬勃发展，主要品种都能生产，产量已满足国内需要，并部分出口。1957 年～1964 年，谷氨酸发酵研制成功并投入生产，产量很大，基本已能满足国内需要。1960 年，开始核酸类物质的发酵生产，肌苷等已可以批量生产。20 世纪 70 年代，中国成功研究"二步法"生产维生素 C，在国际上处于领先地位。目前，甾体激素类药物也通过微生物转化法步入生产，各种疫苗（如重组乙肝疫苗、痢疾疫苗等）、基因工程药物［如干扰素（IFN）、重组人生长激素（rhGH）、促红细胞生成素（EPO）、白细胞介素–2（IL–2）］等也已步入生产。

五、微生物药物与微生物制药

（一）微生物药物

1. 概念　微生物药物是指包含抗生素在内，在抗生素研究发展过程中逐渐扩展开的，由微生物生产的具有抗细菌、抗真菌、抗病毒、抗肿瘤、抗高血脂、抗高血压作用的药物，以及抗氧化剂、酶抑制剂、免疫调节剂、镇定止痛剂等药物的总称。

2. 分类　微生物药物按来源分为三类。

（1）来源于微生物整体或部分实体的药物　如菌苗、疫苗、类毒素、抗毒素、抗血清；诊断用血液、血清、毒素、抗原以及诊断或治疗用抗体等，此类药物应用历史绵远，称为生物制品。

（2）来源于微生物初级代谢产物的药物　如构成微生物机体大分子骨架的氨基酸、核酸和辅酶、酶的辅基、维生素等非机体构成物，以及与物质代谢、能量代谢有关的有机酸、醇类等，其中有一些用作医药。

（3）来源于微生物次级代谢产物的药物　抗生素是最重要的一类来源微生物次级代谢产物的药物，在控制感染、治疗癌症等方面发挥了重大作用。抗生素以外的来源于微生物次级代谢产物的药物，一般称为生理活性物质，包括酶抑制剂与诱导剂、免疫调节剂与细胞功能调节剂、受体拮抗剂与激动剂以及具有其他药理活性的物质。

（二）微生物制药

微生物发酵制药主要是指利用微生物的生长繁殖通过发酵代谢合成一定产物，然后从中分离提取、精制纯化，获得药品的过程。生产药物的天然微生物主要包括细菌、放线菌和丝状真菌三大类。微生物制药开创了生物工程制药的先河，为各种生物工程制药打下了技术基础。目前，临床应用的微生物工程药物有 60 余种，加上半合成产品有 200 余种，产值约占医药工业总产值的 15%。

六、发酵工程在医药方面的应用

1. 抗生素的微生物发酵合成 随着科学技术的发展，抗生素来源不再仅限于微生物，已扩大到动植物。它不仅可用于治疗细菌感染，而且可用于治疗肿瘤以及由原虫、病毒和立克次体所引起的疾病，有的抗生素还有刺激动植物生长的作用。自 1929 年发现青霉菌分泌青霉素能抑制葡萄球菌生长以后，又相继发现了链霉素、氯霉素、金霉素、土霉素、四环素、新霉素和红霉素等抗生素。在近几十年内，抗生素的研究又有飞速的发展，已找到的抗生素有数千种，其中具有临床效果并已利用发酵大量生产和广泛应用的多达百余种。

一个好的抗生素除应具有较广的抗菌谱外，还应具有较好的选择性，不产生过敏和耐药性，有高度的稳定性，收率高，成本低，适于工业生产。目前生产和应用的抗生素还不能完全满足以上要求，寻找新的抗生素仍然是很重要的任务。现在以抗肿瘤、抗病毒、抗真菌、抗原虫、广谱和抗耐药菌的抗生素为主要研究方向，已成功地建立了用于治疗艾滋病、抗阿尔茨海默病、消除肥胖症、控制糖尿病并发白内障、抑制前列腺肿大的抗生素的筛选模型，估计近年内可取得一系列成功。因此，现在利用发酵技术生产的"抗生素"可以把微生物代谢产生的对人类疾病的预防和治疗有用的物质都包括进去。

2. 维生素类药物的微生物发酵生产 维生素作为六大生命要素之一，为整个生命活动所必需。维生素 A 的前体 β－胡萝卜素及维生素 C 和维生素 E 均为抗氧化剂，能保护人体组织的过氧化损伤并提高机体免疫力，有抗癌、抗心血管疾病和白内障等功能。国内用真菌三孢布拉霉生产 β－胡萝卜素的产量达 2.0g/L，国外已达到（3～3.5）g/L。黏红酵母、布拉克须霉、丛霉等真菌也具有生产 β－胡萝卜素的能力。除真菌外，如球形红杆菌、瑞士乳杆菌等细菌也具有发酵生产类胡萝卜素的能力。维生素 C 的微生物发酵法早已取得重要突破，利用"大小菌落"菌株混合培养生产维生素 C 的工艺已经成熟，进入产业化。

3. 细胞培养技术生产中药有效成分 中药的有效成分主要是细胞次生代谢产物，因此利用培养细胞代谢产物的研究是生物技术在中药生产中应用较早的一个方面。目前已经利用 400 多种植物建立了组织和细胞培养物，从中分离出 600 多种代谢产物，其中 40 多种化合物在产量上超过或等于原植物，为利用细胞培养技术工业化生产医药奠定了基础。

人们通过筛选高产细胞系，改进培养条件和技术，设计适合植物培养细胞的发酵罐等手段，对丹参、红豆杉、三尖杉、洋地黄、人参、三七、西洋参、三分三、茜草、黄连和彩叶紫苏的多种植物细胞进行了大规模悬浮培养的试验，以生产烟碱、紫草宁、长春碱、丹参酮、紫杉醇、三尖杉酯碱、洋地黄碱、人参皂苷、茜草素、小檗碱和紫苏素等药物。发酵罐规模已达到 10～75L，其中紫草宁、茜草素和人参皂苷已商业化。

4. 遗传转化器官的培养与药物生产 由农杆菌感染植物组织形成的"畸形芽"和"毛状根"是继细胞培养后又一重要培养系统。中药许多有效成分的形成与器官分化过程密切相关，而在培养细胞中有效成分不存在或含量极少。与细胞培养相比，毛状根培养有明显优点：生长速度快、分枝多、弱向地性；毛状根处于器官化水平，其生理生化、遗传特性稳定，具有稳定的次生代谢物合成能力，毛状根培养系统对根类中药材中有效成分的生产更为重要。目前已在长春花、青蒿、烟草、人参、丹参、紫草、黄芪、甘草、曼陀罗和颠茄等40多种植物建立了毛状根培养系统，同时还建立了烟草、薄荷、澳洲茄、颠茄和马铃薯等植物的畸形芽培养系统，其生长速度有的可以超过毛状根。

上海中医药大学对黄芪毛状根的大规模培养技术和化学成分与药理活性进行了深入研究，在3L、5L、10L培养器中经21天培养，有效成分产量可达10g/L（干重），而且黄芪毛状根中皂苷、黄酮、多糖、氨基酸等含量近似于药用黄芪，其作用效价也与药用黄芪基本一致。他们对丹参毛状根进行培养证实，7种丹参酮不仅存在于毛状根中，而且约40%分泌到培养基中。

📱 知识链接

中药发酵及生物转化进展

中药发酵研究开始于20世纪80年代，但仅是对真菌类自身发酵的研究，如灵芝菌丝体、冬虫夏草菌丝体、槐耳发酵等，大都是单一发酵。虽有报道加入中药，但也仅是将中药当作菌丝体发酵的菌质，同时研究发现，含有中药的菌质对原发酵物的功效有影响，只是未见深入研究。目前，已有学者呼吁中药发酵制药可按新药审批办法规定开发新药。

中医药学是中国古代科学的瑰宝，也是打开中华文明宝库的钥匙，利用现代发酵技术创新为我国中医药发展注入更多的活力，传承精华，守正创新，加快推进中医药现代化、产业化。

没有传承，创新就失去根基；没有创新，传承就失去价值。唯有在传承中创新，在创新中传承，才能让我国古老的中医药历久弥新，发扬光大。

七、微生物发酵工业的现状与未来

1. 发酵工业的发展现状 发酵工业发展至今经历了半个多世纪，最早主要生产抗生素，随后是氨基酸、有机酸、载体激素的生物转化、维生素、单细胞蛋白质和淀粉糖等工业化生产。随着现代生物技术的发展，发酵工程技术的应用已涉及国计民生的方方面面，包括农业生产、轻化工原料生产、医药卫生、食品、环境保护、资源和能源的开发等领域。当前，随着生物工程上游技术的进步以及化学工程、信息工程和生物信息学等学科技术的发展，发酵工程又迎来了一个崭新的发展时期。

发酵工程技术经过50多年的发展，目前已形成一个完整的工业技术体系，整个发酵行业也出现了一些新的发展趋势。由于发酵工程应用面广，涉及行业多，因此应用发酵工程技术的企业较多。进入21世纪，生命科学已成为新世纪最具有活力的领域之一，世界大公司正在把注意力向生命科学部分转移，发酵技术正在从食品、医药、农产品加工这些传统领域向化工、塑料、燃料和溶剂等工业领域发展，必将给化学工业带来巨大的变革。

2000～2011年，我国发酵行业产品产量从260万吨增长到1300万吨左右，年均增长率达22.4%，2011年主要产品出口额约34亿美元，同比增长36.6%，显示出强大的活力。味精、枸橼酸的产量均居世界第一，淀粉糖的产量居世界第二位。产品结构方面，以味精为代表的老一代发酵产品在行业中的比重逐步下降，其发展速度保持在年均增长12%，2011年占全部发酵产品产量的14.2%；而淀粉糖则异军突起，2000～2011年，年均增长达33.6%，其在整个发酵产品中的比例也逐年增高。目前淀粉糖已不再简单地被看作食糖市场的一个有效补充，一些产品特性决定了其在改善人民生活质量、提高生活水平方面发挥出更加突出的作用。这使得它的消费领域不断扩大，消费数量迅速增长，从而为推动食品工业的发展和促进以生物科技带动农业产业化发展做出了重要贡献。

发酵行业是能源和资源消耗的主要行业之一，由于过去长期的高速发展，一些高消耗、高污染产品的产能扩张十分迅速，这样不仅消耗了大量能源，而且过多的产能导致市场竞争激烈，也制约了我国生物发酵行业的健康持续发展。我国味精、氨基酸、有机酸等生物发酵行业面临调整结构、优化升级、转变增长方式、节能减排的重任，科技创新对行业创新发展作用更加凸显，发酵新产品、新技术、新设备研发步伐加快。但是目前从国内的实际情况来看，无论是新技术研发水平，还是新设备的开发程度，都远远落后于发达国家。大多数企业缺乏自主知识产权，没有核心竞争力，所谓的竞争只是停留在价格战，自身缺乏可持续发展的动力，将会影响整个发酵行业发展前景。

当前，许多国际先进水平的发酵生产技术、设备和产品纷纷进入中国市场，我国发酵工业面临严峻的挑战，与先进国家相比，存在的主要差距或问题表现如下。

（1）传统产品过快过大，如谷氨酸、枸橼酸、抗生素等。

（2）发酵产业产值在国民生产总值中的比例较低（1%以下）。

（3）发酵产品档次低、品种少、不配套，如我国的氨基酸产品中，普通调味用的谷氨酸产量占世界第一位，而我国用发酵法和酶法生产的约10种氨基酸（如赖氨酸、天冬氨酸、异亮氨酸等），由于生产工艺不完善或生产成本过高等因素，未能形成正常的生产能力，导致我国氨基酸产品品种少、相互不配套，需要从国外大量进口。

（4）我国发酵产业技术创新力不够，很多企业普遍重产量、轻质量，重产值、轻品种，重上游、轻中下游，原料能源消耗大，劳动生产率低，生产规模小，因而导致技术指标低、生产成本高、经济效益差等问题。

2. 发酵工业的发展前景　随着生物技术的发展，发酵工程的应用领域也在不断扩大，而且发酵工程技术的巨大进步也逐渐成为动植物细胞大规模培养产业化的技术基础。发酵原料的更换也将使发酵工程发生重大变革。2000年以后，由于木质纤维原料的大量应用，发酵工程将大规模生产通用化学品及能源，发酵工程将变得更为重要。科技创新是行业发展的根本手段，是推动发酵行业发展的关键。随着我国经济的持续快速增长，今后关于发酵领域的研究进展必将对国民生活结构的改善和工业的发展形成巨大推动力，同时也为坚持创新的企业带来发展机遇。

（1）基因工程育种和代谢调控技术研究为发酵工业带来新的动力。随着基因工程技术的应用和微生物代谢机制的研究，人们能够根据自己的意愿将微生物以外的基因导入微生物细胞中，从而定向地改变生物性状与功能，创新的物种，使发酵工程能够生产出自然界微生物所不能合成的产物。从过去烦琐的随机选育生产菌株朝着定向选育转变，对传统发酵工业进行改造，提高发酵单位。如基因工程及细胞杂交技术在微生物育种上的应用，将使发酵用菌种达到前所未有的水平。

（2）研制大型自动化发酵设备，提高发酵工业效率。发酵设备主要是指发酵罐，也可称为生物反应器，现代生物技术的成功和发展，最主要取决于高效率、低耗能的生物反过程，而其高效率又取决于它的自动化，大大提高了生产效率和产品质量，降低了成本，可更广泛地开拓发酵原料的来源和用途。生物反应器大型化为世界各发达国家所重视。发酵工厂不再是作坊式的，而是发展为规模庞大的现代化企业，使用最大容量达到 $500m^3$ 的发酵罐，常用的发酵罐容积可达到 $200m^3$。

（3）生态型发酵工业的兴起开拓发酵的新领域。随着近代发酵工业的发展，越来越多过去靠化学合成的产品，现在已全部或部分借助发酵方法完成。也就是说，发酵法正逐渐代替化学工业中的某些方面，如化妆品、添加剂、饲料的生产。有机化学合成方法与发酵生物合成方法关系更加密切，生物半合成法应用到许多产品的工业生产中。微生物酶催化生物合成和化学合成相结合，使发酵产物通过化学修饰及化学结构改造，进一步生产更多精细化工产品，开拓一个全新的领域。

（4）再生资源的利用给人们带来了希望。随着工业的发展、人口增长和国民生活的改善，废弃物也日益增多，同时造成环境污染。因此，对各类废弃物的治理和转化，变害为益，实现无害化、资源化和产业化就具有重要意义。通过发酵技术的应用达到此目的是完全可能的，近年来，国外对纤维废料作为发酵工业的大宗原料逐渐重视。随着对纤维素水解的研究，取之不尽的纤维素资源将代替粮食，发酵生产各种产品和能源物质，这将具有重要的现实意义。目前，用纤维废料发酵生产酒精已经取得重大进展。

▶▶ 岗位情景模拟

情景描述 发酵制药行业往往根据具体发酵产品的类型进行岗位设置。请思考青霉素发酵生产中常见的岗位有哪些？

讨　论 根据产品生产工艺流程分析会有哪些岗位设置？

答案解析

目标检测

答案解析

一、单项选择题

1. 发酵工业产品类型包括（　　）

　　A. 微生物菌体发酵　　　　　B. 氨基酸　　　　　C. 蛋白质

　　D. 核酸　　　　　　　　　　E. 无机盐

2. 最早生产的抗生素是（　　）

　　A. 红霉素　　　　　　　　　B. 链霉素　　　　　C. 青霉素

　　D. 四环素　　　　　　　　　E. 土霉素

二、多项选择题

1. 微生物好氧发酵产品包括（　　）

　　A. 抗生素　　　　　　　　　B. 氨基酸　　　　　C. 酶制剂

　　D. 菌体细胞　　　　　　　　E. 核酸

2. 生物工程主要技术体系包括（　　）

　　A. 基因工程　　　　　　　　B. 细胞工程　　　　C. 发酵工程

　　D. 酶工程　　　　　　　　　E. 蛋白质工程

3. 发酵工程过程主要内容一般包括（　　）

　　A. 生产菌种的选育培养及扩大　　　　　　　　B. 培养基的制备

　　C. 设备与培养基的灭菌　　D. 无菌空气的制备　　E. 发酵工艺控制

书网融合……

知识回顾　　　　微课　　　　习题

菌种选育、发酵工艺和分离提取工艺是微生物工业化发酵的三个技术领域，其中，选育出良好的生产菌种是发酵的前提，在发酵生产中起着非常重要的作用。

学习引导

发酵工业需要微生物积累大量的特定代谢产物，而微生物依靠自身代谢调节系统，趋向于快速生长和繁殖。通过育种技术和控制培养条件打破微生物的正常代谢，使之按照人们要求的代谢方向积累目的产物，可大幅度提高微生物发酵的产量，改善产品的质量，也可开发出新的发酵产品。如何选育符合目的产物发酵生产的微生物菌种？选育出的生产菌种如何实现妥善的保存，使其保持优良性状和稳定性呢？

本项目主要介绍自然选育、诱变育种、杂交育种、基因工程育种等主要育种方法，以及生产菌种的保藏方法。

学习目标

1. **掌握** 菌种选育的主要方法和步骤。
2. **熟悉** 微生物的保藏原理和方法。
3. **了解** 主要的工业发酵微生物及其代谢产物。

PPT

任务一 自然选育

不经过人工诱变处理，利用菌种的自然突变进行菌种筛选的过程称为自然选育或自然分离。现代发酵工业中要求所使用的微生物在工业发酵的特定条件下生长良好，产物生成量高且易于分离纯化等。基于工业发酵对生产菌种的要求，可采取恰当的方法选育出发菌株，或对生产菌种进行自然选育，淘汰衰退的菌株，保存优良的菌株。

一、工业发酵微生物及代谢产物

（一）常用工业发酵微生物

1. 细菌 是一类单细胞原核微生物，主要以二分裂方式繁殖，在自然界分布最广，数量最多，与人类生产和生活关系十分密切，也是工业微生物学研究和应用的制药对象之一。常用于制药的细菌有大肠埃希菌属、短杆菌属、棒状杆菌属、芽孢杆菌属和假单胞菌属等，在制药工业上可用于生产氨基酸、酶、维生素、核苷酸类及抗生素等药物。

细菌可合成一系列药用氨基酸，如 L－谷氨酸、L－赖氨酸、L－苯丙氨酸和 L－丙氨酸等，它们都是氨基酸输液的重要原料。工业上也常用棒状杆菌来发酵生产谷氨酸，以制取谷氨酸钠（味精）。

细菌可作为某些酶的来源。用于酶制剂生产的芽孢杆菌属分解蛋白和淀粉的能力强，有良好的发酵适应性，是许多工业酶制剂的生产菌，如枯草杆菌发酵生产的中性蛋白酶和 α－淀粉酶，可以通过酶催化合成一系列新的药物及其中间体。近年来发现枯草芽孢杆菌分泌的高活性纤溶酶，具有明显的溶血栓和抗凝血作用，对血栓疾病的治疗和预防有良好的应用前景。

细菌也可用于抗生素的生产，如多黏芽孢杆菌产生的多黏菌素能抑制革兰阴性菌的生长。此外，常用丙酸杆菌属发酵生产维生素 B_{12}，用醋酸杆菌发酵生产乙酸，用乳酸杆菌发酵生产乳制品等。也有的细菌被制成益生菌微生物制剂，如乳酸链球菌、乳酸乳杆菌和双歧杆菌等，具有改善人体肠道功能和合成维生素的作用，得到了广泛的使用。

细菌结构相对简单，常用作基因工程载体的宿主细胞，用于构建基因工程菌来生产外源物质。将目的基因克隆到细菌宿主细胞，可产生一系列基因工程蛋白质药物，如干扰素、白细胞介素、胰岛素、人生长因子、肿瘤坏死因子等。大肠埃希菌作为外源基因表达的宿主，遗传背景清楚，技术操作简单，常作为高效表达的首选。又因培养条件简单，大规模发酵经济，备受发酵工业的青睐。可以利用大肠埃希菌生产天冬氨酸、苯丙氨酸和赖氨酸等氨基酸，以及天冬酰胺酶和谷氨酸脱羧酶等酶制剂。

2. 放线菌　是一类呈菌丝状生长，主要以孢子进行繁殖的原核微生物，由于菌落呈放射状而得名。放线菌的最突出特性就是能产生大量的、种类繁多的抗生素，具有巨大的工业价值。常用的放线菌主要有链霉菌属、小单孢菌属和诺卡菌属等。至今报道的近万种抗生素中，放线菌产生的抗生素约占微生物产生抗生素的 70%，有红霉素、链霉素、庆大霉素、卡那霉素等。

放线菌的次级代谢产物中除了抗生素外，还有许多有生理活性的物质，包括抗癌剂、酶抑制剂、免疫调节剂、受体拮抗剂等，近年来也用放线菌生产氨基酸、核苷酸、维生素和酶制剂。

3. 霉菌　又称丝状真菌，是一个形态学分类概念，是一群能在营养基质上形成绒毛状、网状或絮状真菌的统称。霉菌的繁殖能力强，可以无性孢子和有性孢子的形式繁殖。发酵工业上常用的霉菌有根霉、曲霉、青霉、木霉和红曲霉等。

霉菌在制药工业中最重要的应用是生产抗生素，如青霉素、头孢霉素、灰黄霉素等。其中青霉素和头孢霉素的抗菌活性高，长期以来一直是临床的首选药物。如用产黄青霉生产青霉素，产黄头孢霉发酵生产头孢霉素 N 和头孢霉素 C 等。

多数霉菌能产生一些重要的酶，其中的淀粉酶、蛋白酶、纤维素酶及果胶酶等酶制剂已被广泛应用于工业生产。红曲霉能分泌淀粉酶，也能产生红色素、酒精及降血压和降血脂的药物，因此广泛用于食品工业和医药工业。

霉菌还广泛应用于各类有机酸和维生素的生产，重要的有机酸有枸橼酸、葡萄糖酸、延胡索酸等，维生素主要是维生素 B_2。

霉菌的分解能力强，常用于生物转化方面的研究和生产。霉菌对包括甾体化合物在内的一些有机物具有一定的降解作用，可利用根霉和梨头霉属实现甾体类药物的合成。通过生物转化，可将化学合成中的一些关键步骤，通过微生物更高效地完成。

某些霉菌和一些大型真菌能分泌一些多糖类物质，称为真菌多糖，具有重要的生理活性，在增强免疫力、抗肿瘤、延缓衰老等方面有独特的药理作用。

4. 酵母菌　是单细胞真核微生物，大多以出芽方式繁殖，主要分布于含糖质较多的偏酸性环境。工业上常用的酵母菌有啤酒酵母、假丝酵母、类酵母、毕赤酵母等。酵母菌在制作面包和酿造各种酒类工业中都发挥着重要的作用。由于酵母菌细胞内含有丰富的蛋白质、核酸、维生素和酶，并含有细胞色素 c、麦角固醇等生理活性物质，因此在医药发酵工业中占有重要地位。酵母菌内营养物质丰富，也常通过培养酵母制造单细胞蛋白以供食用或作饲料蛋白。

（二）微生物代谢产物

根据微生物代谢产物在细胞生命活动中所起的作用，可将其分为初级代谢产物和次级代谢产物。

1. 初级代谢产物　微生物将环境中的营养物质转化成细胞的结构物质，并产生生理活性物质和能量的代谢活动称为初级代谢。初级代谢产物是指微生物通过初级代谢活动所产生的自身生长繁殖所必需的物质，如氨基酸、蛋白质、核酸、多糖和脂类等。

2. 次级代谢产物　某些微生物在一定生长生理阶段出现的一种特殊的代谢类型，以初级代谢产物为前体，产生一些有利于生存的代谢类型称为次级代谢。次级代谢的产物是通过次级代谢合成的产物，如抗生素、激素、毒素、色素和生物碱等，这些产物对微生物本身无明显生理作用或对自身生长是非必需的，但对产生菌的生存可能有一定价值，例如微生物分泌的抗生素不参与生长繁殖过程，但是可以抑制或杀灭周围环境中的其他微生物，为菌种获得更多的营养物质提供条件。次级代谢产物有很多都非常重要，并有工业价值。

初级代谢和次级代谢的生物合成途径是相互联系的。初级代谢是次级代谢的基础，它可为次级代谢产物合成提供前体物和所需要的能量。初级代谢产物合成中的关键性中间体也是次级代谢产物合成中的重要中间体物质，比如糖降解过程中的乙酰辅酶 A 是合成四环素、红霉素的前体。而次级代谢则是初级代谢在特定条件下的继续与发展，有维持初级代谢平衡的作用，避免初级代谢过程中某些中间体或产物过量积累对机体产生毒害。

初级代谢和次级代谢也有很多区别：①初级代谢在所有细胞中大致相同，但次级代谢却因生物不同而有明显的差异。例如青霉菌合成青霉素，芽孢杆菌合成杆菌肽，黑曲霉合成枸橼酸等；②即使是同种生物也会由于培养条件不同而产生不同的次级代谢产物。如荨麻青霉在含有 0.5×10^{-8} mol/L 的锌离子的查氏培养基中培养时合成的主要次级代谢产物是 6 - 氨基水杨酸，但在锌离子提高到 0.5×10^{-6} mol/L 时不合成 6 - 氨基水杨酸，而是合成大量的龙胆醇、甲基醌醇和棒曲霉素；③对环境条件变化的敏感性或遗传稳定性上明显不同。初级代谢产物对环境条件的变化敏感性小（遗传稳定性大），而次级代谢产物对环境条件变化很敏感，其产物的合成往往因环境条件变化而停止；④催化初级代谢产物合成的酶专一性较强，催化次级代谢产物合成的某些酶专一性不强。因此，在某种次级代谢产物合成的培养基中加入不同的前体物时，往往可以导致机体合成不同类型的次级代谢产物。通过选育合适的生产菌株以及调节培养条件等方式，可以达到提高目标次级代谢产物产量的目的。

即学即练 1 - 1

在下列微生物代谢产物中，属于次级代谢产物的是（　　　）

答案解析　　A. 色素　　　　　B. 抗生素　　　　C. 氨基酸　　　　D. 核酸　　　　E. 蛋白质

二、工业发酵对生产菌种的一般要求

自然界中微生物种类众多，但并非所有微生物都有工业用途。工业发酵一般需要在大型发酵罐中进行，与在自然界中生长繁殖的条件有很大区别，工业发酵对生产菌种的一般要求主要如下。

1. 菌株生长速度和产物生成速度快　菌种在工业放大设备中能够快速地生长繁殖并大量积累目的产物，可以缩短发酵周期，提高生产效率，这是工业微生物的一个重要特征。

2. 能够利用廉价的原料，培养条件易于控制　培养基原料廉价易得可以降低生产成本，菌种能在廉价原料制成的培养基上迅速生长和繁殖，大量生成所需的代谢产物。菌种的培养条件如糖浓度、温度、pH、溶氧及渗透压等易于控制可降低发酵生产难度。

3. 菌种抗杂菌和抗噬菌体能力较强　杂菌会消耗生产菌株的营养，影响目的产物的积累，并产生大量的无关代谢产物，影响后期的分离提取。噬菌体感染细菌后会使发酵作用减慢，菌种破解死亡，发酵周期明显延长，甚至停止积累发酵产物，整个发酵生产被破坏。所以，选取对噬菌体和杂菌有抗性的生产菌株对发酵工业有重要意义。

4. 菌种的遗传稳定性高，不易退化　生产菌种很多是经过人工诱变处理而筛选出的突变株，是以大量生成某种代谢产物为目的筛选出来的，属于代谢调节失控的菌株，容易发生变异，失去原有的生产性能，影响发酵生产。因此，应选取不容易变异退化、遗传性能稳定的菌种，以保证发酵生产和产品质量的稳定性。

5. 发酵产物易于提取　产物得率和产物在培养基中的浓度较高，易于提取。能从培养基中相对容易地去除微生物细胞，最适合的工业微生物是个体较大的细胞，能够很快地从培养基中沉淀下来，或容易被滤出，例如真菌比单细胞细菌更容易与目标产物分离。菌种在发酵过程中不产生或少产生与目标产物性质相近的副产物及其他产物也可以大大降低分离纯化的难度。

6. 不是病原菌，不产生有害的生物活性物质或毒素　对于食品或医药发酵的微生物菌株，不应产生有害的生理活性物质或毒素。

三、工业发酵生产菌种的来源

1. 从自然界中获取　自然界是工业发酵生产菌种的最初来源，通过挖掘已有很多在工业生产中起到了非常重要的作用。尤其是在一些极端的自然环境中生存的微生物，具有其他微生物无法比拟的特性。

2. 从菌种保藏机构获取　根据资料直接向科研单位、高等院校、工厂或菌种保藏部门索取或购买。已有许多菌种保藏中心成为微生物培养的基地提供服务，可作为现成的培养资源。

3. 对已有菌种进行改造　对野生菌株通过诱变或重组 DNA 技术等方式进行人工育种，或对现有的生产菌种进行改良或纯化，筛选发生正突变的优良菌种。

四、一般步骤

不经过人工诱变处理，利用菌种的自然突变而进行菌种筛选的过程叫作自然选育。这里主要介绍从自然界中选育菌种和在生产中分离菌种的主要方法和步骤。

(一) 从自然界中分离菌种

自然界中的微生物种类繁多，是具有新性能菌种的宝库，微生物大多是以混杂的形式群居于一起的，采用各种不同的筛选手段，挑选出性能良好、符合生产需要的纯种是工业育种的关键。首先要查阅资料，根据发酵工业的要求和所需菌种的生长培养特性设计合理的分离方案。

从自然界中选育菌种的步骤主要有采样、富集培养、纯种分离和生产性能测定四个方面。

1. 采样 土壤由于具备微生物所需的营养、空气和水分，是微生物最集中的地方，往往作为采样的首选目标。各种微生物由于生理特性不同，在土壤中的分布也随着地理条件、养分、水分、土质、季节而有很大的变化。在分离菌株前要根据分离筛选的目的，到相应的环境和地区去采集样品。

土壤的养分、酸碱度和植被等因素会影响微生物分布。细菌和放线菌一般在田园土和耕作过的沼泽土中比较多；酵母和霉菌在富含碳水化合物的土壤中，如一些野果生长区和果园内。取离地面 $5 \sim 15cm$ 处的土壤，盛入清洁的牛皮纸袋或塑料袋中扎好。标记采样时间、地点、环境条件等。一般土壤中芽孢杆菌、放线菌和霉菌的孢子忍耐不良环境的能力较强，不太容易死亡。但是，由于采样后的环境条件与天然条件有着不同程度的差异，一般应尽快分离。

采样的对象也可以是植物、某些水域、腐败物品等。在一些极端环境（高温、高压、高盐等）中能找到适应苛刻条件的微生物类群，也可作为采集菌种的对象。由于极端环境中的微生物能产生许多独特的稳定蛋白，因此在生物技术产业上有很高的价值，它们产生的许多酶已经在市场上得到广泛的应用，如在 PCR 技术中使用的 *Taq*DNA 聚合酶。

📱 **知识链接**

*Taq*DNA 聚合酶

Taq 聚合酶是一种耐热的 DNA 聚合酶，也称为 *Taq*DNA 聚合酶，简称 *Taq* 酶，用于 PCR 技术中催化 DNA 的合成。

PCR 技术是模拟体内 DNA 的天然复制过程，在体外扩增 DNA 分子的一种分子生物学技术。*Taq* 酶能适应解链阶段所需的高温（$93 \sim 95℃$），而一般的 DNA 聚合酶无法忍耐如此高的温度。

Saiki 等人在黄石公园从生活在温泉中的水生嗜热杆菌内提取到了这种耐热的 DNA 聚合酶，可以耐受 90℃ 以上的高温而不失活，这在需要高温环境的 PCR 反应中有着重要意义，克服了每一循环中反复追加酶的缺点，使得 PCR 技术的扩增效率大大提高。也正是由于此酶的发现，使得 PCR 技术得到了广泛的应用。

2. 富集培养 如果采集到的样品中含目标菌株较多，可直接进行分离。如果样品中所含的目标菌株很少，就要设法增加该菌的数量，进行富集培养。富集培养，也称增殖培养，是指为了得到所需菌种，人为地通过控制养分或培养条件，使目标菌种在数量上占优势。可以通过给混合菌群提供一些有利于目的菌株生长或不利于其他菌株生长的条件来达到富集目标菌的目的，常用方法主要是控制营养成分、控制培养条件和抑制不需要的菌类。

(1) 控制分离培养基的营养成分 这对提高分离效果是非常有好处的。可以根据目的菌种的营养特性，在增殖培养基中加入唯一碳源或氮源作为底物。样品中能够分解利用该底物的菌株因营养充足而迅速繁殖，而其他不能利用该底物的微生物的生长则受到抑制。例如筛选纤维素酶产生菌时，以纤维素作为唯一碳源进行增殖培养，使得不能分解纤维素的菌不能生长，从而达到富集产纤维素酶菌株的目的。

（2）控制培养条件　通过控制培养条件，如pH、温度、渗透压、溶解氧浓度等，也可达到有效分离的目的。细菌和放线菌一般要求中性或偏碱性的培养基（pH 7.0或稍高），酵母和霉菌一般要求偏酸性（pH 4.0~6.0）。所以，结合一定的营养，将培养基调至一定的pH，更有利于排除不需要的微生物类型。也可根据芽孢对热的耐性而淘汰不产芽孢的细菌和其他微生物，它们的营养型细胞一般在60~70℃下10分钟被杀死，而芽孢则能抵抗100℃或更高的温度。

（3）控制不需要的菌类　添加一些专一性的抑制剂，可提高分离效率。例如在分离放线菌时，可先在土壤样品悬液中加10%的酚液数滴，以抑制霉菌和细菌的生长；适当控制增殖培养的温度，也是提高分离效率的一条好途径。

3. 纯种分离　通过增殖培养，目标菌株数量大大增加，但它们与各种菌混杂在一起，所以有必要进行分离纯化才能获得纯种。纯种分离方法常选用单菌落分离法，主要有划线分离法和稀释分离法。

（1）划线法　简单且较快，把菌种制备成单孢子或单细胞悬浮液，经过适当的稀释后，在琼脂平板上进行划线分离，最后经培养得到单菌落。

（2）稀释法　在培养基上分离的菌落单一均匀，该法是通过一系列梯度稀释，并吸取一定量注入平板，或通过涂布，得到分散开的单个菌落，从而得到纯种。平板分离后挑选单个菌落进行生产能力测定，从中选出优良的菌株。

💲 **知识链接**

划线分离法 🅔 微课

划线分离法是指把混杂在一起的微生物或同一微生物群体中的不同细胞，用接种环在平板培养基表面，通过分区划线稀释得到较多独立分布的单个细胞，经培养后生长繁殖成单菌落。通常把这种单菌落当作待分离微生物的纯种。有时这种单菌落并非都由单个细胞繁殖而来，故必须反复分离多次才可得到纯种。其原理是将微生物样品在固体培养基表面多次做"由点到线"稀释而达到分离。划线的形式有多种，可将一个平板分成四个不同面积的小区进行划线：第一区（A区）面积最小，作为待分离菌的菌源区；第二和第三区（B、C区）是逐级稀释的过渡区；第四区（D区）是关键区，应使该区出现大量的单菌落以供挑选纯种用。为了得到较多的典型单菌落，平板上四区面积的分配应D>C>B>A。

4. 生产性能测定　纯种分离后得到的菌株数量非常大，如果对每一菌株都做全面的性能测定，工作量将十分巨大，而且没有必要。一般采用两步法，即初筛和复筛。

（1）初筛　以迅速筛出大量的达到初步要求的菌落为目的，以多量筛选为原则。从形态角度出发，根据菌落的外观形态及颜色变化反映的微生物重要表征筛选。如多糖产生菌在适当的培养基上生长，从具有黏液性的菌落外观上就可以初步识别。从产物角度出发，可以在培养时根据产物的形成有目的地设计培养基，依据变色圈或透明圈的大小将90%的菌落淘汰。例如，在培养基中加入不溶性蛋白，产蛋白酶的菌株周围因蛋白被降解，会产生透明圈。抑菌圈筛选法常用于抗生素产生菌的分离筛选，可以初步通过抑菌圈的大小判断抗生素的抑菌效果。

（2）复筛　以产量和稳定性选得优秀菌株，以质为主。通常采用摇瓶培养法，一般一个菌株至少要重复3~5个瓶，培养后的发酵液必须用精确分析方法测定。直接从自然界分离得到的菌株为野生型菌株，一般需经过进一步的人工改造才能真正用于工业发酵生产。因此，复筛出来的菌株通常作为进一步育种工作的原始菌株或出发菌株。复筛过程中要结合各种培养条件进行筛选，在不同培养条件下进行试验，以便初步掌握野生型菌株适合的培养条件，为育种提供依据。

（二）从生产中选育菌种

自然选育得到的纯种能够稳定生产，提高平均生产水平，但不能使生产水平大幅度提高，这是因为菌种在自发突变过程中，突变的概率极低，变异过程亦十分缓慢，所以获得优良菌种的可能性极小。因此，发酵工业中使用的生产菌种，几乎都是经过人工育种而获得的突变株。这些菌种在生产使用的过程中由于自发突变的缘故，不可避免地会逐渐产生某种程度的衰退，导致菌种生长缓慢、繁殖能力下降和产物的产量下降等问题。所以，在生产过程中，除了对生产菌株采用有效的菌种保藏措施外，也有必要定期对这些生产菌株进行自然选育，以防止菌种衰退，也可以从中选出能使产量提高的正突变株。

从生产过程中比从自然界中选育简单一些。把菌种制成单孢子悬浮液或单细胞悬浮液，经过适当的稀释后，在固体平板上进行分离，挑取单个菌落纯培养，然后进行生产能力测定，经过反复筛选，以确定生产能力更高的菌株，以代替原来的菌株。选育过程如图 1-1 所示。

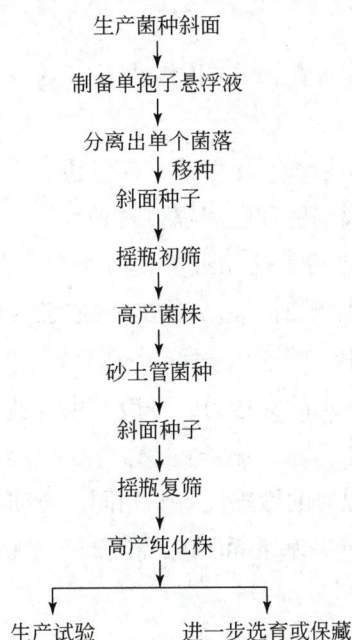

生产菌种斜面
↓
制备单孢子悬浮液
↓
分离出单个菌落
↓ 移种
斜面种子
↓
摇瓶初筛
↓
高产菌株
↓
砂土管菌种
↓
斜面种子
↓
摇瓶复筛
↓
高产纯化株
↓
生产试验　　进一步选育或保藏

图 1-1　自然选育流程图

任务二　诱变育种

PPT

▶▶ **岗位情景模拟 1-1**

情景描述　工艺员在发酵过程中发现菌种的发酵能力下降，从而导致发酵产品的得率较之前有明显的改变。

讨　　论　1. 如何确定生产能力下降是不是菌种退化导致的？

2. 如何对退化的菌种重新进行选育？

答案解析

从自然界中筛选得来的菌株药物代谢合成能力低，而对于工业生产来说，如果不尽心改良，势必会造成成本过高，因而失去工业生产价值；即使是已用于工业生产的菌株，要想使菌种产量不断提高，也必须不断进行菌种的选育和改良。

诱变育种是指利用各种诱变剂处理微生物，使之发生突变，并运用合理的筛选程序和方法，把适合人类需要的优良菌株选育出来的过程。通过诱变育种，不仅能够改善菌种特性，提高有效产物的产量，改进产品质量，简化工艺条件，还可以开发新品种，产生新物质。诱变育种具有速度快、收效大、方法简便等优点，是当前菌种选育的一种主要方法。

一、诱变剂

凡是能提高突变频率的因素统称为诱变剂。诱变剂的种类很多，主要包括物理诱变剂、化学诱变剂和生物诱变剂。

（一）物理诱变剂

物理诱变剂对微生物的诱变作用主要是由高能辐射导致生物系统损伤，继而发生遗传变异的一系列复杂的连锁反应。

物理诱变剂有紫外线、快中子、X射线、α射线、β射线、γ射线、微波、超声波、电磁波、激光射线、宇宙线等各种射线，分为非电离辐射和电离辐射两种。

1. 非电离辐射　主要是紫外线，是目前使用最方便且十分有效的诱变剂。能够导致嘧啶二聚体形成，使DNA复制过程中的碱基无法正常配对，造成错义或缺失，从而诱发突变。

2. 电离辐射　应用比较广泛的有快中子、X射线、γ射线，主要引起DNA上基因突变和染色体畸变。这几种射线都是电离性质的，有一定的穿透力，一般都由专业人员在专门的设备中使用，否则有一定危险性。

不同菌种由于遗传性状各异，对辐射的敏感性各不相同。有研究表明，不同品系的大肠埃希菌对X射线的敏感性差别很大；DNA中腺嘌呤碱基A和胸腺嘧啶碱基T的比例越高，该菌对紫外线就越敏感，但对电离辐射则相反。

（二）化学诱变剂

化学诱变剂是一类能对DNA起作用、改变其结构，并引起遗传变异的化学物质。绝大多数化学诱变剂都具有毒性，其中90%以上是致癌物质或极毒药品，在进行诱变、操作后的处置以及诱变剂的保藏等方面的安全防护工作极其重要。使用时要格外小心，不能直接用口吸，避免与皮肤直接接触，不仅要注意自身安全，还要防止污染环境，造成公害。

化学诱变剂品种较多，作用途径不一，性质各异，主要有碱基类似物、烷化剂、脱氨基诱变剂、移码突变剂等。

1. 碱基类似物　是一类和天然的嘧啶、嘌呤等四种碱基分子结构相似的物质。一种碱基类似物取代核酸分子中碱基的位置，再通过DNA的复制可引起突变，因此也叫掺入诱变剂。如5-溴尿嘧啶的诱变作用是在DNA复制过程中实现的，因此，处在静止或休眠状态的细胞是不适合的。细菌采用对数期的细胞，霉菌、放线菌采用孢子，但要进行前培养，使孢子处于萌发状态。碱基类似物是一种既能诱发正向突变，也能诱发回复突变的诱变剂。

胸腺嘧啶的结构类似物有5-溴尿嘧啶（5-BU）、5-氟尿嘧啶（5-FU）、5-溴脱氧尿嘧苷

（BrdU）、5 – 碘尿嘧啶（5 – IU）等；腺嘌呤的结构类似物有 2 – 氨基嘌呤（AP）、6 – 巯基嘌呤（6 – MP）等。

2. 烷化剂　是诱发突变中一类相当有效的化学诱变剂，它们可直接与 DNA 反应，使碱基发生化学变化，导致错配或其他改变，甚至使不复制的 DNA 同样发生改变，比碱基类似物诱变效果强，诱发突变的频率也高。

烷化剂分为单功能烷化剂和双功能烷化剂或多功能烷化剂两大类。

（1）单功能烷化剂　仅一个烷化基团，对生物毒性小，诱变效应大。这类化合物包括亚硝基化合物、磺酸酯类、硫酸酯类、重氮烷类、乙烯亚胺类。其中 N – 甲基 – N′ – 硝基 – N – 亚硝基胍（NTG 或 MNNG）被誉为"超诱变剂"，如 NTG 可诱发营养缺陷型突变，不经淘汰便可直接得到 12% ~ 80% 的营养缺陷型菌株。

（2）双功能烷化剂或多功能烷化剂　具有两个或多个烷化基团，毒性大，致死率高，诱发效应较差。这类化合物包括硫芥类、氮芥类。

3. 脱氨基诱变剂　亚硝酸（HNO_2）是常用的脱氨基诱变剂，毒性小，不稳定，易挥发。亚硝酸能使嘌呤或嘧啶脱氨，改变核酸结构和性质，造成 DNA 复制紊乱。亚硝酸还能造成 DNA 双链间的交联而引起遗传效应。其钠盐容易在酸性缓冲液中分解产生 NO 和 NO_2，而遇到空气又变成 N_2，故配制时必须加塞密封，并且现配现用。

4. 移码诱变剂　这是一些能和 DNA 分子相结合并造或其碱基对增多或缺失，从而诱发突变的化合物。主要包括吖啶类杂环染料（如吖啶黄和原黄素）以及一些烷化剂和吖啶类相结合的化合物，总称为 ICR 类化合物。它们应用于诱发噬菌体移码突变，已发现有较好的效果，但对细菌及其他微生物的诱变效应尚不理想。

5. 其他诱变剂　羟化剂中的羟胺是有特异诱变效应的诱变剂，专一地诱发 G：C→A：T 的转换。对噬菌体、离体 DNA 专一性更强。金属盐类主要有氯化锂、硫酸锰等。其中氯化锂在诱变育种中多用于与其他诱变剂复合处理，如氯化锂与紫外光、电离辐射以及乙亚胺、亚硝酸、硫酸二乙酯等化学诱变剂复合处理时，诱变效果显著。

（三）生物诱变剂

细菌或放线菌等微生物，多数可感染噬菌体。在筛选抗噬菌体的突变株中，常出现一些抗生素产量伴有明显提高的抗性菌株。噬菌体可将自身的基因整合到宿主菌的基因组上，从而使宿主菌获得新的遗传性状，因而有人把噬菌体看作一种诱变剂。在选育放线菌抗噬菌体菌种（如链霉素、红霉素、万古霉素、四环素、卡那霉素、利福霉雷素、竹桃霉素等）时，噬菌体显示出明显的诱变效应。

目前，紫外线仍是常用而且有效的诱变剂。电离辐射可诱发较大的损伤，特别是可诱发染色体畸变或缺失，其优点是回复突变少，其缺点是损伤区域大，常影响邻近几个基因。烷化剂和亚硝酸类诱变剂虽已证实可诱发多种生物突变，但它们对于不同生物的遗传损伤极为多样化，因而不易掌握。碱基类似物和羟胺两类诱变剂在已知的诱变剂中专一性最明显，但实际应用中效果并不理想，因而应用不多。吖啶类及 ICR 系列的码移诱变剂应用于寻找阻断突变株较为有效。诱变育种实践中，为了提高诱变效果常采用两种以上的诱变剂复合处理，但其使用方法，即采用何种诱变剂的剂量及其先后顺序都很重要，否则会出现负结果。

二、一般步骤

诱变育种主要是以合适的诱变剂处理大量而均匀分散的微生物细胞悬浮液，在引起绝大多数细胞致死的同时，使存活个体中 DNA 结构变异频率大幅度提高，再用合适的方法淘汰效应变异株，选出极少数性能较优良的正变异株，以达到培育优良菌株的目的。图 1–2 是诱变育种的操作基本步骤。

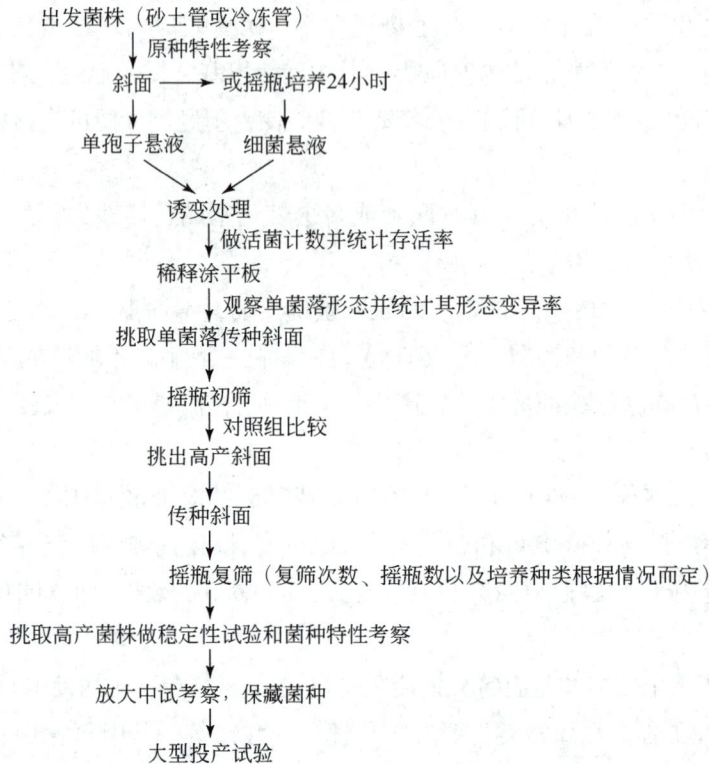

出发菌株（砂土管或冷冻管）
↓ 原种特性考察
斜面 ──→ 或摇瓶培养24小时

单孢子悬液　　细菌悬液

诱变处理
↓ 做活菌计数并统计存活率
稀释涂平板
↓ 观察单菌落形态并统计其形态变异率
挑取单菌落传种斜面

摇瓶初筛
↓ 对照组比较
挑出高产斜面

传种斜面

摇瓶复筛（复筛次数、摇瓶数以及培养种类根据情况而定）

挑取高产菌株做稳定性试验和菌种特性考察

放大中试考察，保藏菌种

大型投产试验

图 1–2　诱变育种的操作基本步骤

诱变能否成功的关键是出发菌株的选择、诱变剂的选择和使用以及筛选方法的合理性。诱变育种是诱变和筛选过程的不断重复，直到获得高产菌株。

（一）出发菌株的选择

工业上用来进行诱变处理的菌株称为出发菌株（parent strain）。出发菌株来源一般有三种：①从自然界分离得到的野生型菌株；②通过生产选育，即由自发突变经筛选获得的高产菌株，经过生产的考验，效果最好；③已经诱变过的菌株。作为出发菌株，首先，必须是纯种（单倍体），要排除异核体或异质体的影响；其次，对诱变剂敏感且变异幅度广，这样可以提高变异频率，而且高产突变株的出现率也大；最后，选择具有优良性状的出发菌株，如具有产量高、产孢子早而多、生长速度快等有利于合成发酵产物的特性。

（二）制备菌悬液

单细胞混悬液制备时，首先要求具有合适的细胞生长状态，这对诱变处理会产生很大影响，如细菌在对数期诱变处理效果好；霉菌或放线菌的分生孢子一般都选择处于休眠状态的孢子，所以培养时间的长短对孢子影响不大，但稍加萌发后的孢子则可提高诱变效率。

其次所处理的细胞必须是均匀而分散的单细胞悬液，使诱变剂与每个细胞均匀而充分地接触，避免细胞团中变异菌株与非变异菌株混杂，出现不纯的菌落，给后续的筛选工作造成困难。因此，制备单细胞或单孢子状态并且均匀的菌悬液，通常可用无菌玻璃珠来打散成团的细胞，然后再用脱脂棉花或滤纸过滤。由于许多微生物细胞内含有几个核，所以即使使用单细胞悬液处理，还是容易出现不纯的菌落。一般用于诱变育种的细胞应尽量选用单核细胞，如霉菌或放线菌的孢子或细菌芽孢。

（三）诱变处理

诱变处理步骤的关键是诱变剂的选择和诱变剂量的确定。目前常用的诱变剂主要有紫外线（UV）、硫酸二乙酯、N－甲基－N′－硝基－N－亚硝基胍（NTG 或 MNNG）和亚硝基甲基脲（NMU）等。不同种类和不同生长阶段的微生物对同一种诱变剂的敏感程度不同，不同诱变剂对同一种微生物的作用效果也不同。要确定一个合适的剂量，常常需要经过多次试验，反复摸索。以前多使用高剂量，使致死率达到99%，这样可以淘汰大部分菌株，减少工作量，但更多的研究结果表示，正突变较多地出现在偏低的剂量中，而负突变则较多地出现在偏高的剂量中。因此，在诱变育种工作中，比较倾向于采用较低的剂量，一般选择死亡率在70%～80%的剂量或者更低的量。

以常用的紫外线诱变为例。紫外线诱变一般采用15W紫外线杀菌灯，波长为260nm左右，需提前预热20分钟，使光波稳定。灯与被照射的菌悬液的距离为15～30cm，照射时间依菌种而异，一般为几秒至几十分钟。由于紫外线穿透力不强，要求照射液不要太深，0.5～1.0cm厚，同时要用电磁搅拌器进行搅拌，使照射均匀。由于紫外线照射后有光复活效应，所以照射时和照射后的处理应在红灯下进行。

采用化学诱变剂则需要采用一定的浓度、pH和反应时间等条件来控制诱变的程度，不同的菌种和诱变剂条件往往不同。反应完毕，通常以稀释的方式终止反应，亚硝酸诱变时也可以通过调节pH到碱性条件终止反应。

近年来，诱变育种中常用诱变剂复合处理，使它们产生协同效应，以取得更好的诱变效果。复合处理的方式灵活多变，可以是两种甚至多种诱变剂同时使用，也可以是两种或多种诱变剂先后使用。例如紫外线主要作用于DNA分子的嘧啶碱基，而亚硝酸主要作用于DNA分子的嘌呤碱基。紫外和亚硝酸复合使用，突变谱宽，诱变效果较好。

（四）变异菌株的筛选

筛选分初筛和复筛。初筛以迅速筛出大量的达到初步要求的分离菌落为目的，以量为主。主要使用上述的平皿快速检测法，比如透明圈、抑菌圈等方法；复筛则是精选，以质为主，即以精确度为主。主要以产物量多少来衡量，采用摇瓶或发酵罐发酵。

育种工作中常用到营养缺陷型菌株，是指经诱变处理后，由于突变而丧失合成某种酶的能力，因而只能在加有该酶合成产物的培养基中才能生长的菌株。

在生产实践中，营养缺陷型可以用来切断代谢途径，以积累中间代谢产物；也可以阻断某一分支代谢途径，从而积累具有共同前体的另一分支代谢产物。营养缺陷型还能解除代谢的反馈调节机制，以积累合成代谢中某一末端产物或者中间产物。也可将营养缺陷型菌株作为生产菌株杂交、重组育种的遗传标记。营养缺陷型菌株广泛应用于抗生素、核苷酸及氨基酸等产品的生产。例如，莽草酸是芳香族氨基酸与氯霉素共同的中间代谢产物，若诱变得到营养缺陷型细菌合成不了芳香族氨基酸，则莽草酸就会生成大量氯霉素。

1. 基本培养基（minimal medium，MM）　仅能满足微生物野生型菌株生长需要的培养基。不同的微生物其基本培养基也不相同。

2. 完全培养基（complete medium，CM）　可满足一切营养缺陷性菌株营养需要的天然或半天然培养基。完全培养基营养丰富、全面，一般可在基本培养基中加入富含氨基酸、维生素和碱基之类的天然物质配制而成。

3. 补充培养基（supplemental medium，SM）　在基本培养基中有针对性地补加某一种或几种营养成分，以满足相应的营养缺陷型菌株生长需要（其他营养缺陷型仍不能生长）的培养基。

📱 知识链接

培养基按用途不同的分类

1. 基础培养基　是含有一般微生物生长繁殖所需的基本营养物质的培养基。牛肉膏蛋白胨培养基是最常用的基础培养基。

2. 加富培养基　也称营养培养基，即在基础培养基中加入某些特殊营养物质制成的一类营养丰富的培养基，这些特殊营养物质包括血液、血清、酵母浸膏、动植物组织液等。

3. 鉴别培养基　在培养基中加入某种特殊化学物质，某种微生物在培养基中生长后能产生某种代谢产物，而这种代谢产物可以与培养基中的特殊化学物质发生特定的化学反应，产生明显的特征性变化，根据这种特征性变化，可将该种微生物与其他微生物区分开来。

4. 选择培养基　是用来将某种或某类微生物从混杂的微生物群体中分离出来的培养基。根据不同种类微生物的特殊营养需求或对某种化学物质的敏感性不同，在培养基中加入相应的特殊营养物质或化学物质，抑制不需要的微生物的生长，有利于所需微生物的生长。

利用营养缺陷型菌株不能在基本培养基上生长，只能在完全培养基或补充培养基上生长的特点，用一个培养皿即可检出的，有夹层培养法和限量补充培养法；在不同培养皿上分别进行对照和检出的，有逐个检出法和影印平板法。可根据实验要求和实验室具体条件加以选用，现分别介绍如下。

（1）夹层培养法　先在培养皿底部倒一薄层不含菌的基本培养基，待凝，添加一层混有经诱变剂处理菌液的基本培养基，其上再浇一薄层不含菌的基本培养基，经培养后，对首次出现的菌落用记号笔一一标在皿底。然后再加一层完全培养基，培养后新出现的小菌落多数都是营养缺陷型突变株。

（2）限量补充培养法　诱变处理后的细胞接种在含有微量（<0.01%）蛋白胨的基本培养基平板上，野生型细胞可迅速长成较大的菌落，而营养缺陷型则缓慢生长成小菌落。若需获得某一特定营养缺陷型，可再在基本培养基中加入微量的相应物质。

（3）逐个检出法　把经诱变处理的细胞群涂布在完全培养基的琼脂平板上，待长成单个菌落后，用接种针或灭过菌的牙签把这些单个菌落逐个整齐地分别接种到基本培养基平板和另一完全培养基平板上，使两个平板上的菌落位置严格对应。经培养后，如果在完全培养基平板的某一部位上长出菌落，而在基本培养基的相应位置上却不长，说明这就是营养缺陷型。

（4）影印平板法　将诱变剂处理后的细胞群涂布在一完全培养基平板上，经培养长出许多菌落。用特殊工具"印章"把此平板上的全部菌落转印到另一基本培养基平板上。经培养后，比较前后两个平板上长出的菌落。如果发现在前一培养基平板上的某一部位长有菌落，而在后一平板上的相应部位却空白，说明这就是一个营养缺陷型突变株。

任务三　杂交育种

杂交育种是指将两个不同基因型的菌株通过接合或原生质体融合使遗传物质重新组合，再从中分离和筛选出具有新性状的菌株。杂交育种是选用已知性状的供体菌和受体菌作为亲本，把不同菌株的优良性状集中于重组体中，在方向性方面比诱变育种前进了一大步。主要包括常规的杂交育种和原生质体融合两种方法。常规的杂交育种不需要脱壁酶处理，就能使细胞接合而发生遗传物质的重新组合。近年来，原生质体融合较为多见。原生质体融合指通过人为的方法，使遗传性状不同的两个细胞的原生质体进行融合，借以获得兼有双亲遗传性状的稳定重组子的过程。采用原生质体融合技术，已获得不少有价值的工业菌株，如 1984 年松吉撒等人用球拟酵母（*Torulupsis*）和毕赤酵母（*Pichia*）的原生质体融合，使长链二元酸产量由每升 4.0g 增至 34.8g，提高了 8 倍以上；利用原生质体融合使维生素 B_{12} 产量提高了 54 ~ 675 倍。原生质体无细胞壁，易于接受外来遗传物质，不仅能将不同种的微生物融合在一起，而且能使亲缘关系更远的微生物融合在一起，从而打破了不能充分利用遗传重组的局面。原生质体融合育种的一般步骤如图 1-3 所示。

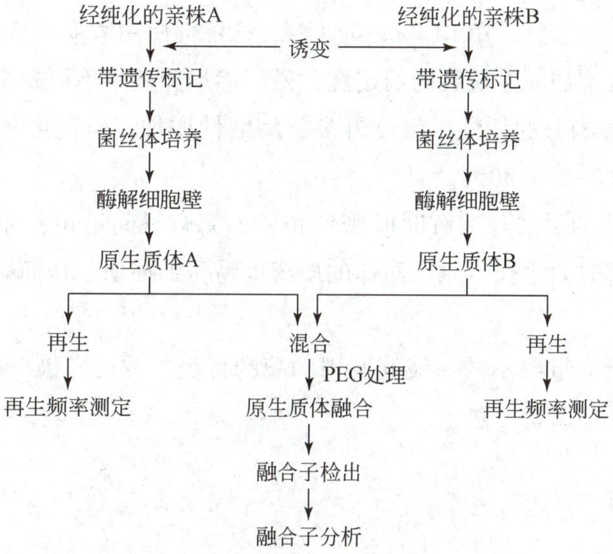

图 1-3　原生质体融合育种的一般步骤

一、原生质体制备

原生质体是植物或微生物细胞去掉壁以后的内含物。其制备主要是在高渗压溶液中加入细胞壁分解酶，将细胞壁剥离，结果剩下由原生质膜包住的类似球状的原生质体，它保持了原细胞的一切活性。

制备原生质体首先需要选择供融合的两个亲株。要求亲株的性能稳定并带有遗传标记，一般以营养缺陷型和抗药性等遗传性状为标记，以利于融合子的选择。为了使菌体细胞易于原生质体化，一般选择对数期后期的菌体进行酶处理，这个时期细胞生长、代谢旺盛，细胞壁对酶解作用最为敏感，原生质体形成率高，再生率也高。

获得有活力、去壁较为完全的原生质体对于随后的原生质体融合和原生质体再生是非常重要的，原生质体制备中的主要影响因素如下。

1. 菌体的预处理　在使用脱壁酶处理前，先用化合物对菌体进行预处理，有利于于原生质体制备。例如用乙二胺四乙酸（EDTA）、甘氨酸、青霉素等处理细菌，可使菌体的细胞壁对脱壁酶的敏感性增加。EDTA 能与金属离子形成络合物，避免金属离子对酶的抑制作用而提高酶的脱壁效果。甘氨酸可以代替丙氨酸参与细胞壁肽聚糖的合成，干扰细胞壁肽聚糖的相互交联，便于原生质体化。细菌通常加入亚抑制量的青霉素，以抑制细胞壁黏肽组分的合成，有利于酶对细胞壁的水解作用。

2. 脱壁酶　细菌和放线菌细胞壁的主要成分是肽聚糖，可以用溶菌酶来水解细胞壁。真菌细胞壁组成较复杂，常用蜗牛酶、纤维素酶、β - 葡聚糖酶等来水解细胞壁。酶浓度过低，不利于原生质体的形成，酶浓度增加，原生质体的形成率亦增大，酶浓度过高，则导致原生质体再生率降低。所以，有必要兼顾原生质体形成率和再生率选择最适的酶浓度，一般选择原生质体形成率和再生率之积达到最大时的酶浓度作为最适酶浓度。

3. 渗透压稳定剂　原生质体对溶液和培养基的渗透压很敏感，在低渗透压溶液中，原生质体将会破裂而死亡，只有在高渗透压或等渗环境中才能维持生存。渗透压稳定剂的种类有无机盐和有机物，无机盐包括 $NaCl$、KCl、$MgSO_4$、$CaCl_2$ 等；有机物包括蔗糖、甘露醇、山梨醇等。不同微生物采用的渗透压稳定剂也不同，对于细菌和放线菌，一般采用蔗糖、丁二酸钠等为渗透压稳定剂；对于酵母菌，主要采用山梨醇和甘露醇；对于霉菌，采用 KCl 和 $NaCl$ 等，稳定剂使用浓度一般为 $0.3 \sim 0.8 mol/L$。一定浓度的钙、镁等二价阳离子可增加原生质膜的稳定性，是高渗培养基中不可缺少的成分。

4. 反应温度　温度会影响酶的活性，温度升高，酶活性增加，但温度过高，酶失活反而影响原生质体的形成，所以一般温度在 $20 \sim 40 ℃$。

5. 酶解时间　原生质体的形成与酶解时间密切相关，酶解时间过短，原生质体形成不完全，会影响原生质体间的融合；酶解时间过长，原生质体的质膜也易受到损伤，从而影响原生质体的再生，也不利于原生质体的融合。

由于各种微生物细胞壁的组成不同，破壁所用的酶的种类、浓度、破壁处理温度、时间、pH 均不同，必须采用不同的原生质体制备方法。

二、原生质体融合

由于在自然条件下，原生质体发生融合的频率非常低，因此在实际育种过程中要采用一定方法进行人为诱导融合。两株出发菌株制备好的原生质体可以通过化学因子或电场诱导的方法进行融合。

1. 化学因子诱导　是把两个亲株的原生质体混合在一起，加入融合剂聚乙二醇（polyethylene glycot，PEG）和 Ca^{2+}、Mg^{2+} 等阳离子诱导原生质体融合。PEG 具有强烈的脱水作用，扰乱了分散在原生质表面的蛋白质和脂质排列，提高了脂质胶粒的流动性，从而促进原生质体融合。Ca^{2+} 可促进脂分子的扰动，增加融合频率。

2. 电场诱导　是原生质体在电场电击下，原生质体膜被击穿，从而导致融合的发生。

三、原生质体再生

融合后的原生质体具有生物活性，但不具有细胞壁，无法表现优良的生产性状，不能在普通培养基上生长，所以必须设法让它长出细胞壁，重新形成细胞壁的过程称为再生。再生培养基必须具有与原生质体内相同的渗透压，常用含有 Ca^{2+}、Mg^{2+} 或增加渗透压稳定剂的完全培养基。把融合的原生质体涂布于添加渗透稳定剂的高渗琼脂培养基上，或者把原生质体悬液混合在培养基中，进行琼脂夹层培养，使其再生细胞壁。增加高渗培养基的渗透压或添加蔗糖可增加再生率，恢复正常细胞形态后，才能在普通培养基上正常生长。

再生率＝（再生培养基上总菌落数－酶处理后未原生质体化菌落数）/原生质体数×100%。

再生率因菌种本身的特性、原生质体制备条件、再生培养基成分及再生条件等不同而由百分之零点几变化至百分之几十。

四、融合子检出

融合子的检出通常有两种方法：直接检出法和间接检出法。

1. 直接检出法　是将融合液涂布于无双亲株生长所必要的营养物，或存在抑制双亲株生长的抑制物再生平皿上，直接检出原营养型或具有双亲抑制物抗性的融合子。此外，可以利用荧光染色，将两个亲株用不同的荧光色素染色并融合后，在落射荧光装置的立体显微镜下观察融合子，如在一个个体上观察到双亲的两种荧光色素，即融合子。

2. 间接检出法　是将融合液涂布于营养丰富而又不加任何抑制物的再生完全培养基平皿上，使亲株和融合子都再生出菌落，然后用影印法复制到一系列选择培养基平皿上检出融合子。

通过上述方法产生的融合子，如果产生杂合双倍体或单倍重组子，其遗传性状比较稳定，但产生的融合子也可能是一种短暂的融合，会再次分离成亲本类型。所以要进行多次筛选，找到稳定的融合子。

📱 知识链接

融合子的选择

原生质体融合获得融合子，会产生两种情况：一种是真正的融合，即产生杂合二倍体，或单倍重组体；另一种是暂时的融合，即形成异核体，它们都能在基本培养基上生长出来，但前者一般较稳定，而后者一般会不稳定地分离成亲本类型，有的甚至可以异核状态移接几代，所以要获得真正的融合子，在融合原生质体再生后，应进行数代的自然分离、选择。

任务四　基因工程育种

PPT

一、概述

基因工程育种指利用 DNA 重组技术将外源基因导入微生物细胞，使后者获得前者的某些优良性状或者作为表达场所来生产目的产物。

这项在微生物遗传学和分子生物学基础理论上发展起来的新兴技术，不仅是生命科学研究发展的里程碑，也使现代生物技术产业发生了革命性的变化。1982 年，第一个基因工程产品——人胰岛素在美国问世。人的胰岛素基因被送到大肠埃希菌的细胞里，与大肠埃希菌的遗传物质相结合，并在大肠埃希菌的细胞里指挥大肠埃希菌生产出了人的胰岛素，这使生产成本大大降低。

目前，此项技术已成功应用于头孢菌素类、氨基酸类以及酶制剂的产量提升上，而且改善了发酵工业的传统技术。有许多在疾病诊断、预防和治疗中有重要价值的内源生理活性物质作为药物已应用多年，治疗侏儒症的人生长激素，激素、细胞因子、神经多肽、调节蛋白、酶类、凝血因子以及某些疫苗等，或是材料来源困难，或是造价过于昂贵，无法大量生产并在临床上广泛付诸应用。利用微生物生长繁殖迅速、人工培养方便等特点，将重组基因导入微生物细胞来生产这些生理活性物质，从根本上解决了上述问题。因此，基因工程育种从真正意义上打破了传统意义上的育种方法，前景十分广阔。

二、一般步骤

(一) 目的基因的获取

目的基因即准备在受体细胞中表达的外源基因，在进行基因工程操作时，首先必须获得一定数量的目的基因用于重组。获得目的基因的途径主要如下。

1. 从表达目的基因的供体细胞 DNA 中分离 首先大量培养含有目的基因的供体细胞，成熟后采用一定的化学或生物方法，从供体细胞中提取所需的 DNA 片段，鉴定后将所需片段保存待用。

2. 通过人工合成 化学合成法准确性高，合成速度快，但合成的 DNA 链不宜太长，通常小于 60bp，而且合成成本高。现主要采用聚合酶链式反应（polymerase chain reaction，PCR）进行 DNA 的体外扩增。其原理是在体外模拟细胞内 DNA 的复制过程，以含有目的基因的 DNA 为模板，首先使其热变性双链打开，然后以每一条链为模板，在 *Taq* DNA 聚合酶的催化下，由特定引物开始，根据碱基互补配对原则，合成与模板 DNA 互补的新链，形成两个与原来相同的 DNA 分子。新合成的 DNA 分子又可作为下一轮循环模板。经过多次循环，使目的基因得到大量的扩增。

3. 构建基因组文库筛选 分离真核生物中某种 DNA 成分，通常是分离供体细胞中的染色体 DNA，酶切后，将这些染色体 DNA 片段与某种载体相接，而后转入大肠埃希菌，建立包含真核细胞染色体 DNA 片段的克隆株，这种克隆株群体称为基因组文库。用相应的基因探针的分子杂交即可从基因组文库中筛选出带有目的基因的克隆，进而可得到需分离的目的基因。

(二) 外源基因与载体的体外连接

基因工程载体是能将分离或合成的基因导入细胞的 DNA 分子，通常用质粒或噬菌体的核酸。适应基因工程操作的载体应能进入宿主细胞中并大量复制，这一能力有助于带有目的基因的重组载体在受体细胞内表达较多的基因产物；载体 DNA 应有限制性核酸内切酶的切割位点，有助于载体 DNA 和供体 DNA 的拼接；载体还应具有容易被识别筛选的标志，当其进入宿主细胞，或携带着外来的核酸序列进入宿主细胞时都能容易被辨认和分离出来。

用同样的限制性内切酶处理的供体 DNA 与载体 DNA，产生具有互补碱基的黏性末端。两者在较低温度下混合"退火"，黏性末端上碱基互补的片段因氢键的作用而彼此连接，重新形成双链。再经连接酶的作用，将目的基因和载体共价结合成一个完整的、有复制能力的环状重组 DNA 分子。

(三) 将重组载体引入受体细胞

以转化或转染的方式，将重组载体转入受体细胞。受体细胞一般选择具有如下特性的微生物细胞：便于培养发酵生产；非致病菌；遗传学上有较多的研究；便于基因工程操作。受体细胞常选用大肠埃希菌、酵母菌等。

将重组载体导入受体细胞的方法有物理方法（如电穿孔法）和化学方法（如钙盐转化法、DEAE－葡聚糖法及脂质体转化法等），其中以钙盐转化法最为普遍。将对数生长期的宿主细胞在低温低渗的 Ca^{2+}

溶液中处理，改变细胞壁及细胞膜的结构，形成易于吸收重组 DNA 分子的感受态细胞。感受态细胞从周围吸收外源性重组 DNA 发生转化。

（四）重组子的筛选鉴定

重组质粒转化细胞后，在全部受体细胞中仅占极少数中的一部分，必须通过鉴定以区分重组体与非重组体。重组载体进入受体细胞后还需要根据载体的遗传标记选择出具有重组载体的受体细胞，最常见的标记有抗生素抗性、营养缺陷型或显色。再通过大量筛选和对培养条件的控制选出能大量表达目的基因产物且遗传上稳定的"工程菌"。

任务五　生产菌种的保藏

PPT

一、菌种保藏原理

菌种保藏方法的目的是经长期保藏后菌种存活健在，保证高产突变株不改变表型和基因型，特别是不改变初级代谢产物和次级代谢产物生产的高产能力。根据微生物的生理生化特性，人为地创造条件，使微生物处于代谢不活泼、生长繁殖受到抑制的休眠状态，以减少菌种的变异。无论采用何种保藏方法，首先都应该挑选典型菌种的优良纯种来进行保藏，最好保藏它们的休眠体，如孢子或芽孢等。其次，应根据微生物生理、生化特点，人为地创造环境条件，通过降低培养基营养成分、低温、干燥、缺氧和加保护剂等方法，达到防止突变、保持纯种的目的。

二、常用的保藏方法

各种微生物由于遗传特性不同，适合采用的保藏方法也不一样。一种良好的有效保藏方法，首先应能保持原菌种的优良性状长期不变，同时还必须考虑方法的通用性、操作的简便性和设备的普及性。下面介绍几种常用的菌种保藏方法。

1. 斜面低温保藏法　此法将菌种接种在适宜的斜面培养基上，待菌种生长完全后，置于 4℃ 左右的冰箱中保藏，每隔一定时间再转接至新的斜面培养基上，生长后继续保藏，如此连续不断。放线菌、霉菌和有芽孢的细菌一般可保存 6 个月左右，无芽孢的细菌可保存 1 个月左右，酵母菌可保存 3 个月左右。

此法由于采用低温保藏，大大减缓了微生物的代谢繁殖速度，降低了突变频率；同时减少了培养基的水分蒸发，使其不至于干裂。该法的优点是简便易行，容易推广，存活率高，故科研和生产上对经常使用的菌种大多采用这种保藏方法。广泛适用于细菌、放线菌、酵母菌和霉菌等大多数微生物菌种的短期保藏及不宜用冷冻干燥保藏的菌种。其缺点是菌株仍有一定程度的代谢活动能力，保藏期短，传代次数多，菌种较容易发生变异和被污染。

2. 石蜡油封藏法　此法是在无菌条件下，将灭过菌并已蒸发掉水分的液状石蜡倒入培养成熟的菌种斜面（或半固体穿刺培养物），石蜡油层高出斜面顶端 1cm，使培养物与空气隔绝，加胶塞并用固体石蜡封口后，垂直放在室温或 4℃ 冰箱内保藏。由于液状石蜡阻隔了空气，使菌体处于缺氧状态下，而且防止了水分挥发，使培养物不会干裂，因而能使保藏期达 1～2 年。

这种方法操作简单，适于保藏霉菌、酵母菌、放线菌、好氧性细菌等，但对很多厌氧性细菌的保藏效果较差，尤其不适用于某些能分解烃类的菌种。

3. 砂土管保藏法 此法兼具低温、干燥、隔氧和无营养物等条件，故保藏期较长、效果较好，且微生物移接方便，经济简便。它比石蜡油封藏法的保藏期长，为 2～10 年。这是一种常用的长期保藏菌种的方法，适用于产孢子的放线菌、霉菌及形成芽孢的细菌，对于一些对干燥敏感的细菌，如奈氏球菌、弧菌和假单胞杆菌及酵母则不适用。

制作方法：先将砂与土分别洗净、烘干、过筛（一般砂用 60 目筛，土用 120 目筛），按砂与土的比例为（1～2）∶1 混匀，分装于小试管中，砂土的高度约 1cm，以 121℃ 蒸汽灭菌 1～1.5 小时，间歇灭菌 3 次。50℃ 烘干后经检查无误后备用。也有只用砂或土作载体进行保藏的。需要保藏的菌株制成菌悬液或孢子悬液滴入砂土管中，放线菌和霉菌也可直接刮下孢子与载体混匀，置于干燥器中抽真空并封口，在 4℃ 冰箱内保藏。

4. 甘油悬液保藏法 此法是将菌种悬浮在甘油蒸馏水中，置于低温下保藏，较简便，但需置备低温冰箱。保藏温度若采用 –20℃，保藏期为 0.5～1 年；而采用 –70℃，保藏期可达 10 年。

将拟保藏菌种对数期的培养液直接与经 121℃ 蒸汽灭菌 20 分钟的甘油混合，并使甘油的终浓度在 10%～15%，再分装于小离心管中，置低温冰箱中保藏。基因工程菌常采用本法保藏。

5. 冷冻真空干燥保藏法 此法通常是用保护剂制备拟保藏菌种的细胞悬液或孢子悬液于安瓿中，再在低温下快速将含菌样冻结，并减压抽真空，使水升华将样品脱水干燥，形成完全干燥的固体菌块。并在真空条件下立即融封，造成无氧真空环境，最后置于低温下，使微生物处于休眠状态，从管而得以长期保藏。常用的保护剂有脱脂牛奶、血清、淀粉、葡聚糖等高分子物质。

由于此法同时具备低温、干燥、缺氧菌种的保藏条件，因此保藏期长，一般达 5～15 年，存活率高，变异率低，是目前被广泛采用的一种较理想的保藏方法。除不产孢子的丝状真菌不宜用此法外，其他大多数微生物，如病毒、细菌、放线菌、酵母菌、丝状真菌等均可采用这种保藏方法。但该法操作比较烦琐，技术要求较高，且需要冻干机等设备。

6. 液氮超低温保藏法 此法是以甘油、二甲基亚砜等作为保护剂，在液氮超低温（–196℃）下保藏的方法。把菌悬液或带菌丝的琼脂块经控制制冷速度，以每分钟下降 1℃/min 的速度从 0℃ 直降到 –35℃，然后保藏在 –196℃ 的液氮冷箱中。

此法操作简便、高效，保藏期一般可达到 15 年以上，是目前被公认的最有效的菌种长期保藏技术之一。除了少数对低温损伤敏感的微生物外，该法适用于各种微生物菌种的保藏。此法的另一大优点是可使用各种培养形式的微生物进行保藏，无论是孢子或菌体、液体培养物或固体培养物均可采用该保藏法。其缺点是需购置超低温液氮设备，且液氮消耗较多，操作费用较高。

要使用菌种时，从液氮罐中取出安瓿，并迅速放到 35～40℃ 温水中，使之融化，以无菌操作打开安瓿，移接到保藏前使用的同一种培养基斜面上进行培养。从液氮罐中取出安瓿时速度要快，一般不超过 1 分钟，以防其他安瓿升温而影响保藏质量。并且取样时一定要戴专用手套以防止意外爆炸和冻伤。

在上述的菌种保藏方法中，以斜面低温保藏法和石蜡油封藏法最为简便，以冷冻真空干燥保藏法和液氮超低温保藏法保藏效果最好。应用时，可根据实际需要选用。

三、菌种保藏注意事项

菌种保藏对于基础研究和实际生产具有特别重要的意义。在基础研究中，菌种保藏可以保证研究结果获得良好的重复性。对于实际应用的生产菌种，可靠的保藏措施可以保证优良菌种长期高产稳产。

菌种保藏要获得较好的效果，需注意以下三个方面。

1. 菌种在保藏前所处的状态 绝大多数微生物的菌种均应保藏其休眠体，如孢子或芽孢。保藏用的孢子或芽孢等宜采用新鲜斜面上生长丰满的培养物。菌种斜面的培养时间和培养温度影响其保藏质量。培养时间过短，保存时容易死亡；培养时间长，生产性能衰退。一般以稍低于最适生长温度下培养至孢子成熟的菌种进行保存，效果较好。

2. 菌种保藏所用的基质 斜面低温保藏所用的培养基，碳源比例少些、营养成分贫乏些较好，否则易产生酸，或使代谢活动增强，影响保藏时间。砂土管保藏需将砂和土充分洗净，以防其中含有过多的有机物影响菌的代谢，或经灭菌后产生一些有毒的物质。冷冻干燥所用的保护剂，有不少经过加热就会分解或变性的物质，如还原糖和脱脂乳。过度加热往往形成有毒物质，灭菌时应特别注意。

3. 操作过程对细胞结构的损害 冷冻干燥时，冻结速度缓慢易导致细胞内形成较大的冰晶，对细胞结构造成机械损伤。真空干燥程度也影响细胞结构，加入保护剂就是为了尽量减轻冷冻干燥所引起的对细胞结构的破坏。细胞结构的损伤不仅使菌种保藏的死亡率增加，而且容易导致菌种变异，造成菌种性能衰退。

四、菌种保藏机构介绍

1. 国外机构 菌种被视为生物工业不可缺少的重要资源，世界各国都对菌种极为重视，设置了各种专业性保护机构，主要保藏机构如下。

（1）美国标准菌种收藏所（American Type Culture Collection，ATCC），美国马里兰州罗克维尔。

（2）冷泉港研究室（Cold Spring Harbor Laboratory，CSH），美国纽约州冷泉港。

（3）日本东京大学应用微生物研究所（Institute of Applied Microbiology，IAM），日本东京。

（4）发酵研究所（Institute for Fermentation，IFO），日本大阪。

（5）国立标准菌种收藏所（National Collection of Type Culture，NCTC），英国伦敦。

（6）荷兰真菌中心收藏所（Centralbureau Voor Schimmelcultures，CBS），荷兰巴尔恩。

（7）德国微生物菌种保藏中心（Deutsche Sammlung von Mikroorganismen und Zellkulturen，DSMZ），德国布伦瑞克。

2. 国内机构 在国内，为了推动菌种保藏事业的发展，1979 年 7 月在国家科学技术委员会和中国科学院的主持下，召开了第一次全国菌种保藏工作会议，在会上成立了中国微生物保藏管理委员会（China Microbe Preservation Management Committee，CCCMS），委托中国科学院负责全国菌种保藏管理业务，菌种保藏管理中心如下。

（1）中国普通微生物菌种保藏管理中心（China General Microbiological Culture Collection Center，CGMCC）中国科学院微生物研究所：真菌，细菌；中国科学院武汉病毒研究所：病毒。

（2）中国工业微生物菌种保藏管理中心（China Center of Industrial Culture Collection，CICC）。

（3）中国农业微生物菌种保藏管理中心（Agricultural Culture Collection of China，ACCC）。

（4）中国林业微生物菌种保藏管理中心（China Forestry Culture Collection Center，CFCC）。

（5）中国药学微生物菌种保藏管理中心（China Pharmaceutical Culture Collection，CPCC）。

（6）中国医学细菌菌种保藏管理中心（National Center for Medical Culture Collections，CMCC）。

（7）中国兽医微生物菌种保藏管理中心（China Veterinary Culture Collection Center，CVCC）。

五、菌种传代方法

从菌种保藏中心购买的原始菌种管是装入安瓿的冻干菌，新购入的零代原始菌种储存于－20℃，有效期一般为3年。将菌种接种至一新鲜培养基上，每萌发一次即称为一代，菌种的传代次数（自原始菌种冻干粉起）不得超过5代。定期传代用菌的传代操作（斜面接种法）步骤如下。

（1）从冰箱冷藏室中取出菌种斜面后，应在室温放置约30分钟。

（2）在装有新鲜配制的培养基菌种保藏管管壁上注明菌名及接种日期，和传代菌种一并移入洁净工作台，打开紫外灯照射1小时。

（3）关闭紫外灯。点燃酒精灯，左手握住菌种斜面，将管口靠近火焰上方，右手拿接种棒后端，将接种环烧红约30秒，随后将接种棒金属部分在火焰上烧灼，往返通过三次。

（4）右手用无名指、小指及掌部夹住管塞，左手将管口在火焰上旋转烧灼，右手再轻轻拔开管塞，将接种环伸入管内，先在近壁的琼脂斜面上靠一下，稍冷后再至菌苔上，刮取少量菌苔，随即取出接种棒并将菌种管口移至火焰上方。

（5）塞上管塞，左手将菌种管放下，取营养琼脂斜面（或改良马丁琼脂斜面）一支，照上述操作打开管塞，将接种环伸入管内至琼脂斜面的底部向上划一条直线，然后从底部向上连续曲线划线，一直划到斜面顶端，使细菌接种在斜面的表面上。

（6）取出接种环，在火焰上方将培养基管盖上塞子，然后将接种过细菌的接种环在火焰上烧灼灭菌。

（7）将已接种好的细菌管置于30~35℃细菌培养箱，培养22~24小时；真菌管置于23~28℃真菌培养箱，最多培养7天。

实训一　菌种的自然选育

一、实验目的

1. 掌握　从自然环境中自然选育微生物菌株的方法。

2. 熟悉　无菌操作技术。

二、实验原理

微生物发酵菌种主要分离自土壤、水体、动植物残体等，但是自然界中的微生物种类繁多，都混居在一起，而现代发酵工业以纯种培养为基础，因此要获得发酵菌株，必须根据菌种的特性、形态、嗜好的差异，运用自然选育的方法，把它们从混杂的微生物群体中分离出来。从自然界中分离新菌种主要包括采样、增殖培养、培养分离和筛选、生产性能的测定等步骤。

土壤是微生物的汇集地，从土壤中可以分离到所需的任何微生物，一般情况下，菜园土和耕作土的有机质含量较丰富，适合细菌和放线菌生长；果园树根土层中，酵母菌含量较多；动植物残体及霉腐土层中，霉菌较多；豆科植物的植被下，根瘤菌较多；首先根据要分离的微生物选择采土地点，用取样铲除去表层浮土5cm左右，取5~25cm的土样，装入事先准备好的无菌塑料袋内扎好，记录采样时间、地点、土壤质地、植被名称以及环境条件，由于采样后的环境条件与天然条件有差异，微生物逐渐死亡，数量逐渐减少，种类也会发生变化，因此，应尽快分离。

常用的纯种分离的方法有三种：划线分离法、稀释分离法和组织分离法，本实验采用最基本的分离方法——稀释分离法，将样品放于无菌水中，通过振荡，使微生物悬浮于液体中，然后静止一段时间，由于样品沉降较快，而微生物细胞体积小，沉降慢，会较长时间悬浮于液体中，通过对微生物细胞悬浮液的进一步稀释和选择性培养，就可以分离出我们需要的目的菌株。

本实验以土壤中微生物的分离为例，介绍发酵菌种的自然选育方法。

三、实验器材及材料

1. 材料　土壤和植物残体上富含微生物的样品。

2. 培养基　细菌培养基、高氏一号培养基、马铃薯培养基。

3. 仪器及器皿　恒温干热灭菌箱、高压蒸汽灭菌器、超净工作台、天平、量筒、电炉、漏斗、漏斗架、玻璃棒、三角瓶、玻璃珠、试管、培养皿、移液管、滴管、防水纸等。

四、实验内容

（一）培养基制备

1. 培养基　细菌分离用琼脂培养基；放线菌分离用高氏一号培养基；真菌分离用马铃薯培养基。

2. 制作流程　通过称量、溶解、调节 pH 等步骤，配制上述培养基，并配制 45ml 无菌水 1 瓶，4.5ml 无菌水若干支，0.1MPa 灭菌 30 分钟后备用；包扎好培养皿、移液管和涂布棒，灭菌，烘干备用。

（二）倒平板

将灭菌后的培养基冷却至 50～60℃，以无菌操作法倒至经灭菌并烘干的培养皿中，每皿约 20ml。为了防止非目的菌株生长，可在真菌培养基中加入链霉素使之达到 30mg/L，以抑制细菌的生长。在细菌和放线菌培养基中加入制霉菌素使之达到 100mg/L，以抑制真菌生长，冷却凝固待用。倒平板的方法：右手持盛培养基的试管或三角瓶置火焰旁边，用左手将试管塞或瓶塞轻轻地拨出，试管或瓶口保持对着火焰；然后左手拿培养皿并将皿盖在火焰附近打开一缝，迅速倒入培养基约 15ml，加盖后轻轻摇动培养皿，使培养基均匀分布在培养皿底部，然后平置于桌面上，待凝后即平板。

（三）微生物分离

1. 制备活性污泥混合液稀释液　称取土样 10g，放入盛 90ml 无菌水并带有玻璃珠的三角烧瓶中，振摇约 20 分钟，使土样与水充分混合，将细胞分散。用一支 1ml 无菌吸管从中吸取 1ml 土壤悬液，加入盛有 9ml 无菌水的大试管中充分混匀，然后用无菌吸管从此试管中吸取 1ml 加入另一盛有 9ml 无菌水的试管中，混合均匀，依此类推制成 10^{-1}、10^{-2}、10^{-3}、10^{-4}、10^{-5}、10^{-6} 不同稀释度的活性污泥混合液溶液。

2. 涂布　将上述每种培养基的三个平板底面分别用记号笔写上 10^{-4}、10^{-5} 和 10^{-6} 三种稀释度，然后用无菌吸管分别由 10^{-4}、10^{-5} 和 10^{-6} 三管活性污泥混合液稀释液中各吸取 0.1 或 0.2ml，小心地滴在对应平板培养基表面中央位置用无菌玻璃涂棒涂布。右手拿无菌涂棒平放在平板培养基表面上，将菌悬液先沿同心圆方向轻轻地向外扩展，使之分布均匀。室温下静置 5～10 分钟，使菌液浸入培养基。

3. 培养　将培养皿倒置培养于恒温培养箱中，细菌 37℃培养 1～2 天，真菌 30℃培养 3～5 天，放线菌 30℃培养 5～7 天后观察，若杂菌干扰不严重，可适当延长平板的培养时间，以便挑选生长速度较慢的菌株。根据菌落形态特征，挑取有代表性的单菌落，在相应的培养基平板上划线，直至得到纯培养。纯化后的菌株应及时转接到斜面培养基上保存，对分离获得的纯培养进行特定发酵能力的测定。

五、重点提示

（1）采集的样品储藏时间不宜过长，应尽可能在短时间里完成分离任务，如果储藏时间过长，菌群将发生明显的变化，一些"娇气"的微生物容易死亡，而使数量减少。

（2）样品的采集要有针对性。

（3）制备土壤稀释液时要混合均匀。

（4）菌液涂布时应注意涂布器的温度，避免温度过高而将待分离的菌种烫死。

实训二 紫外线诱变育种抗药性菌株的筛选

一、实验目的

1. **掌握** 紫外线诱变育种的基本技术。

2. **熟悉** 抗药性突变株的筛选方法。

二、实验原理

诱变育种是用不同的诱变剂处理微生物的细胞群体，以诱发各种遗传突变，然后采用简便、快速和高效的筛选方法，从中选出所需要的突变株。采用这种方法，微生物菌种突变的频率比自发突变有大幅度的提高，但所诱发的遗传性状的改变是随机的，因而需要进行大量的筛选。当前，发酵工业中使用的高产菌株，几乎都是通过诱变育种而大大提高了生产性能的菌株。因此，至今仍是菌种改良的主要方法之一。

微生物经诱变处理后引起的基因突变，往往需经过一段时间的培养后才出现表型的改变，这一现象称为表型延迟。所以，通常将诱变处理后的菌液先移到新鲜的培养基中培养一段时间，使改变了的性状趋于稳定，同时通过培养还可以使突变体数目增多，便于检出。

梯度培养皿方法是筛选抗药性突变株的一种有效的简便方法。操作要点：先加入不含药物的培养基，立即把培养基斜放，待培养基凝固后形成一个斜面，再将培养皿平放，倒入含一定浓度药物的培养基，这样就形成一个药物浓度由浓到稀的梯度培养基，然后再将大量的菌液涂布于平板表面。经培养后，在高浓度药物处出现的菌落就是抗性突变型菌株。

三、实验器材及材料

1. **菌种** 大肠埃希菌。

2. **培养基** 牛肉膏蛋白胨琼脂培养基、2×牛肉膏蛋白胨培养基、生理盐水。

3. **仪器及器皿** 培养皿、涂布棒、移液管、滴管、离心机。

四、实验内容

（一）菌液制备

从已活化的斜面菌种上挑一环大肠埃希菌于装有 5ml 牛肉膏蛋白胨培养基液的无菌离心管中，置于 37℃条件下培养 16 小时左右，3500r/min 离心 10 分钟，弃上清液，再用生理盐水洗涤两次，弃上清液，重新悬浮于 5ml 生理盐水中。将两只离心管的菌液一并倒入装有玻璃珠的三角烧瓶中，充分振荡以分散细胞，然后吸取 3ml 菌液于装有磁力搅拌棒的培养皿中。

（二）紫外线照射

1. 预热紫外灯　紫外灯功率 15W，照射距离 30cm。照射前先开灯预热 30 分钟。

2. 照射　将培养皿放在磁力搅拌器上，先照射 1 分钟后，再打开皿盖，并计时，照射达 2 分钟后，盖上皿盖，关闭紫外灯。

（三）增殖培养

照射完毕后，用无菌滴管将菌液吸到含有 3ml 的 2×牛肉膏蛋白胨培养液的离心管中，混匀后用黑纸包裹严密，置 37℃培养过夜。

（四）梯度培养皿制备

取 10ml 牛肉膏蛋白胨琼脂培养基于直径 9cm 的培养皿中，立即将培养皿斜放，使高处的培养基正好位于皿边与皿底的交接处。待凝固后，将培养皿平放，再加入含有链霉素（100μg/ml）的牛肉膏蛋白胨琼脂培养基 10ml。凝固后，便得到链霉素浓度从 100μg/ml 到 0μg/ml 逐渐递减的梯度培养皿。然后在皿底做一个"↑"符号标记，以示药物浓度由低到高的方向。

（五）菌液涂布

将增殖后的菌液 3500r/min 离心 10 分钟，弃上清液，再加入少量生理盐水制成浓的菌液后将全部菌液涂布于梯度培养皿上，并将其倒置于 37℃恒温箱中培养 24 小时，然后将出现于高浓度区域内的单菌落分别接种于斜面上，经培养后再做抗药性测定。

五、实验结果

将实验结果记录于表 1-1。

表 1-1　紫外线诱变育种抗药性测定结果

菌株号	含药平板（μg/ml）			对照平板
	20	30	40	
1				
2				
3				
4				
5				
6				
7				
8				
出发菌株				

结论：你选到抗药菌株有（　　　）株，最高抗药性达（　　　）μg/ml。

六、重点提示

（1）紫外线对人体，尤其对人的眼睛和皮肤有伤害，长时间与紫外线接触会造成灼伤，且操作应尽量控制在防护罩内。

（2）增殖培养要在暗室中培养，以防止光复活作用。

（3）制备梯度平板，要做药物浓度由低到高的方向标记。

实训三　芽孢杆菌的原生质体融合

一、实验目的

1. 掌握　芽孢杆菌原生质体制备及融合技术。

2. 了解　原生质体融合技术的原理。

二、实验原理

原生质体融合是 20 世纪 70 年代发展起来的基因重组技术，是用水解酶除去遗传物质转移的最大障碍——细胞壁，制成由原生质膜包被的裸细胞，然后用物理、化学或生物学方法，诱导遗传特性不同的两亲本原生质体融合，经染色体交换、重组而达到杂交的目的，经筛选获得集双亲优良性状于一体的稳定融合子。

原生质体融合具有杂交频率较高、受结合型或致育型的限制性小、遗传物质传递完整等特点，细菌原生质体融合的一般程序包括遗传标记、原生质体制备和再生、原生质体融合、融合体再生与检出。

枯草芽孢杆菌是革兰阳性菌，革兰阳性菌细胞壁组成是肽聚糖、磷壁酸和一些多糖蛋白质。肽聚糖的骨架由 N - 乙酰葡萄糖胺和 N - 乙酰胞壁酸通过 β - 1，4 糖苷键交替连接而成。溶菌酶和青霉素对细菌细胞壁都有一定的降解作用，溶菌酶作用于细菌细胞壁肽聚糖主链的 β - 1，4 糖苷键上；而青霉素的作用机制是竞争性地与转肽酶结合，阻碍侧链的交联，作用在代谢时发生，因此必须在细菌生长分裂时期才有效。

枯草芽孢杆菌是一种常见的有益菌，它可以净化水质，分解许多种有机质，通过融合育种可以将枯草芽孢杆菌 1、2 两个亲本的优良性状集中体现在融合细胞中，具有重要的遗传学意义。通过筛选成功融合并能稳定遗传的工程菌投入生产，将产生巨大的经济效益和社会效益。

三、实验器材及材料

1. 菌种　芽孢杆菌 1 和芽孢杆菌 2。

2. 培养基　完全培养基、基本培养基、高渗再生培养基。

3. 仪器及器皿　培养皿、三角瓶、水浴锅、离心机。

四、实验内容

（一）原生质体制备

1. 培养枯草芽孢杆菌　取亲本菌株枯草芽孢杆菌 1、2 的新鲜斜面，分别接一环到装有液体完全培养基（CM）的试管中，36℃振荡培养 14 小时，各取 1ml 菌液转接入装有 20ml 液体完全培养基的 250ml 锥形瓶中，36℃振荡培养 3 小时，使细胞生长进入对数前期，各加入 25U/ml 青霉素，使其终浓度为 0.3U/ml，继续振荡培养 2 小时。

2. 收集细胞　各取菌液 10ml，4000r/min 离心 10 分钟，弃上清液，将菌体悬浮于磷酸缓冲液中，离心。如此洗涤两次，将菌体悬浮 10ml 原生质体稳定液（SMM）中，以每 ml 含 $10^8 \sim 10^9$ 活菌为宜。

3. 总菌数测定　各取菌液 0.5ml，用生理盐水稀释，取 10^{-5}、10^{-6}、10^{-7} 各 1ml（每稀释度做两个平板），倾注完全培养基，36℃培养 24 小时后计数。此为未经酶处理的总菌数。

4. 脱壁　两株亲本菌株各取 5ml 菌悬液，加入 5ml 溶菌酶质量溶液，溶菌酶浓度为 100μg/ml，混匀后于 36℃水浴保温处理 30 分钟，定时取样，镜检观察原生质体形成情况，当 95% 以上细胞变成球状原生质体时，用 4000r/min 离心 10 分钟，弃上清液，用高渗缓冲液洗涤除酶，然后将原生质体悬浮于 5ml 高渗缓冲液中。

5. 剩余菌数测定　取 0.5ml 上述原生质体悬液，用无菌水稀释，使原生质体裂解死亡，取 10^{-2}、10^{-3}、10^{-4} 稀释液各 0.1ml，涂布于完全培养基平板上，36℃ 培养 24~48 小时，生长出的菌落应是未被酶裂解的剩余细胞。计算酶处理后剩余细胞数，并分别计算两亲株的原生质体形成率。原生质体形成率 =（未经酶处理的总菌数 – 酶处理后剩余细胞数）/未经酶处理的总菌数 ×100%。

（二）原生质体再生

上述原生质体悬浮液适当稀释后，取 0.1ml 接种于 DM3 再生培养基上，迅速加入 0.8% 琼脂的相同成分培养基 4ml，轻轻摇匀，双层平板 30℃ 培养 3~4 天，计算再生菌落数，为原生质体和少量未酶解细胞数之和，并可计算制备率和再生率。

（三）原生质体融合

原生质体融合方法是取等量的两种不同菌株的原生质体悬浮液，加入新制备或在 HM 中保存的原生质体溶液混匀，4000r/min 离心 10 分钟，沉淀物转入新鲜的 HM 原生质体保存溶液中，加入 40% 聚乙二醇（PEG）4000，40℃下静置 1~3 分钟。然后加入 10 倍左右的 HM 液，离心弃上清液，用再生培养基适当稀释，分别接种在完全再生培养基和选择性基本培养基上培养、再生。基本培养基上生长的菌落可初步判定为融合子。同时另取单一亲本及不加 PEG 的双亲本原生质体混合液分别作为对照，以计算融合率。

五、实验结果

计算融合率。

六、重点提示

（1）融合实验中，双亲原生质体的量要基本一致。

（2）不同菌种对破壁酶的敏感性不同，故要通过预实验找到菌株培养的最佳时期、所用破壁酶的种类和用量。

（3）原生质体对渗透压十分敏感，因此所用培养、洗涤原生质体的培养基和试剂都要含有渗透压稳定剂。

目标检测

答案解析

一、单项选择题

1. 不经过人工诱变处理，利用菌种自然突变而进行菌种筛选的过程叫作（　　　）

　　A. 诱变育种　　　　　　　　B. 自然选育　　　　　　　　C. 基因工程育种

　　D. 杂交育种　　　　　　　　E. 以上都不是

2. 下列方法中，常用于抗生素产生菌的分离筛选的是（　　　）

　　A. 透明圈法　　　　　　　　B. 变色圈法　　　　　　　　C. 生长圈法

　　D. 抑菌圈法　　　　　　　　E. 生产圈法

3. 冷冻真空干燥法的保藏时间是（　　　）

　　A. 1~6 个月　　　　　　　　B. 6~12 个月　　　　　　　　C. 1~2 年

D. 大于 5 ~ 10 年   E. 1 周

4. 被誉为"超诱变剂"的是 （　　　　）

   A. 紫外线   B. γ 射线   C. 5 – 溴尿嘧啶

   D. N – 甲基 – N′ – 硝基 – N – 亚硝基胍（NTG）   E. 电磁波

5. 下列保藏方法中，保存时间最长的是 （　　　　）

   A. 斜面低温保藏法   B. 液状石蜡保藏法   C. 液氮超低温保藏法

   D. 甘油悬液保藏法   E. 砂土管保藏法

二、多项选择题

1. 微生物菌种的选育方法有 （　　　　）

   A. 诱变育种   B. 自然选育   C. 三倍体育种

   D. 杂交育种   E. 单倍体育种

2. 原生质体融合的一般步骤主要有 （　　　　）

   A. 原生质体制备   B. 原生质体融合   C. 原生质体再生

   D. 融合子检出   E. 外源基因与载体的体外连接

3. 菌种保藏方法有 （　　　　）

   A. 斜面低温保藏法   B. 液状石蜡保藏法   C. 砂土管保藏法

   D. 甘油悬液保藏法   E. 液氮超低温保藏法

4. 菌种保藏的原理有 （　　　　）

   A. 减少营养成分   B. 低温   C. 干燥

   D. 缺氧   E. 加保护剂

5. 下列属于化学诱变剂的包括 （　　　　）

   A. 碱基类似物   B. 烷化剂   C. 紫外线

   D. 脱氨基诱变剂   E. 移码突变剂

书网融合……

知识回顾   微课   习题

学习引导

培养基是指人工配制而成的适合微生物生长繁殖和积累代谢产物所需要的营养基质。无论是研究微生物还是利用微生物，都必须配制适宜微生物生长的培养基，它是微生物研究和发酵生产的基础。

本项目主要介绍常见培养基的概念和组成成分，并通过这部分知识的学习，让大家了解培养基的应用。

学习目标

1. **掌握**　液体培养基、固体培养基和半固体培养基的概念；培养基的成分组成。
2. **熟悉**　影响培养基质量的因素。
3. **了解**　不同培养基的特点及用途。

培养不同微生物，所需培养基不同；对于同一种微生物，由于培养目的不同，对培养基的要求也不同。因此，培养基种类很多。根据培养基中凝固剂的有无及含量的多少，可将培养基分为液体培养基、固体培养基和半固体培养基；根据培养基成分来源的不同，可分为天然培养基、合成培养基和半合成培养基；根据培养基的用途，分为基础培养基、加富培养基、选择培养基、鉴别培养基和生产用培养基。

任务一　液体培养基 🅔微课

液体培养基是将各种营养物质溶于定量的水中，配制成均匀的营养液，是微生物或动植物细胞的液态培养基。它具有可进行通气培养和振荡培养的优点。在静止的条件下，在菌体或培养细胞的周围，形成透过养分的壁障，养分的摄入受到阻碍。由于在通气或在振荡的条件下，可消除这种阻碍以及增加供氧量，所以有利于细胞生长，提高生产量。液体培养基通常用于大规模工业化生产和实验室内微生物的基础理论和应用方面的研究。

一、成分

不同种类的培养基一般都含有微生物生长所需的碳源、氮源、磷源、无机盐、生长因子和水分等营养素，且各成分比例应合适。

(一) 碳源

碳源是培养基的主要营养成分之一，是构成菌体细胞和代谢产物的碳素来源，并为微生物的生长繁殖和代谢活动提供能源。常用的碳源有糖类、脂肪、有机酸、醇类和碳氢化合物等。在特殊情况下（如碳源贫乏时），蛋白质、氨基酸等也可以被微生物用作碳源。不同微生物所含的碳源分解酶并不完全一样，因此它们对各种碳源的利用能力不完全相同。

1. 糖类 单糖（如葡萄糖、果糖、木糖）、双糖（如蔗糖、乳糖、麦芽糖）和多糖（如淀粉、糊精）等糖类物质可以作为微生物发酵生产中常用的碳源。

（1）单糖 葡萄糖是最常用也是最易利用的碳源。几乎所有的微生物都能利用葡萄糖。但是，在发酵过程中，如果葡萄糖浓度过高会加快菌体的代谢，以致培养基中的溶解氧不能满足菌体进行有氧呼吸的需要，葡萄糖分解代谢就会进入不完全氧化途径。一些酸性中间代谢产物，如丙酮酸、乳酸、乙酸等累积在菌体或培养基中，导致 pH 降低，影响某些酶的活性，从而抑制微生物的生长和产物的合成。另外，葡萄糖的中间分解产物虽然不会导致 pH 下降，但能阻遏某些产物的生物合成酶，发生葡萄糖效应。其他单糖在生产中则应用很少。

（2）双糖 蔗糖、乳糖、麦芽糖也是工业发酵中较常用的碳源。蔗糖既有纯制产品，也有含较多杂质的粗品，例如生产中常使用的糖蜜。糖蜜是蔗糖生产时的结晶母液，除了含有丰富的蔗糖外，还含有氮素化合物、无机盐和维生素等成分，是发酵生产中价廉物美的原料。乳糖作为发酵生产的碳源，成本相对较高，而乳清是乳制品企业利用牛奶提取酪蛋白以制造干酪或干酪素后留下的溶液。干乳清含 65% ~75% 的乳糖，其他成分还有乳清蛋白、无机盐等，因此可以利用乳清替代乳糖作为碳源。结晶麦芽糖价格很高，生产上多用麦芽糖浆。麦芽糖浆是以淀粉为原料、以生物酶为催化剂，经液化、糖化、精制和浓缩等工序生产而成的。高麦芽糖糖浆的麦芽糖含量超过 50%。

（3）多糖 常用的淀粉有玉米淀粉、大麦淀粉、小麦淀粉、甘薯淀粉和马铃薯淀粉等多种，它们一般经菌体产生的胞外酶水解成单糖后再被吸收利用。淀粉不仅来源丰富、价格低廉，而且能克服葡萄糖代谢过快的弊端，因此在发酵生产中被普遍使用。淀粉难溶于水，但在高温（120~130℃）灭菌的过程中一般可完全膨胀成胶状物。应该注意：当培养基中淀粉的含量大于 3% 时，最好先用淀粉酶糊化，然后再和其他营养成分混合、灭菌，这样可以避免淀粉的结块。有些微生物还可以直接利用玉米粉、大麦粉、小麦粉、甘薯粉和马铃薯粉作为碳源。

根据微生物利用碳源速度的快慢，可将碳源分为速效碳源和迟效碳源。葡萄糖和蔗糖等被微生物利用的速度较快，是速效碳源；而乳糖、淀粉等被利用的速度相对较为缓慢，是迟效碳源。在微生物发酵生产中应考虑速效碳源和迟效碳源对目的产物合成的影响。例如，在青霉素的发酵生产中，葡萄糖阻遏青霉素的合成，而乳糖被利用较为缓慢，对青霉素的生物合成几乎无阻遏作用，因此即使浓度较高，仍能延长发酵周期，提高产量。

即学即练 2-1

在培养基的配制中，常见的碳源包括（　　　　）

答案解析　　A. 糖类　　　　B. 脂肪　　　　C. 有机酸　　　　D. 醇类　　　　E. 碳氢化合物

---

2. 油脂 许多微生物能利用油脂作为碳源。在微生物发酵生产中，常用的油脂大多为植物油，如花生油、玉米油、豆油、菜油、棉籽油和米糠油等，猪油、牛油、羊油和鱼油等动物油也有一定的应

用。动物油的主要成分是不饱和脂肪酸和饱和脂肪酸。在溶解氧的参与下，脂肪酸完全氢化成 CO_2 和 H_2O，并释放能量。因此，当以脂肪为碳源时，要供给微生物更多的氧，否则脂肪酸及其代谢中间产物有机酸的积累会引起发酵液 pH 的下降，影响微生物酶的活性。此外，脂肪酸也可以被氧化成短链形式，直接参与微生物目的产物的合成。

除了作为碳源外，脂肪酸还具有消泡作用，可增加发酵罐的装料系数，改善发酵过程中的溶氧状况。

3. 有机酸和醇类　有些微生物对有机酸（如乙酸、琥珀酸、乳酸等）和醇类（如乙醇、甘油、山梨醇等）有很强的利用能力，因此有机酸和醇类也可以作为菌体生长和代谢的碳源。例如，乙醇在青霉素发酵中用作碳源，甘油常用作抗生素和甾类药物生物转化发酵时的碳源。有时人们把有机酸和醇类作为补充碳源。应注意：有机酸或有机酸盐的利用常会引起发酵液 pH 的变化，从而影响微生物酶的活性。

4. 碳氢化合物　主要是一些石油产品，是某些微生物（如霉菌、酵母）喜欢利用的一类碳源。正烷烃是从石油裂解中得到的十四碳至十八碳的直链烷烃混合物，在某些抗生素的发酵中有所应用，并取得了较好的效果。当以碳氢化合物作为碳源时，在培养基中添加脂肪酸往往有利于菌体的生长和代谢产物的合成。

（二）氮源

氮源是培养基的主要营养成分之一，主要用于构成菌体细胞物质和代谢产物的氮素来源。常用的氮源可分成有机氮源和无机氮源两大类。

1. 有机氮源　常用的有机氮源有花生饼粉、黄豆饼粉、棉籽饼粉、玉米浆、玉米蛋白粉、蛋白胨、酵母粉、鱼粉、蚕蛹粉、尿素、废菌丝体和酒糟等。它们在微生物分泌的蛋白酶作用下，水解成氨基酸被菌体吸收利用，或进一步分解，最终用于合成菌体的细胞物质和含氮的目的产物。

有机氮源除了含有丰富的蛋白质、多肽和游离氨基酸外，往往还含有少量糖类、脂肪、无机盐、维生素及生长因子，因而微生物在有机氮源丰富的培养基上常表现出生长旺盛、菌丝浓度增长迅速等特点。

某些氨基酸不仅能作为氮源，而且是微生物药物的前体物质，因此在培养基中直接加入这些氨基酸可以提高代谢产物的产量。例如，在培养基中加入缬氨酸可以提高红霉素的发酵单位，因此在此发酵过程中缬氨酸既是菌体的氮源，又是红霉素生物合成的前体。同样，缬氨酸和半胱氨酸既可以作为青霉素和头孢菌素产生菌的营养物质，又可以作为青霉素和头孢菌素的主要前体。但是，由于氨基酸成本高，一般不直接使用，而是通过有机氮源的分解来获得。

黄豆饼粉是发酵工业中最常用的一种有机氮源。由于黄豆的产地和加工方法不同，营养物质种类、水分和含油量也随之不同，对菌体的生长和代谢有很大影响。

玉米浆是玉米淀粉生产中的副产品，为黄褐色的浓稠不透明的絮状悬浮物，是一种很容易被微生物利用的氮源。玉米浆有干玉米浆和液态玉米浆两种，它们除了含有丰富的氨基酸外，还含有还原糖、有机酸、磷、微量元素和生长因子。由于玉米浆含有较多的有机酸，其 pH 偏低，一般在 4.0 左右。玉米的来源和加工条件不同，玉米浆的质量常有较大的波动，对菌体生长和代谢有很大的影响。

蛋白胨是由动物组织或植物蛋白质经酶或酸水解而获得的由胨、肽、氨基酸组成的水溶性混合物，经真空干燥或喷雾干燥后制得的产品。由于原材料和加工工艺的不同，蛋白胨中营养成分的组成和含量差异较大。酵母粉一般是啤酒酵母或面包酵母的菌体粉碎物，而酵母膏也称酵母膏粉、酵母浸膏或酵母浸出粉，是以酵母为原料，经酶解、脱色脱臭、分离和低温浓缩（喷雾干燥）制成的。酵母粉和酵母膏都含有蛋白质、多肽、氨基酸、核苷酸、维生素和微量元素等营养成分，但质量有很大差异。鱼粉是一种优质的蛋白质原料，约含60%的粗蛋白，还含有游离氨基酸、脂肪、氯化钠和微量元素等成分。

尿素也是一种常用的有机氮源，但成分单一，在青霉素的生产中常被使用。

这些有机氮源在微生物发酵生产中，不仅具有营养作用，提供菌体生长繁殖所需的氮素，有利于微生物合成菌体，而且提供次级代谢产物的氮素来源，影响微生物次级代谢产物的产量和组分。更为重要的是，它们还含有目的产物合成所得的诱导物、前体等物质。例如，玉米浆中含有的磷酸肌醇，对红霉素、链霉素、青霉素和土霉素等的生产有促进作用；植物蛋白胨能够提高麦白霉素 A_1 组分的产量；酵母膏含有利福霉素生物合成的诱导物。因此，有机氮源是影响发酵水平的重要因素之一。

2. 无机氮源　常用的无机氮源有铵盐（如氯化铵、硫酸铵、硝酸铵、磷酸铵）、硝酸盐（如硝酸钠、硝酸钾）和氨水等。

无机氮源被微生物利用后常会引起 pH 的变化，如用（NH_4）$_2SO_4$ 或 $NaNO_3$ 作氮源时，反应式如下。

$$（NH_4）_2SO_4 \longrightarrow 2NH_3 + H_2SO_4$$

$$NaNO_3 + H_2 \longrightarrow NH_3 + 2H_2O + NaOH$$

反应中所产生的 NH_3 被菌体作为氮源利用后，培养液中就留下了酸性或碱性物质。因此，这种经过微生物代谢作用后，能形成酸性物质的营养成分称为生理酸性物质，如硫酸铵。经微生物代谢后能产生碱性物质的营养成分称为生理碱性物质，如硝酸钠。正确使用生理酸性物质和生理碱性物质，对稳定和调节发酵过程的 pH 有积极作用。微生物对铵盐和硝酸盐的利用速度也有不同。铵盐中的铵氮可以直接被菌体利用，而硝酸盐中的硝基氮必须先被还原成氨以后才能被利用，因此铵盐比硝酸盐能更快被微生物利用。

氨水是一种容易被利用的氮源，在发酵过程还可作为 pH 调节剂。在许多微生物发酵生产中都有通氨工艺。例如在青霉素、链霉素、四环类抗生素的发酵生产中采用通氨工艺后，发酵单位均有不同程度的提高。在红霉素的发酵生产中通氨工艺不仅可以提高红霉素的产量，而且可以增加有效组分的比例。在采用通氨工艺时应注意两个问题：①氨水碱性较强，因此在使用时要防止局部过碱，应少量多次加入，并加强搅拌；②氨水中含有多种嗜碱性微生物，因此在使用前应用石棉等过滤介质进行过滤除菌，防止因通氨而引起的染菌。

根据被微生物利用速度的不同，氮源可分为速效氮源和迟效氮源。

（1）速效氮源　无机氮源或以蛋白质降解产物形式存在的有机氮可以直接被菌体吸收利用的氮源。

（2）迟效氮源　花生饼粉、酵母膏等有机氮源中所含的氮存在于蛋白质中，必须在微生物分泌的蛋白酶作用下，水解成氨基酸和多肽以后，才能被菌体直接利用的氮源。

速效氮源通常有利于菌体的生长，但在微生物药物的发酵生产中也会出现类似于葡萄糖效应的现象，即由于速效氮源被微生物快速吸收利用而使其中间代谢物阻遏了次级代谢产物的合成，使次级代谢产物的产量大幅度下降。迟效氮源一般有利于代谢产物的形成，例如土霉素产生菌利用玉米浆比利用黄豆饼粉和花生饼粉的速度快，这是因为玉米浆中的氮源物质主要是以较易吸收的蛋白质降解产物形式存在，这些降解产物，特别是氨基酸，可直接被菌体吸收利用。而黄豆饼粉和花生饼粉中的氮主要以大分子蛋白质的形式存在，需进一步降解成小分子的肽和氨基酸后才能被微生物吸收利用，因而对其利用的速度较慢。因此，玉米浆为速效氮源，有利于菌体生长，而黄豆饼粉和花生饼粉为迟效氮源，有利于代谢产物的形成。在抗生素发酵过程中，往往将两者按一定比例配成混合氮源，以控制菌体生长与目的代谢产物的形成，达到提高抗生素产量的目的。

（三）磷源和硫源

尽管在培养基的天然原料中含有一定量的磷元素和硫元素，但磷源和硫源往往以磷酸盐和硫酸盐的形式（如磷酸二氢钾、磷酸氢二钠、硫酸镁）加入培养基中。

1. 磷 在微生物生长和代谢调节中，具有重要的生理功能。首先，磷是核酸、磷脂、辅酶或辅基等物质的组成成分，也是能量传递物质——腺苷三磷酸的组成成分。其次，磷酸盐在代谢调节方面起着重要的作用。磷酸盐能促进糖代谢的进行，因此它有利于微生物的生长繁殖。磷酸盐对次级代谢产物的合成具有调节作用，如在链霉素、土霉素和新生霉素等抗生素的生物合成中，低浓度的磷酸盐能促进产物的合成，但高浓度的磷酸盐则抑制产物的合成。磷酸盐还能调节代谢流向，如在金霉素发酵过程中，金色链霉菌能通过糖酵解途径和单磷酸己糖途径利用糖类，而且金霉素的生物合成与单磷酸己糖途径密切相关。当磷酸盐浓度较高时，有利于糖酵解途径的进行，导致初级代谢旺盛、菌丝大量生成和丙酮酸积累，使单磷酸己糖途径受到抑制，从而降低金霉素的合成。此外，磷酸盐还是重要的缓冲剂之一，可以缓冲发酵过程中 pH 的变化。

2. 硫 是蛋白质中含硫氨基酸和某些维生素的组成成分，半胱氨酸、甲硫氨酸、辅酶 A、生物素、硫胺素和硫辛酸等都含有硫，活性物质谷胱甘肽中也含有硫。硫还是某些抗生素如青霉素、头孢菌素的组成元素。

（四）无机离子

微生物在生长繁殖和代谢产物的合成过程中，还需要无机离子，如镁、钙、钠、钾、铁、铜、锌、锰、钼和钴等。各种不同的产生菌以及同一种产生菌在不同的生长阶段对这些物质的需求浓度是不相同的。一般它们在低浓度时对微生物生长和目的产物的合成有促进作用，在高浓度时常表现出明显的抑制作用。镁、钙、钠和钾等元素所需浓度相对较大，一般在 $10^{-3} \sim 10^{-4} \text{mol/L}$ 范围内，属大量元素，在配制培养基时需以无机盐的形式加入。铁、铜、锌、锰、钼和钴等所需浓度在 $10^{-6} \sim 10^{-8} \text{mol/L}$ 范围内，属微量元素。由于天然原料和天然水中微量元素都以杂质等状态存在，因此，在配制复合培养基时一般不需单独加入，配制合成培养基或某个特定培养基时才需要加入。不同的微生物对于一种元素的需求有很大的差别，例如铁的需要量在有的产生菌中属大量元素，而在有的产生菌中需量很少，只是微量元素。

无机离子在菌体生长繁殖和代谢活动中的生理功能是多方面的。

1. 镁 代谢途径中许多重要酶（如己糖磷酸化酶、枸橼酸脱氢酶、烯醇化酶、羧化酶等）的激活剂。镁离子不但影响基质的氧化，还影响蛋白质的合成。对一些氨基糖苷类抗生素（如卡那霉素、链霉素、新霉素）的产生菌，镁离子能提高菌体对自身所产生抗生素的耐受能力，促使与菌体结合的抗生素向培养液中释放。镁常以硫酸镁的形式加入培养基中，但在碱性溶液中会生成氢氧化镁沉淀，因此配制培养基时要注意 pH 的影响。

2. 铁 是细胞色素、细胞色素氧化酶和过氧化氢酶的组成部分，是菌体生命活动必需的元素之一。当工业上采用铁制的发酵罐时，发酵罐内的溶液即使不加任何含铁化合物，其铁离子浓度也已达 $30 \mu\text{g/ml}$。另外，一些天然原料中也含有铁，所以发酵培养基一般不再加入含铁化合物。有些发酵产物对铁离子很敏感，如青霉素发酵生产中，Fe^{2+} 含量要求在 $20 \mu\text{g/ml}$ 以下，当 Fe^{2+} 含量达 $60 \mu\text{g/ml}$ 时，青霉素产量下降30%。在四环素和麦迪霉素的发酵中也存在着高含量 Fe^{2+}，对抗生素生物合成有抑制作用。因此，这些产品的发酵应使用不锈钢发酵罐，若需用铁罐进行发酵，应用稀硫酸铵或稀硫酸溶液对罐进行预处理，然后才能正式投入生产。

3. 钠、钾　虽不参与细胞的组成，但仍是微生物发酵培养基的必要成分。钠离子与维持细胞渗透压有关，故在培养基中常加入少量钠盐，但用量不能过高，否则会影响微生物的生长。钾离子也与细胞渗透压和细胞膜的通透性有关，并且还是许多酶（如磷酸丙酮酸转磷酸酶、果糖激酶）的激活剂，能促进糖代谢。

4. 钙　不参与细胞的组成，但却是微生物发酵培养基的必要成分。钙离子是某些蛋白酶的激活剂、参与细胞膜通透性的调节，并且是细菌形成芽孢和某些真菌形成孢子所必需的。常用的碳酸钙不溶于水，几乎是中性，但它能与微生物代谢过程中产生的酸起反应，形成中性盐和二氧化碳，后者从培养基中逸出，因此碳酸钙对培养液 pH 的变化有一定的缓冲作用。在配制培养基时应注意三点：①钙盐过多会形成磷酸钙沉淀而降低培养基中可溶性磷的含量，因此当培养基中磷和钙浓度较高时，应将两者分别消除或逐步补加；②先将除 $CaCO_3$ 以外的培养基用碱调到 pH 接近中性，再将 $CaCO_3$ 加入培养基中，这样可防止 $CaCO_3$ 在酸性培养基中被分解而失去其在发酵过程中的缓冲能力；③要严格控制碳酸钙中 CaO 等杂质的含量。

5. 锌、钴、锰、铜　这些微量元素是酶的辅基或激活剂。如锌离子是碱性磷酸酶、脱氢酶、肽酶的组成成分；钴离子是肽酶的组成成分；锰离子是超氧化物歧化酶、氨肽酶的组成成分；铜离子是氧化酶、酪氨酸酶的组成成分。

此外，对于某些特殊的菌株和产物，有些微量元素具有独特的作用，能促进次级代谢产物的生物合成。例如微量的锌离子能促进青霉素、链霉素的合成；微量的锰离子能促进芽孢杆菌合成杆菌肽；钴离子是维生素 B_{12} 的组成元素，在发酵中加入一定量的钴离子能使维生素 B_{12} 的产量提高数倍；微量的钴离子还能增加庆大霉素和链霉素的产量。

（五）生长因子

生长因子在微生物生长代谢中必不可少，但不能用简单的碳源或氮源生物合成的一类特殊的营养物质。根据化学结构及代谢功能的不同，生长因子主要有三类：维生素、氨基酸、碱基及其衍生物，此外还有脂肪酸、卟啉、甾醇等。

1. 维生素　是被发现的第一类生长因子。大多数维生素是辅酶的组成成分，例如硫胺素（维生素 B_1）是脱羧酶、转醛酶、转酮酶的辅基，核黄素（维生素 B_2）是核黄素 - 5 - 磷酸（FMN）和核黄素 - 5' 腺苷二磷酸（FAD）的组成成分。烟酸（维生素 B_5）是辅酶 I 和辅酶 II 的组成成分。微生物对维生素的需求量较低，一般是 $1 \sim 50\mu g/L$，有时甚至更低。

2. 氨基酸　L - 氨基酸是蛋白质的主要组成成分，有的 D - 氨基酸是细菌细胞壁和生理活性物质的组成成分。作为生长因子的氨基酸其添加量一般为 $20 \sim 50\mu g/L$。添加时，可以直接提供氨基酸，也可以提供含有所需氨基酸的小肽。

3. 碱基　包括嘌呤和嘧啶，其主要功能是用于合成核酸和一些辅酶及辅基。有些产生菌可利用核苷、游离碱基作为生长因子，有些产生菌只能利用游离碱基。核苷酸一般不能作为生长因子，但有些产生菌既不能合成碱基，又不能利用外源碱基，需要外源提供核苷或核苷酸，而且需要量很大。

不同的产生菌所需的生长因子各不相同。有的需要多种生长因子，有的仅需要一种，还有的不需要生长因子。同一种产生菌所得的生长因子也会随生长阶段和培养条件的不同而有所变化。生长因子的需要量一般很少。天然原料如酵母膏、玉米浆、麦芽浸出液、肝浸液或其他新鲜的动植物浸液都含有丰富的生长因子，因此配制复合培养基时，不需单独添加生长因子。

（六）前体

在微生物代谢产物的生物合成过程中，有些化合物能直接被微生物利用构成产物分子结构的一部分，而化合物本身的结构没有大的变化，这些物质称为前体。前体最早是从青霉素发酵生产中发现的。在青霉素发酵时，人们发现添加玉米浆后，青霉素单位可从 $20\mu g/ml$ 增加到 $100\mu g/ml$。研究表明，发酵单位增加的主要原因是玉米浆中含有苯乙酰胺，它能被优先结合到青霉素分子中，从而提高青霉素 G 的产量。

前体必须通过产生菌的生物合成过程，才能掺入产物的分子结构中。在一定条件下，前体可以起到控制菌体代谢产物合成方向和增加产量的作用。

根据前体的来源，可将前体分为外源性前体和内源性前体。

1. 外源性前体　是指产生菌不能合成或合成量极少，必须由外源添加到培养基中供给其合成代谢产物，如青霉素 G 的前体——苯乙酸、青霉素 V 的前体——苯氧乙酸。

2. 内源性前体　是指产生菌在细胞内能自身合成的、用来合成代谢产物的物质，如头孢菌素 C 生物合成中的 α - 氨基己二酸、半胱氨酸和缬氨酸是内源性前体。

外源性前体是发酵培养基的组成成分之一。需要注意：有些外源性前体物质，如苯乙酸、丙酸等浓度过高会对菌体产生毒性。此外，有些产生菌能氧化分解前体，因此在生产中为了减少毒性和提高前体的利用率，补加前体宜采用少量多次的间歇补加方式或连续流加的方式。

（七）诱导物

诱导物一般是指一些特殊的小分子物质，在微生物发酵过程中添加这些小分子物质后，能够诱导代谢产物的生物合成，从而显著提高发酵产物的产量。

根据诱导物的来源，可将诱导物分为内源性诱导物和外源性诱导物。

1. 内源性诱导物　又称为内源性诱导因子或自身调节因子，是在微生物的代谢过程中产生的调节因子，如链霉素的产生菌灰色链球菌的发酵液中有一种被称为 A 因子的物质能够使不产链霉素的突变株恢复产生链霉素，其他还有 I 因子、L 因子等。

2. 外源性诱导物　又称为外源性诱导因子，是添加在培养基中的外源性物质，如存在于酵母膏中的 B 因子，添加 B 因子可使利福霉素产生菌的生产能力成倍增长。

（八）促进剂和抑制剂

在发酵培养基中加入某些微量的化学物质，可促进目的代谢产物的合成，这些物质被称为促进剂。例如在四环素的发酵培养基中加入促进剂硫氰化苄或 2 - 巯基苯并噻唑可控制三羧酸循环中某些酶的活力，增强戊糖循环，促进四环素的合成。表 2 - 1 列出了一些微生物药物生物合成的促进剂。

表 2 - 1　促进剂及其抗生素

促进剂	抗生素
β - 吲哚乙酸、α - 萘乙酸、硫氰酸苄酯	金霉素
硫氰化苄、2 - 巯基苯并噻唑	四环素
甲硫氨酸、亮氨酸	头孢菌素

续表

促进剂	抗生素
巴比妥	链霉素
巴比妥	利福霉素
巴比妥	加利红菌素
环糊精	兰卡霉素
色氨酸	麦角甾醇类
丙氨酸、异亮氨酸	阿弗米丁
苯丙氨酸	圆弧菌素

表 2-1 在发酵过程中加入某些化学物质会抑制某些代谢途径的进行，同时会使另一代谢途径活跃，从而获得人们所需的某种代谢产物，或使正常代谢的中间产物积累起来，这种物质被称为抑制剂。如在四环素发酵时，加入溴化物可以抑制金霉素的生物合成，而使四环素的合成加强。在利福霉素 B 发酵时，加入二乙基巴比妥盐可抑制其他利福霉素的生成。

（九）水分

水是微生物机体必不可少的组成成分。它既是构成菌体细胞的主要成分，又是一切营养物质传递的介质。培养基中的水在产生菌生长和代谢过程中不仅提供了必需的生理环境，而且具有重要的生理功能。主要体现在以下几个方面。

（1）水是最优良的溶剂，产生菌没有特殊的摄食及排泄器官，营养物质、氧气和代谢产物等必须溶解于水后才能进出细胞内外。

（2）通过扩散进入细胞的水可以直接参加一些代谢反应，并在细胞内维持蛋白质、核酸等生物大分子稳定的天然构象，同时又是细胞内几乎所有代谢反应的介质。

（3）水的比热较高，是一种热的良导体，能有效地吸收代谢过程中所放出的热量，并及时将热量迅速散发出细胞外，从而使细胞内温度不会发生明显的波动。

（4）水从液态变为气态所得的汽化热较高，有利于发酵过程中热量的散发。

由于水是配制培养基的介质，因此，当培养基配制完成后培养基中的水已足够微生物需要。

二、配制方法

1. 称量 一般可用 1/100 天平称量配制培养基所需的各种药品。先按培养基配方计算各成分的用量，然后进行准确称量。

2. 溶化 将称好的药品置于烧杯中，先加入少量水（根据实验需要可用自来水或蒸馏水），用玻璃棒搅动，加热溶解。

3. 定容 待全部药品溶解后，倒入容量瓶中，加水至所需体积。如某种药品用量太少时，可预先配成较浓溶液，然后按比例吸取一定体积溶液，加入培养基中。

4. 调 pH 一般用 pH 试纸测定培养基的 pH。用剪刀剪出一小段 pH 试纸，然后用镊子夹取此段 pH 试纸，在培养基中蘸一下，观看其 pH 范围，如培养基偏酸或偏碱时，可用 1mol/L NaOH 或 1mol/L HCl 溶液进行调节。调节 pH 时，应逐滴加入 NaOH 或 HCl 溶液，防止局部过酸或过碱，破坏培养基中成分。边加边搅拌，并不时用 pH 试纸测试，直至达到所需 pH 为止。

5. 过滤　用滤纸或多层纱布过滤培养基。一般无特殊要求时，此步可省去。

培养基由于配制的原料不同，使用要求不同，因此贮存保管方面也稍有不同。一般培养基在受热、吸潮后，易被细菌污染或分解变质，因此一般培养基必须防潮、避光、阴凉处保存。对一些需严格灭菌的培养基（如组织培养基），较长时间贮存时，必须放在 3 ~ 6℃的冰箱内。

任务二　固体培养基

PPT

>>> 岗位情景模拟 2 - 1

情景描述　pH 的变化是微生物在发酵过程中代谢活动的综合反映，在发酵培养开始时发酵液 pH 的变化不大，但微生物在代谢过程中，能迅速改变培养基 pH 且能力十分惊人，其变化取决于培养基的成分和微生物的代谢特性。如在以花生饼粉为培养基进行土霉素发酵时，最初将 pH 分别调整到 5.0、6.0 和 7.0，发酵 24 小时后，这三种培养基的 pH 已经不相上下，都在 6.5 ~ 7.0 之间。但当外界条件发生较大变化时，菌体就会失去调节能力，发酵液的 pH 将不断波动。

发酵培养基会用到大量原料，我国发酵产品生产每年都要消耗大量的粮食、油料及蛋白质等原料。因此，一名合格的发酵生产工要调整合适的发酵条件，以节约用粮或提高产量。

讨　　论　1. 请分析引起这种情况的原因及对策。
　　　　　　2. 调节发酵液 pH 的方法有哪些？

答案解析

固体培养基是指在液体培养基中加入一定的凝固剂，使其成为固体状态的培养基。在一般培养温度下呈固体状态的培养基都称为固体培养基。

一、分类

固体培养基可以分为两类：一类是用天然固体状物质制成的，如用马铃薯块、麸皮、米糠、豆饼粉、花生饼粉制成的培养基，酒精厂、酿造厂等常用这种培养基；另一类是在液体中添加凝固剂制成的，如实验室中常用的琼脂固体斜面和固体平板培养基，这种培养基广泛用于微生物的分离、鉴定、保藏、计数及菌落特征的观察等。

固体培养基的凝固剂一般不是微生物的营养成分，只起固化作用。理想的凝固剂应具备以下条件。

（1）不被所培养的微生物分解利用。

（2）在微生物生长的温度范围内保持固体状态。在培养嗜热细菌时，由于高温容易引起培养基液化，通常在培养基中适当增加凝固剂来解决这一问题。

（3）凝固剂凝固点温度不能太低，否则将不利于微生物的生长。

（4）凝固剂对所培养的微生物无毒害作用。

（5）凝固剂在灭菌过程中不会被破坏。

（6）透明度好，黏着力强。

（7）配制方便且价格低廉。

常用的凝固剂有琼脂、明胶和硅胶。表 2 - 2 列出了琼脂和明胶的一些主要特征。

表2-2 琼脂与明胶的比较

比较内容	琼脂	明胶
常用浓度	1.5%~2%	5%~12%
熔点（℃）	96	25
凝固点（℃）	40	20
pH	微酸	酸性
灰分（%）	16	14~15
氧化钙（%）	1.15	0
氧化镁（%）	0.77	0
氮（%）	0.4	18.3
微生物可利用能力	绝大多数微生物不能利用	多数微生物利用

琼脂的熔点为96℃，凝固点为40℃，因此，在一般的培养条件下都呈固体状态，而且透明度强。正是这些优良特性，使琼脂取代了早期使用的明胶而成为常用的凝固剂。

知识链接

微生物固体培养基的各种凝固剂

固体培养基的凝固剂一般不是微生物的营养成分，只起固化或黏合作用。常见凝固剂有琼脂、明胶、无机硅胶等。

明胶是最早使用的固体培养基凝固剂，已逐渐被琼脂所代替。琼脂由于具有形成凝胶后透明度高、保水性好、无毒、不被微生物液化等优点，逐渐成为最常用的凝固剂。后来，又发现无机硅胶、瓜尔胶、卡拉胶在某些情况下可用作凝固剂。近年来兴起了一种基于微生物快速检测的快速测试片，其所用凝固剂已发展到黄原胶、刺槐豆角、聚丙烯酸系等。

二、配制方法

配制固体培养基时，应将已配好的液体培养基加热煮沸，再将称好的琼脂（1.5%~2%）加入，并用玻璃棒不断搅拌，以免糊底烧焦。继续加热至琼脂全部融化，最后补足因蒸发而失去的水分。

三、影响因素

在工业发酵中，常出现菌种生长和代谢异常、生产水平大幅度波动等现象。产生这些现象的原因有很多，如产生菌的不稳定、种子质量波动、发酵工艺条件控制不严格等，而培养基质量是一个重要的影响因素。影响培养基质量变化的因素也较多，主要有原材料质量、水质、培养基的灭菌和黏度等。

（一）原材料质量

工业发酵中使用的培养基绝大多数是由一些农副产品组成，所用的原材料成分复杂，由于品种、产地、加工方法和贮藏条件的不同而造成其内在质量有较大的差异，因而常常引起发酵水平的波动。

有机氮源是影响培养基质量的主要因素之一。有机氮源大部分是农副产品，所含的营养成分也受品种、产地、加工方法和贮藏条件的影响。例如在链霉素的发酵生产中，培养基使用东北大豆加工成的黄豆饼粉比用华北或江南大豆的黄豆饼粉发酵单位要高而且稳定，这是因为东北大豆胱氨酸和甲硫氨酸的含量比华北和江南大豆的高。黄豆饼粉有冷榨（压榨温度＜70℃）和热榨（压榨温度＞100℃）两种方法，这两种不同加工方法得到的黄豆饼粉中主要成分有很大的不同（表2-3）。在土霉素、红霉素发酵中使用热榨黄豆饼粉的效果好，而在链霉素发酵时采用冷榨黄豆饼粉的效果好。热榨黄豆饼粉储藏时易霉变，因此最好用新鲜的黄豆饼粉，否则会引起发酵单位的波动。玉米浆对很多品种的发酵水平有显著影响，由于玉米的品种和产地不同以及加工工艺的不同，使制得的玉米浆中营养成分不同，特别是磷的含量有很大的变化，对微生物发酵的影响很大。

表2-3　冷榨黄豆饼粉和热榨黄豆饼粉的主要成分含量

加工方法	水分（%）	粗蛋白（%）	粗脂肪（%）	糖类（%）	灰分（%）
冷榨	12.12	46.65	6.12	26.64	5.44
热榨	3.38	47.94	3.74	22.84	6.31

因此，在选择培养基的氮源时，应重视有机氮源的品种和质量。在原材料的质量控制方面，要检测各种有机氮源中蛋白质、磷、脂肪和水分的含量，注意酸价变化。同时，重视它们的贮藏温度和时间，以免霉变和虫蛀。

碳源对培养基质量的影响虽不如有机氮源那样明显，但也会因原材料的品种、产地、加工方法不同，影响其成分及杂质的含量，最终影响发酵水平。例如不同产地的乳糖，由于其含氮物不同，可引起灰黄霉素发酵水平的波动。甘蔗糖蜜和甜菜糖蜜在糖、无机盐和维生素的含量上有所不同；不同产地的甘蔗用碳酸法和亚硫酸法两种工艺制备的糖蜜，其成分也不同（表2-4）；废糖蜜和工业用葡萄糖中总糖、还原糖、含氮物、氯离子、无机磷、重金属、水分等含量差异更大，这些都会严重影响发酵水平。

表2-4　甘蔗糖蜜的主要成分含量

产地	加工方法	相对密度	蔗糖（%）	转化糖（%）	全糖（%）	灰分（%）	蛋白质（%）
广东	亚硫酸法		33.0	18.1	52.0	13.2	
广东	碳酸法	1.49	27.0	20.0	47.0	12.0	0.90
四川	碳酸法	1.40	35.8	19.0	54.8	11.0	0.54

工业发酵常用的豆油、玉米油、米糠油等油脂中的酸度、水分和杂质含量差异较大，对培养基质量有一定的影响。不同生产厂家的生产工艺不同，油脂的质量有很大的差异。即使是同一个生产厂家，由于原料品种和生产批次的不同，质量也有一定的差异。此外，这些油的贮藏温度过高或时间过长，均容易引起酸败和过氧化物含量的增加，对微生物产生毒性。

此外，培养基中用量较少的无机盐和前体，也要按一定的质量标准进行控制，否则，有的培养基成分如碳酸钙，由于杂质含量的变化会影响培养基的质量。

由于各种原材料的质量都影响培养基的质量，因此有的发酵工厂会直接采购原料，然后自行加工或委托代加工，以严格控制所用原材料的质量。在更换原材料时，先进行小试，甚至中试，不随意使用不符合质量标准和生产工艺要求的原材料。

📱 知识链接

原料转换的意义

发酵培养基所用的原料多为供人畜食用的粮、油，以及以粮油为原料的产品。其多为农、副、畜、渔产品的加工产物，如玉米粉、淀粉、麦芽糖、山芋粉、糊精、植物油、黄豆饼粉、花生粉、酵母粉、蛋白胨和氨基酸等。我国发酵产品的品种和产量增长迅速，每年都要消耗大量的粮食、油料及蛋白质原料，因此，要节约用粮或以其他原材料代替粮食进行发酵。

另外，在发酵工业中，比较有效的节约方法是提高发酵的稳定性和产量，控制发酵过程，防止染菌，提高发酵单位收益和总收益，降低单一产品的消耗。

（二）水质

水是培养基的主要组成成分。发酵工业所用的水有深井水、地表水、自来水和蒸馏水等。深井水的水质可因地质情况、水源深度、采水季节及环境的不同而不同；地表水的水质受环境污染的影响更大，同时受到季节的影响；不同地方的自来水质量也有所不同。水中的无机离子和其他杂质影响微生物的生长和产物的合成。在微生物药物的发酵生产中，有时会遇到一个高单位的生产菌种在异地不能发挥其生产能力的问题。其原因纵然很多，但时常会归结到是水质的不同而导致的结果。因此，对于微生物发酵来说，稳定且符合质量要求的水源是至关重要的。

在发酵生产中应对水质定期进行检验。水源质量主要考察的参数包括 pH、溶解氧、可溶性固体、污染程度以及矿物质组成和含量。有的国家为了避免水质变化对抗生素发酵生产的影响，提出配制抗生素工业培养基的水质要求：浑浊度 < 2.0、色级 < 25、pH 6.8 ~ 7.2、总硬度 100 ~ 230mg/L、铁离子 0.1 ~ 0.4mg/L、蒸馏残渣 < 150mg/L。

（三）灭菌

大多数培养基均采用高压蒸汽灭菌法，一般在 121℃ 条件下灭菌 20 ~ 30 分钟。如果灭菌的操作控制不当，会降低培养基中的有效营养成分，产生有害物质，影响培养基的质量，给发酵带来不利的影响。其原因如下。

（1）不耐热的营养成分可能产生降解而遭到破坏。灭菌温度越高或灭菌时间越长，营养成分被破坏得越多。

（2）某些营养成分之间可能发生化学反应。灭菌温度越高或灭菌时间越长，化学反应越强，导致可利用的营养成分减少越多。

（3）产生对微生物生长或产物合成有害的物质。

某些维生素在高温会失活，因此避免灭菌时间过长、灭菌温度过高是保证培养基质量的重要一环。此外，糖类物质高温灭菌时会形成氨基糖、焦糖；葡萄糖在高温下易与氨基酸和其他含氨基的物质反应，形成 5 - 羟甲基糠醛和棕色的类黑精，从而导致营养成分的减少，并生成毒性产物，对微生物的生长发育不利，甚至影响正常的发酵过程。因此含糖培养基在 121℃ 灭菌不宜超过 15 ~ 30 分钟，如果条件允许，葡萄糖最好和其他成分分开灭菌，避免化学反应。磷酸盐、碳酸盐与钙盐、镁盐、铁盐、铵盐之间在高温下也会发生化学反应，生成难溶性的复合物而产生沉淀，使可利用的离子浓度大大降低，因此分开灭菌也可提高培养基的质量。

（四）培养基黏度

培养基中一些不溶性的固体成分，如淀粉、黄豆饼粉、花生饼粉等，使培养基的黏度增加，直接影响氧的传递和微生物对溶解氧的利用，对灭菌控制和产品的分离提取也带来不利影响。因此，在微生物的发酵生产中可使用"稀配方"，并通过中间补料方式补足营养成分，或将基础培养基适当液化（如用蛋白酶、淀粉酶对培养基进行初步酶解），或采取补加无菌水的方法，来降低培养基的黏度，以保证培养基质量，提高发酵水平。

任务三　半固体培养基

半固体培养基是指在培养液中加入少量的凝固剂（如0.2%～0.7%的琼脂）而制成的培养基。这种培养基常用于观察细菌的运动、厌氧菌的分离和菌种鉴定等。

半固体琼脂培养基主要由蛋白胨、牛肉膏粉、氯化钠、琼脂等成分配制而成，蛋白胨和牛肉膏粉提供氮源、维生素、矿物质；氯化钠维持均衡的渗透压；较少量的琼脂作为培养基的凝固剂。

一、配制方法

半固体培养基配制过程与固体培养基配制过程类似，主要的不同是琼脂用量。应将已配好的液体培养基加热煮沸，再将称好的琼脂（0.2%～0.7%）加入，并用玻璃棒不断搅拌，以免糊底烧焦。继续加热至琼脂全部融化，最后补足因蒸发而失去的水分。

二、配制程序

由于微生物种类及代谢类型的多样，用于培养微生物培养基的种类也很多，它们的配方及配制方法虽各有差异，但一般配制程序大致相同，例如器皿的准备、培养基的配制与分装、棉塞的制作、培养基的灭菌、斜面与平板的制作以及培养基的无菌检查等基本环节大致相同。

（一）实验材科

1. 药品　待配各种培养的组成成分、琼脂、1mol/L NaOH 溶液、1mol/L HCl 溶液。

2. 仪器　天平或台秤、高压蒸汽灭菌锅。

3. 玻璃器皿　移液管、试管、烧杯、量筒、锥形瓶、培养皿、玻璃漏斗等。

4. 其他物品　药匙、称量纸、pH 试纸、记号笔、棉花、纱布、线绳、塑料试管盖、牛皮纸、报纸等。

（二）实验内容

1. 玻璃器皿的洗涤和包装

（1）洗涤　玻璃器皿在使用前必须洗刷干净。将锥形瓶、试管、培养皿等浸入含有洗涤剂的水中，用毛刷刷洗，然后用自来水及蒸馏水冲净。移液管先用含有洗涤剂的水浸泡，再用自来水及蒸馏水冲洗，洗刷干净的玻璃器皿置于烘箱中烘干后备用。

（2）包装

1）培养皿的包装　培养皿由一盖一底组成一套。可用报纸将几套培养皿包成一包，或者将几套培养皿直接置于特制的铁皮圆筒内，加盖灭菌。包装后的培养皿必须经灭菌之后才能使用。

2）移液管的包装　在移液管的上端塞入一小段棉花（勿用脱脂棉）。它的作用是避免外界及口中杂菌吹入管内，并防止菌液等吸入口中。塞入此小段棉花应距管口0.5cm左右。棉花自身长度为1～1.5cm。塞棉花时，可用一外圈拉直的曲别针，将少许棉花塞入管口内。棉花要塞得松紧适宜，吹时以能通气而又不使棉花滑下为准。

先将报纸裁成宽约5cm的长纸条，然后将已塞好棉花的移液管尖端放在长条报纸的一端，约成45°

角，折叠纸条包住尖端，用左手握住移液管身，右手将移液管压紧，在桌面上向前搓转，以螺旋式包扎起来。上端剩余纸条，折叠打结，准备灭菌（图2-1）。

2. 培养基的配制　液体培养基、固体培养基和半固体培养基的配制分别见任务一、二、三。

3. 培养基的分装　根据不同需要，可将已配好的培养基分装入试管或锥形瓶内，分装时注意不要使培养基沾污管口或瓶口，造成污染。如操作不小心，可用镊子夹一小块脱脂棉，擦去管口或瓶口的培养基，并将脱脂棉弃去。

（1）试管的分装　取一个玻璃漏斗，装在铁架上，漏斗下连一根橡皮管，橡皮管下端再与另一玻璃管相接，橡皮管的中部加一弹簧夹。分装时，用左手拿住空试管中部，并将漏斗下的玻璃管嘴插入试管内，以右手拇指及示指开放弹簧夹，中指及无名指夹住玻璃管嘴，使培养基直接流入试管内（图2-2）。

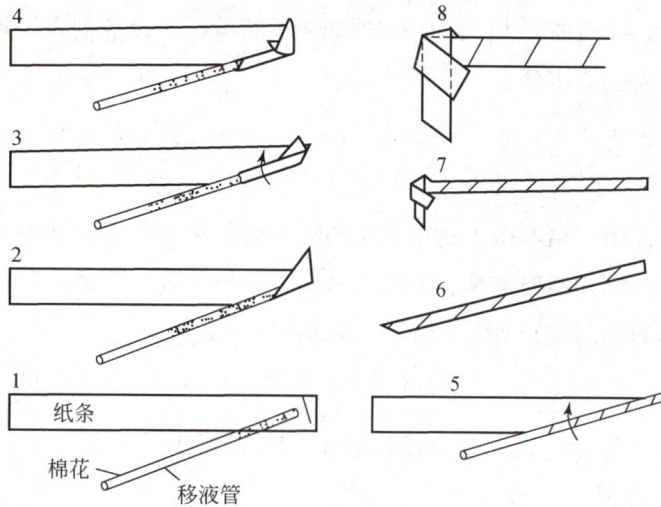

图 2-1　单只移液管的包装　　　　图 2-2　培养基的分装

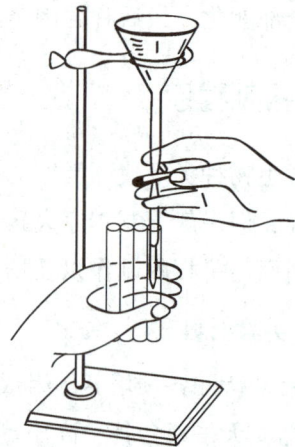

装入试管培养基的量视试管大小及需要而定，若所用试管大小为15mm×150mm，液体培养基则可分装至试管高度1/4左右；如分装固体或半固体培养基时，在琼脂完全融化后，应趁热分装于试管中。用于制作斜面的固体培养基的分装量为管高的1/5（3～4ml）；半固体培养基分装量为管高的1/3。

（2）锥形瓶的分装　用于振荡培养微生物用时，可在250ml锥形瓶中加入50ml的液体培养基，若用于制作平板培养基用时，可在250ml锥形瓶中加入150ml培养基，然后再加入3g琼脂粉（按2%计算），灭菌时瓶中琼脂粉同时被融化。

4. 棉塞的制作及试管、锥形瓶的包扎　为了培养好气性微生物，需提供优良通气条件，同时为防止杂菌污染，必须对通入试管或锥形瓶内空气预先进行过滤除菌。常用方法是在试管及锥形瓶口加上棉花塞等。

（1）试管棉塞的制作　制棉塞时，应选用大小、厚薄适中的普通棉花一块，铺展于左手拇指和示指扣成的圆孔上，用右手示指将棉花从中央压入团孔中制成棉塞，然后直接压入试管或锥形瓶口。也可借用玻璃棒塞入，或用折叠卷塞法制作棉塞（图2-3）。

制作的棉塞应紧贴管壁，不留缝隙，以防外界微生物沿缝隙侵入。棉塞不宜过紧或过松，塞好后以手提棉塞，试管不下落为准。棉塞的2/3在试管内，1/3在试管外（图2-4）。

目前也有采用金属或塑料试管帽代替棉塞，直接盖在试管口上，灭菌待用。

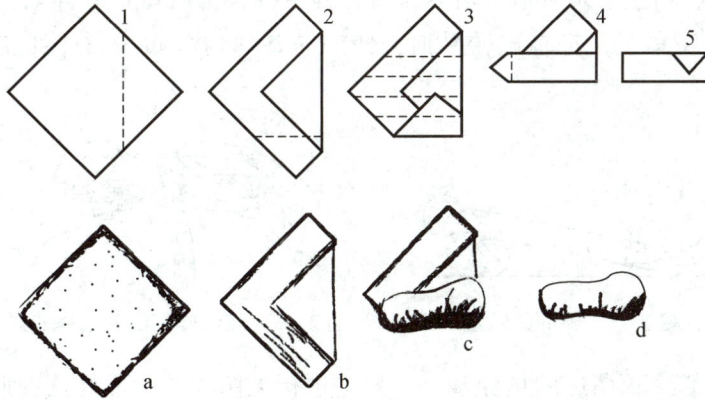

图 2－3　棉塞制作过程

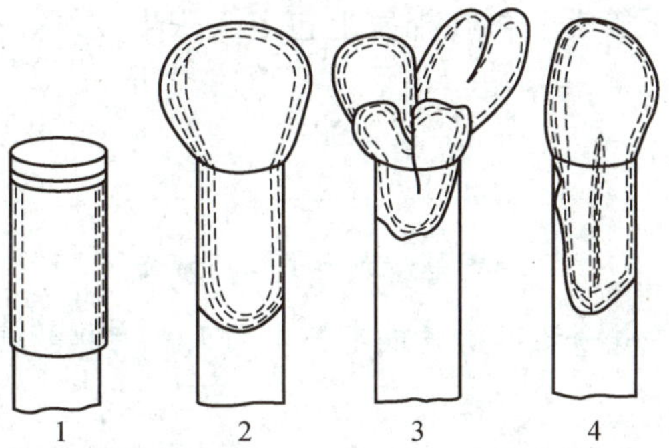

图 2－4　试管帽和棉塞

1. 试管帽；2. 正确的棉塞；3 ~ 4. 不正确的棉塞

将装好培养基并塞好棉塞或盖好管帽的试管捆成一捆，外面包上一层牛皮纸。用铅笔注明培养基名称及配制日期，灭菌待用。

（2）锥形瓶棉塞的制作　通常在棉塞外包上一层纱布，再塞在瓶口上。有时为了进行液体振荡培养加大通气量，则可用 8 层纱布代替棉塞包在瓶口上。目前也有采用无菌培养容器封口膜直接盖在瓶口的方法，既保证良好通气，过滤除菌，又操作简便。

在装好培养基并塞好棉塞、包上八层纱布或盖好培养容器封口膜的锥形瓶口上，再包上一层牛皮纸并用线绳捆好，灭菌待用。

5. 培养基的灭菌　培养基经分装包扎之后，应立即进行高压蒸汽灭菌，100kPa 灭菌 20 分钟（灭菌条件根据培养基不同有所差异，如含糖培养基 105℃，30 分钟）。如因特殊情况不能及时灭菌，则应暂存于冰箱中。

6. 斜面和平板的制作

（1）斜面的制作　将已灭菌装有琼脂培养基的试管，趁热置于木棒上，使之成适当斜度，凝固后即成斜面（图 2－5）。斜面长度以不超过试管长度 1/2 为宜。如制作半固体或固体深层培养基时，灭菌后则应垂直放置至冷凝。

（2）平板的制作　将装在锥形瓶或试管中已灭菌的琼脂培养基融化后，待冷至 50℃ 左右倾入无菌培养皿中。温度过高时，皿盖上的冷凝水太多；温度低于 50℃，培养基易于凝固而无法制作平板。

平板的制作应采用无菌操作，左手拿培养皿，右手拿锥形瓶的底部或试管，左手同时用小指和手掌将棉塞打开，灼烧瓶口，用左手大拇指将培养皿盖打开一缝，至瓶口正好伸入，倾入 10～12ml 的培养基，迅速盖好皿盖，置于桌上，轻轻旋转平皿，使培养基均匀分布于整个平皿中，冷凝后即成平板（图 2 – 6）。

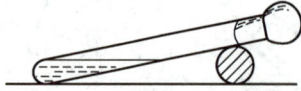

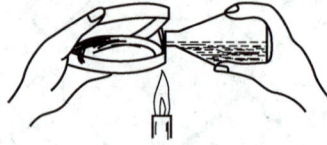

图 2 – 5　斜面的放置　　　图 2 – 6　将培养基倒入培养皿内

7. 培养基的无菌检查　灭菌后的培养基，一般需进行无菌检查。最好从中取出 1～2 管（瓶），置于 37℃ 恒温箱中培养 1～2 天，确定无菌后方可使用。

8. 无菌水的制备　在每个 250ml 的锥形瓶内装 99ml 的蒸馏水并塞上棉塞。在每支试管内装 4.5ml 蒸馏水，塞上棉塞或盖上塑料试管盖。再在棉塞上包上一张牛皮纸。高压蒸汽灭菌，100kPa 灭菌 20 分钟。

📱 知识链接

培养基按成分不同的分类

1. 天然培养基　主要由化学成分还不清楚或不恒定的天然有机物组成，牛肉膏蛋白胨培养基和麦芽汁培养基就属于此类。

常用的天然有机营养物质包括牛肉浸膏、蛋白胨、酵母浸膏、豆芽汁、玉米粉、土壤浸液、麸皮、牛奶、血清、稻草浸汁、羽毛浸汁、胡萝卜汁、椰子汁等。

2. 合成培养基　是由化学成分完全了解的物质配制而成的培养基，也称化学限定培养基，高氏一号培养基和查氏培养基就属于此类。此类培养基成分精确，量易控制，但重复性强，微生物生长速度较慢，成本较高。

3. 半合成培养基　是由部分天然有机物和部分化学试剂配制的培养基，营养物质全面，微生物生长良好。如马铃薯葡萄糖培养基。

任务四　种子培养基

PPT

种子培养基是专用于微生物孢子萌发、大量生长繁殖、产生足够菌体的培养基，一般指种子罐的培养基和摇瓶种子的培养基，其作用是获得数量充足和质量上乘的健壮菌体。

一、配制时的注意事项

（1）营养成分要比较丰富和完全，含容易被利用的碳源、氮源、无机盐和维生素等。氮源和维生素的含量要高些，氮源一般既含有机氮源又含无机氮源，因为天然有机氮源中的氨基酸能刺激孢子萌发，无机氮源有利于菌丝体的生长。

（2）培养基的组成能维持 pH 在一定范围内，以保证菌体生长时的酶活力。

（3）营养物质的总浓度以略稀薄为宜，以保持一定的溶解氧水平，有利于大量菌体的生长繁殖。

（4）最后一级种子培养基的营养成分要尽可能接近发酵培养基的成分，使种子进入发酵培养基后能迅速适应，快速生长。

培养基不同，菌种不同，接种量也不同。若在没有相应指导书说明的情况下，可采用分组分量试探法来确定培养条件。具体操作：按照梯度浓度接种菌种后进行培养，比较结果，以能满足预期的浓度作为最终培养条件。

二、设计和筛选

培养基设计贯穿发酵工艺研究的各个阶段。无论是在微生物发酵的实验室研究阶段、中试放大阶段，还是在发酵生产阶段，都要对发酵培养基的组成进行设计。从理论上讲，微生物的营养需求和细胞生长及产物合成之间存在化学平衡，即

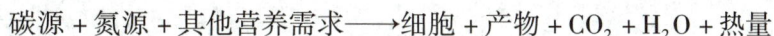

$$碳源 + 氮源 + 其他营养需求 \longrightarrow 细胞 + 产物 + CO_2 + H_2O + 热量$$

根据以上方程式，可以推算满足菌体细胞生长繁殖和合成代谢产物的元素需求量。设计发酵培养基的组成，即使其营养成分满足生成一定数量菌体细胞的需求、满足生产一定量代谢产物的需求以及满足维持菌体生命活动提供能量的需求。但是，由于不同产生菌生理特性的差异、代谢产物合成途径（特别是次级代谢产物合成途径）的复杂性、天然原材料营养成分和杂质的不稳定性、灭菌对营养成分的破坏等原因，目前还不能完全从生化反应来推断和计算出适合某一菌种的培养基配方。

设计一个合适的培养基需要大量而细致的工作。一般来说，需要根据生物化学、细胞生物学、微生物学等学科的基本理论，在参照前人所使用的较适合某一类菌种的经验配方的基础上，选用价格低廉的培养基原料，最大限度地满足菌体生长繁殖和合成代谢产物的需要。设计培养基主要包括以下几个步骤。

（一）研定培养基的基本组成

首先根据微生物的特性和培养目的，考虑碳源和氮源的种类，注意速效碳（氮）源和迟效碳（氮）源的相互配合。要避免某些培养基成分对代谢产物合成可能存在的阻遏或抑制作用。其次，要注意生理酸性物质和生理碱性物质，以及 pH 缓冲剂的加入和搭配。此外，一些菌种不能合成自身生长所需要的生长因子，对这些菌种，要选用含有生长因子的复合培养基或在培养基中添加生长因子。还要考虑菌种在代谢产物合成中对特殊成分如前体、促进剂等的需要。最后，要考虑原材料对泡沫形成的影响、原材料来源的稳定性和长期供应情况，以及原材料彼此间不能发生化学反应。

（二）确定培养基成分的基本配比和浓度

1. 碳源和氮源的浓度和比例　对于孢子培养基来说，营养不能太丰富（特别是有机氮源），否则不利于产生孢子；对于发酵培养基来说，既要利于菌体的生长，又能充分发挥菌种合成代谢产物的能力。碳源与氮源的比例是一个影响发酵水平的重要因素。因为碳源既作为碳架参与菌体和产物合成，又作为生命活动的能源，所以一般情况下，碳源用量要比氮源用量高。应该指出的是：碳氮比也随碳源和氮源的种类以及通气搅拌等条件而异，因此很难确定一个统一的比值。一般来讲，碳氮比偏小，菌体生长旺盛，但易造成菌体提前衰老自溶，影响产物的积累；碳氮比过大，菌体繁殖数量少，不利于产物的积累。碳氮比合适，但碳源和氮源浓度偏高，会导致菌体的大量繁殖，发酵液黏度增大，影响溶解氧，会影响菌体的繁殖，同样不利于产物的积累。在四环素发酵中，当发酵培养基的碳氮比维持在 25∶1 时，四环素产量较高。除此以外，对于一些快速利用的碳源和氮源，要避免浓度过高导致的分解产物阻遏作

用。如葡萄糖浓度过高会加快菌体的呼吸，使培养基中的溶解氧不能满足菌体生长的需要，葡萄糖分解代谢进入不完全氧化途径，一些酸性中间代谢产物会累积在菌体或培养基中，使 pH 降低，影响某些酶的活性，从而抑制微生物的生长和产物的合成。

2. 生理酸性物质和生理碱性物质的比例　应适当，否则会引起发酵过程中发酵液的 pH 大幅度波动，影响菌体生长和产物的合成。因此，要根据菌种在现有工艺和设备条件下，其生长和合成产物时pH 的变化情况以及最适 pH 的控制范围等，综合考虑生理酸碱物质及其用量，从而保证在整个发酵过程中 pH 都能维持在最佳状态。

3. 无机盐浓度　孢子培养基中无机盐浓度会影响孢子数量和孢子颜色。发酵培养基中高浓度磷酸盐抑制次级代谢产物的生物合成。

4. 其他培养基成分的浓度　对于培养基中每一个成分，都应考虑其浓度对菌体生长和产物合成的影响。

（三）筛选培养基

设计后的培养基要通过实验进行筛选验证。大量的培养基筛选，一般采用摇瓶发酵的方法，这种方法筛选效率高，可在短时间内从大量的不同组成的培养基中筛选到较好的培养基组成。但摇瓶的发酵条件与罐上的发酵条件还有较大的不同，故由摇瓶筛选出的培养基，还要通过实验发酵罐的验证，并经过逐级放大实验和培养基成分的调整才能成为生产用的培养基。

培养基筛选可以采用单因子试验法。单因子试验是逐个改变发酵培养基中某一营养成分的种类或浓度，分析比较产生菌的菌体生长情况、碳氮代谢规律、pH 变化、产物合成速率等数据，从中确定应采用的原材料品种和浓度。单因子试验法工作量大，筛选效率低，需要时间长，故一般在考察少量因素时使用。

培养基筛选还可采用正交试验和均匀设计等数学方法，可以大大加速实验进程。例如考察某个发酵培养基中 4 个组分、3 个浓度的试验，如采用单因子试验法，需做 $4 \times 4 \times 4 = 64$ 次试验，如每次试验需要 7 天，则需要相当长的时间才能获得试验结果。而采用正交试验表 $L_9(3^4)$，只需 9 次实验就选出最佳的发酵培养基配方。正交试验方法的优点不仅表现在试验的设计上，更表现在对试验结果的处理上。它能分析推断出优化培养基的组分和浓度，还可以考察各因子之间的交互作用。

均匀试验设计法具有试验点均匀分散的特点，其试验组数与因素的水平数相同，试验结果的分析可以通过计算机对试验数据进行多元回归系统处理，求得回归方程，通过此方程式来定量预测最佳条件和最优结果。

在筛选培养基中，最后应综合考虑各因素的影响以及成本因素，得到一个比较适合该菌种的培养基配方。培养基中原材料质量的稳定性是获得连续、高产的关键。在工业化的发酵生产中，所有的培养基成分要建立和执行严格的质量标准。特别是对农副产品来源的（如花生饼粉、鱼粉、蛋白胨等）有机氮源，应特别注意原料的来源、加工方法和有效成分的含量。若原料来源发生变化，应先进行试验，正式投入生产后一般不得随意更换原料。

任务五　发酵培养基

PPT

发酵培养基是用于微生物积累大量代谢产物的培养基。发酵培养基并不是微生物最适生长培养基，它适于菌种生长、繁殖和合成产物，除了要使种子转接后能迅速生长达到一定的菌丝浓度外，更要使菌体迅速合成所需的目的产物。发酵培养基有营养总量较高、碳源比例较大等特点，还有产物所需的特定元素、前体物质、促进剂和抑制剂等。在工业发酵生产中发酵培养基必须符合发酵性能控制和微生物发酵条件控制。

发酵培养基的营养要求如下。

（1）营养成分要适当丰富和完全，既有利于菌丝的生长繁殖又不导致菌体过量繁殖，从而抑制目的产物的合成。

（2）培养基 pH 稳定地维持在目的产物合成的最适 pH 范围。

（3）根据目的产物生物合成的特点，添加特定的元素、前体、诱导物和促进剂等对产物合成有利的物质。

（4）控制原料的质量，避免原料波动对生产造成的影响。

实训四　牛肉膏蛋白胨培养基的制备

一、实验目的

1. 掌握　配制牛肉膏蛋白胨培养基的基本步骤和分装方法。

2. 熟悉　高压蒸汽灭菌原理与操作基本程序。

3. 了解　配制牛肉膏蛋白胨培养基的一般原理。

二、实验原理

牛肉膏蛋白胨培养基是一种应用最广泛和最普通的细菌基础培养基，有时又称为普通培养基，由于这种培养基中含有一般细菌生长繁殖所需要的最基本的营养物质，所以可供微生物生长繁殖用。在配方中不加琼脂时称为肉汤培养基；加入琼脂配制的固体培养基一般用于细菌的分离、培养和测数等。基础培养基含有牛肉膏、蛋白胨和 NaCl。

三、实验器材及材料

1. 试剂与配料　牛肉膏、蛋白胨、NaCl、琼脂、1mol/L NaOH、1mol/L HCl。

2. 仪器及器皿　高压灭菌锅、pH 试纸（pH 5.4～9.0）、牛角匙、台秤、烧杯、三角瓶、量筒、漏斗、试管、透气试管塞、玻璃棒等。

3. 其他　牛皮纸、棉花、纱绳、记号笔等。

四、实验内容

1. 称量　取一干净烧杯，先称取 0.5g 牛肉膏和 1g 蛋白胨（牛肉膏常用玻璃棒挑取），放在小烧杯或表面皿中称量，用热水（计量体积）溶化后倒入烧杯（也可放称量纸上，称量后直接放入水中。这时如稍微加热，牛肉膏便会与称量纸分离，然后立即取出纸片）。蛋白胨易吸潮，称取时动作要快。将称好的 0.5g NaCl 加入水中，然后补足 100ml 水，在烧杯上做好水位记号。

蛋白胨很易吸湿，在称取时动作要迅速。另外，称药品时严防药品混杂，一把牛角匙用于一种药品，或称取一种药品后，洗净，擦干，再称取另一药品。

2. 加热溶化　将烧杯放在石棉网上，用文火加热并不断搅拌，以防液体溢出（或在磁力搅拌器上加热溶解）。加入 1.6g 琼脂后，一边搅拌一边加热，直至琼脂完全融化后才能停止搅拌，并补足水分至

100ml（水需预热）。

在琼脂溶化过程中，应控制火力，以免培养基因沸腾而溢出容器。同时，需不断搅拌，以防琼脂糊底烧焦。配制培养基时，不可用铜或铁锅加热溶化，以免离子进入培养基中，影响细菌生长。

3. 调节 pH 初配好的牛肉膏蛋白胨培养液是偏酸性的，因此要用 pH 试纸（或 pH 电位计、氢离子浓度比色计）测试培养基的 pH。如不符合需要，可用 1mol/L HCl 或 1mol/L NaOH 调 pH 至 7.0 ～ 7.4。若过酸，则用滴管向培养基中逐滴加入 NaOH 边加边搅拌，并随时用 pH 试纸测其 pH，直至 pH 达到所要求范围。反之，用 1mol/L HCl 进行调节。

对于有些要求 pH 较精确的微生物，其 pH 的调节可用酸度计进行（使用方法可参考有关说明书）。pH 不要调过头，以避免回调而影响培养基内各离子的浓度。配制 pH 低的琼脂培养基时，若预先调好 pH 并在高压蒸汽下灭菌，则琼脂因水解不能凝固。因此，应将培养基的成分和琼脂分开灭菌后再混合，或在中性 pH 条件下灭菌，再调整 pH。

4. 过滤 以四层纱布趁热过滤。

5. 分装培养基 如果要制作斜面培养基，必须将培养基分装于试管中。如果要制作平板培养基或液体、半固体培养基，则必须将培养基分装于锥形瓶内。分装完后塞好瓶塞，并在瓶塞部分包好牛皮纸，用绳捆扎。然后贴上标签，注明培养基名称、配制日期及组别。

6. 加塞 培养基分装完毕后，在试管口或三角瓶口上加上棉塞，以过滤空气，防止外界杂菌污染培养基或培养物，并保证容器内培养的需氧菌能够获得无菌空气。

7. 扎口 加塞后，再在棉塞外包一层防潮纸，以避免灭菌时棉塞被冷凝水沾湿，并防止接种前培养基水分散失或污染杂菌。然后用线绳捆扎并注明培养基名称、配制日期及组别。

8. 灭菌 一般采用高压蒸汽灭菌，121℃，20 分钟。若来不及马上灭菌，培养基应放入冰箱。

9. 摆斜面或倒平板 灭菌后，如需制成斜面培养基，应待培养基冷却至 50 ～ 60℃（以防止斜面上冷凝水太多），将试管口一端搁在玻璃棒或其他高度适中的木棒上，调整搁置的斜度，使斜面的长度不超过试管总长的一半。

10. 无菌检查 将灭过菌的培养基放入 37℃恒温箱内培养过夜，无菌生长为合格培养基。

11. 保存 暂不使用的无菌培养基，可在冰箱内或冷暗处保存，但不宜保存时间过久。

五、实验结果

所配制的牛肉膏蛋白胨培养基应符合卫生要求，存放备用。

六、重点提示

（1）加热过程中要用玻璃棒不停搅拌，否则牛肉膏和蛋白胨会出现溶解不均匀。

（2）火力不能太大，微沸之后，稍等片刻即可停止加热，否则液体沸出很危险。

（3）配比要合适，牛肉膏可以直接在要加热的烧杯中称量，避免牛肉膏沾到称量纸上过多，影响培养基质量。

实训五 马铃薯培养基的制备

一、实验目的

1. 掌握 配制马铃薯培养基的一般方法。

2. 了解 配制马铃薯培养基的一般原理。

二、实验原理

马铃薯培养基，也叫作马铃薯葡萄糖培养基（简称 PDA），是一种固体的半合成培养基，适宜培养酵母菌、霉菌及蘑菇等真菌，也可用于检测食品中的酵母菌含量。

马铃薯营养丰富，块茎中含淀粉 15%～25%，蛋白质 2%～3%，脂肪 0.7%，粗纤维 0.15%，还含有丰富的钙、磷、铁、钾等矿物质及维生素 C、维生素 A 和维生素 B 族，营养丰富，常用以食品发酵类霉菌的培养。

三、实验器材及材料

1. 试剂与配料　马铃薯 200g、蔗糖（或葡萄糖）20g、琼脂 15～20g、水 1000ml。

2. 仪器及器皿　高压灭菌锅、牛角匙、台秤、烧杯、三角瓶、量筒、漏斗、试管、透气试管塞、玻璃棒等。

3. 其他　牛皮纸、棉花、纱绳、记号笔等。

四、实验内容

1. 马铃薯预处理　马铃薯洗净、去皮、切块，加水煮沸 30 分钟（能被玻璃棒戳破即可）。

2. 过滤　6 层纱布过滤薯块，得滤液。

3. 加热溶化　加入糖与琼脂，溶化后补充水至 1000ml。

4. 分装和加塞　趁热分装。将配制的培养基分装入试管内，在试管口或锥形瓶口上塞上棉塞。

5. 包扎　加塞后，将全部试管用麻绳捆好，再在棉塞外包一层牛皮纸，其外再用一根麻绳扎好。用记号笔注明培养基名称、组别、配制日期。

6. 灭菌　将上述培养基以 121℃，20 分钟，100kPa 高压蒸汽灭菌。

7. 搁置斜面　将灭菌的试管培养基冷却至 50℃ 左右，将试管口端搁在玻璃棒上。斜面的斜度要适当，使斜面的长度约为管长 1/3。

8. 无菌检查　将灭菌培养基放入 37℃ 的培养箱中培养 24～28 小时，以检查灭菌是否彻底。马铃薯蔗糖琼脂培养基略带酸性，培养真菌无须调节 pH，培养细菌则调节 pH 至中性。

五、实验结果

所配制的马铃薯培养基应符合卫生要求，存放备用。

六、重点提示

（1）在灭菌过程中，应注意排净锅内冷空气。如排放不净，会影响灭菌效果，达不到彻底灭菌的目的。由于高压蒸汽灭菌时，要使用温度高达 120℃、两个大气压的过热蒸汽，操作时必须严格按照操作规程操作，否则容易发生意外事故。

（2）灭菌分装完后，若剩余培养基比较多，可塞好锥形瓶塞，包好牛皮纸放入冰箱保存。

（3）清洗实验仪器时，有琼脂的培养基不能倒入下水道，必须倒入垃圾桶。

实训六　高氏一号培养基的制备

一、实验目的

1. 掌握　配制高氏一号培养基的一般方法。

2. 了解　配制高氏一号培养基的一般原理。

二、实验原理

放线菌是重要的抗生素生产菌，主要分布在土壤中。其数量仅次于细菌，一般出现在中性偏碱性、有机质丰富、通气性良好的土壤中。由于土壤中微生物是各种不同微生物的混合体，为研究某种微生物就必须将其从混合物中分离，获得该混种的纯培养，因此需要用高氏一号培养基来培养。

高氏一号培养基是可用来培养和观察放线菌形态特征的合成培养基。如果加入适量的抗菌药物，则可用来分离各种放线菌。高氏一号培养基不但可以配制成固体，还可仅以配方化合物加水溶解后烘干，研磨成白色粉末状的干粉培养基。此合成培养基的主要特点是含有多种化学成分已知的无机盐，这些无机盐可能相互作用而产生沉淀。因此，混合培养基成分时，一般是按配方的顺序依次溶解各成分，甚至有时还需要将两种或多种成分分别灭菌，使用时再按比例混合。

高氏一号培养基是采用化学成分完全了解的纯试剂配制而成的，其碳源为可溶性淀粉，氮源为KNO_3，无机盐为$NaCl$、$K_2HPO_4 \cdot 3H_2O$、$MgSO_4 \cdot 7H_2O$，微量元素为提供Fe^{2+}的$FeSO_4 \cdot 7H_2O$。

三、实验器材及材料

1. 试剂与配料 可溶性淀粉20g、NaCl 0.5g、KNO_3 1g、$K_2HPO_4 \cdot 3H_2O$ 0.5g、$MgSO_4 \cdot 7H_2O$ 0.5g、$FeSO_4 \cdot 7H_2O$ 0.01g、琼脂15~25g、水1000ml、pH 7.4~7.6。

2. 仪器及器皿 高压灭菌锅、牛角匙、台秤、烧杯、三角瓶、量筒、漏斗、试管、透气试管塞、玻璃棒等。

3. 其他 牛皮纸、棉花、纱绳、记号笔等。

📖 知识链接

微量成分 $FeSO_4 \cdot 7H_2O$ 的制备方法

可先配制成高浓度储备液，再按比例换算后添加。

方法：先在100ml水中加入1g的$FeSO_4 \cdot 7H_2O$，配成0.01g/ml，再在1000ml培养基中加入1ml的0.01g/ml的储备液即可。

四、实验内容

1. 称量 按配方先称取可溶性淀粉，放入小烧杯中，并用少量冷水将淀粉调成糊状，再加入少于所需水量的沸水中，继续加热，使可溶性淀粉完全溶化。然后再称取其他各成分，并依次溶化。直到所有药品均完全溶解后，补充水分至所需体积。

2. 调pH 用试纸测培养基的原始pH，如果偏酸，用滴管向培养基中加入1mol/L NaOH，边滴边搅拌，并随时用pH试纸测其pH，直至达7.2~7.4。反之，用1mol/L HCl进行调节。

3. 分装和加塞 将配制的培养基分装入试管内，在试管口或锥形瓶口上塞上棉塞。

4. 包扎 加塞后，将全部试管用麻绳捆好，再在棉塞外包一层牛皮纸，其外再用一根麻绳扎好。用记号笔注明培养基名称、组别、配制日期。

5. 灭菌 将上述培养基以121℃，20分钟，100kPa高压蒸汽灭菌。

6. 搁置斜面 将灭菌的试管培养基冷却至50℃左右，将试管口端搁在玻璃棒上。斜面的斜度要适当，使斜面的长度约为管长1/3。

7. 无菌检查 将灭菌培养基放入37℃的培养箱中培养24~28小时，以检查灭菌是否彻底。

五、实验结果

所配制的高氏一号培养基应符合卫生要求，存放备用。

六、重点提示

配制固体培养基时，先将称好的琼脂放入溶解好的试剂中，再加热融化，最后补充所损失的水分。

实训七　伊红－亚甲蓝培养基的制备

一、实验目的

1. 掌握　选择性培养基的配制原则。

2. 熟悉　伊红－亚甲蓝培养基的配制方法。

3. 了解　鉴别培养基的原理。

二、实验原理

伊红－亚甲蓝培养基（简称 EMB）为鉴别培养基，供沙门菌属及志贺菌属鉴别用，如大肠埃希菌、变形杆菌、产气杆菌等。原理如下：大肠埃希菌能使乳糖发酵，在 EMB 培养基上形成大而分散的菌落，中心部呈暗蓝黑色。菌落的其他部分，常为绿色金属光泽，肠道致病菌因不分解乳糖或蔗糖，形成透明无色的菌落；变形杆菌则形成橙色孤立菌落，菌落周围培养基变色，其他菌落周围，培养基无变化；产气杆菌为大而黏性的菌落，中心小而暗黑色或黑色，很少见金属光泽。在此培养基中，伊红与亚甲蓝主要是指示剂，当细菌能分解乳糖或蔗糖而产酸时，使伊红与亚甲蓝结合而成黑色化合物，故显示暗黑色菌落。这两种指示剂还有抑制其他革兰阳性杆菌生长的作用。

实验材料中，蛋白胨提供碳源和氮源；乳糖是大肠菌群可发酵的糖类；磷酸氢二钾是缓冲剂；琼脂是培养基凝固剂；伊红和亚甲蓝是抑菌剂和 pH 指示剂，二者均可抑制革兰阳性菌，在酸性条件下产生沉淀，形成紫黑色菌落或具黑色中心外围无色透明的菌落。所以可用此培养基来鉴别某种菌是否发酵乳糖。

📱 **知识链接** ⋯⋯

伊红－亚甲蓝培养基中加入乳糖的原因

大肠埃希菌能分解乳糖，当其分解乳糖产酸时，细菌带正电荷被染成红色，再与亚甲蓝结合形成紫黑色菌落，并带有绿色金属光泽。而产气杆菌则形成呈棕色的大菌落。

三、实验器材及材料

1. 试剂与配料　2% 琼脂培养基 300ml、2% 伊红水溶液 3ml、蔗糖 3g、乳糖 3g、0.5% 亚甲蓝水溶液 3ml。

2. 仪器及器皿　高压灭菌锅、台秤、烧杯、三角瓶、量筒、漏斗、试管、透气试管塞、玻璃棒等。

3. 其他　记号笔等。

四、实验内容

1. 溶解　先将琼脂培养基加热溶解（pH 约为 7.6），再加入乳糖和蔗糖混匀。

2. 灭菌　将上述培养基以 121℃，100kPa，15～20 分钟高压蒸汽灭菌。

3. 加入伊红 – 亚甲蓝　无菌操作加入伊红水溶液及亚甲蓝水溶液，搅拌混合，倾注于平板，每皿 15～20ml。

4. 无菌检查　将已制成的平板置于 37℃恒温箱中保温培养 24～48 小时，无杂菌出现，为合格培养基。

五、实验结果

所配制的伊红 – 亚甲蓝培养基应符合卫生要求，存放备用。

六、重点提示

（1）pH 不要调过头，以避免回调而影响培养基内各离子的浓度。

（2）严格按照培养基配方配制。

（3）高压灭菌需彻底，保证无菌状态。

实训八　孟加拉红培养基的制备

一、实验目的

1. 掌握　选择性培养基的配制原则。

2. 熟悉　孟加拉红培养基配制方法。

二、实验原理

孟加拉红培养基，又叫虎红培养基。用于霉菌酵母菌计数、分离和培养。该培养基所含成分中蛋白胨提供碳源和氮源；葡萄糖提供能源；磷酸二氢钾为缓冲剂；硫酸镁提供必需的微量元素；琼脂是培养基的凝固剂；氯霉素可抑制细菌的生长；孟加拉红作为选择性抑菌剂可抑制细菌的生长，并可减缓某些霉菌因生长过快而导致菌落蔓延生长。

绝大多数霉菌和酵母菌对营养的要求都很低，在多数培养基上都能生长。孟加拉红培养基能为霉菌和酵母菌提供必要的养分，又能有效阻止其他杂菌的干扰。尤其是其中添加的氯霉素可以抑制绝大多数细菌的生长，使培养出的菌落都是霉菌或酵母菌。若在鉴别培养基或者富集真菌的培养基中加入孟加拉红和链霉素，则可作为细菌和放线菌的抑制剂，但对真菌无抑制作用，因而真菌在这种培养基上可以得到优势生长。

三、实验器材及材料

1. 试剂与配料　蛋白胨 5g、葡萄糖 10g、磷酸二氢钾 1g、硫酸镁（$MgSO_4 \cdot 7H_2O$）0.5g、琼脂 20g、1/3000 孟加拉红溶液 100ml、蒸馏水 1000ml、氯霉素 0.1g。

2. 仪器及器皿　高压灭菌锅、台秤、烧杯、三角瓶、量筒、漏斗、试管、透气试管塞、玻璃棒等。

3. 其他　记号笔等。

四、实验内容

1. 溶解　上述各成分加入蒸馏水中溶解后，再加孟加拉红溶液。另用少量乙醇溶解氯霉素，加入培养基中。

2. 灭菌　将上述培养基以 121℃，100kPa，15～20 分钟高压蒸汽灭菌。把灭菌的培养基分装到灭菌的培养皿中。

3. 无菌检查　将已制成的平板置于 37℃恒温箱中保温培养 24～48 小时，无杂菌出现，为合格培养基。

知识链接

孟加拉红培养基上菌种生长的特征

孟加拉红培养基呈玫瑰红色，菌株接种后20～25℃培养72小时生长情况如下。

生长良好菌株：黑曲霉（菌丝白色孢子黑色，底部玫瑰红色），白色念珠菌（菌落表面呈奶油色）。

生长受抑制菌株：大肠埃希菌。

五、实验结果

所配制的孟加拉红培养基应符合卫生要求，存放备用。

六、重点提示

（1）培养基要进行严格灭菌操作。

（2）按标准添加氯霉素。

目标检测

答案解析

一、单项选择题

1. 下列属于固体培养基的是（　　）

　　A. 营养琼脂　　　　　　　　B. 乳糖胆盐　　　　　　　　C. 四硫磺酸钠煌绿增菌液

　　D. 缓冲蛋白胨水　　　　　　E. 糖发酵培养基

2. 液体培养基中不含有的成分是（　　）

　　A. 碳　　　　　　　　　　　B. 氮　　　　　　　　　　　C. 水

　　D. 明胶　　　　　　　　　　E. 无机盐

3. 半固体培养基用于（　　）

　　A. 大规模生产　　　　　　　B. 活菌计数　　　　　　　　C. 菌种保藏

　　D. 分类鉴定　　　　　　　　E. 细菌培养

4. 下列属于有机氮源的是（　　）

　　A. 氯化铵　　　　　　　　　B. 硫酸铵　　　　　　　　　C. 黄豆饼粉

　　D. 硝酸铵　　　　　　　　　E. 硝酸钾

5. 半固体培养基中琼脂的添加量范围是（　　）

　　A. 0.1%～0.2%　　　　　　　B. 0.2%～0.6%　　　　　　　C. 0.3%～0.5%

　　D. 0.2%～0.7%　　　　　　　E. 1%～2%

二、多项选择题

1. 培养基的成分有（　　）

　　A. 碳源　　　　　　　　　　B. 氮源　　　　　　　　　　C. 水分

　　D. 微生物　　　　　　　　　E. 菌体

2. 根据是否含有凝固剂及含量多少，培养基可分为（　　）

　　A. 固体培养基　　　　　　　B. 液体培养基　　　　　　　C. 合成培养基

D. 鉴别培养基　　　　　　　E. 种子培养基

3. 培养基中的碳源包括（　　　）

　　A. 糖类　　　　　　　　　B. 脂肪　　　　　　　　C. 有机酸

　　D. 醇类和碳氢化合物　　　E. 生长因子

4. 根据物理状态，培养基可以分为（　　　）

　　A. 选择培养基　　　　　　B. 半固体培养基　　　　C. 固体培养基

　　D. 液体培养基　　　　　　E. 合成培养基

5. 生长因子主要包括（　　　）三类

　　A. 维生素　　　　　　　　B. 脂肪酸　　　　　　　C. 氨基酸

　　D. 碱基及其衍生物　　　　E. 碳水化合物

书网融合……

知识回顾　　　　微课　　　　习题

绝大多数的微生物发酵过程都属于需氧的纯种发酵，在发酵体系中，只存在需要培养的微生物，如果出现其他微生物，则称为染菌。染菌会降低发酵产物的产量和质量，甚至损失全部产物，导致发酵失败。发酵生产所使用的培养基、物料、空气、设备及附属设备等通常带有大量各类微生物，这些微生物会引起染菌，需要去除或杀死。微生物的去除和杀死有许多种方法，那么生产上选择何种方法和工艺去除或杀死所携带的微生物？如何判断发酵过程是否出现染菌？该如何处理和预防染菌？

本项目主要介绍发酵生产中所使用的灭菌方法和原理，发酵过程所需的培养基、空气和发酵设备的灭菌方法及工艺流程、染菌的分析和处理方法，以及预防染菌的措施。

学习引导

学习目标

1. **掌握**　灭菌、消毒、除菌、无菌空气、染菌的概念；灭菌的方法；培养基的灭菌技术和操作规程；无菌空气制备的过程；发酵设备灭菌的方法；无菌试验的检查方法和操作技术；染菌的处理方法。

2. **熟悉**　灭菌和空气除菌的原理；影响培养基灭菌的因素；发酵附属设备的灭菌方法；染菌原因的分析和预防染菌的措施。

3. **了解**　培养基湿热灭菌温度和时间的选择；空气灭菌的其他方法和原理；染菌的危害。

在发酵生产过程中，为了保证正常生产避免染菌，发酵全过程中使用的培养基、消泡剂、补加的物料、发酵设备、空气过滤器、附属设备、管路、阀门以及通入罐内的空气，在使用前均需彻底灭菌或除菌。

任务一　培养基灭菌 🔲微课

PPT

一、基本概念

灭菌是指采用物理或化学的方法杀灭或去除物料或设备中包括细菌芽孢在内的所有活的微生物的过程。消毒是指用物理或化学的方法杀灭或去除病原微生物的过程，一般只能杀死营养细胞而不能杀死细菌芽孢。除菌是指用过滤的方法除去空气或液体中所有的微生物及芽孢。

在实际工作中，人们通常会把灭菌称为"消毒"，发酵车间内从事培养基和设备灭菌工作的岗位常称为"消毒工"，需注意专业术语和工作术语的区别。

二、基本原理

工业发酵过程必须针对灭菌对象和生产要求，选择适宜的灭菌方法并控制适宜的灭菌条件才能达到生产要求。

灭菌的方法有很多种，可分为物理法和化学法两大类，还有无菌操作技术。物理法包括热力灭菌（干热灭菌和湿热灭菌）、辐射灭菌、过滤除菌等。化学法主要利用无机或有机化学药剂进行灭菌。在具体操作中，可以根据微生物的特点、待灭菌材料特性以及使用目的和要求来选择灭菌和消毒方法。

（一）热力灭菌

热力灭菌主要利用高温使菌体蛋白质变性或凝固，使酶失活而达到杀菌目的。根据加热方式不同，又可分为干热灭菌和湿热灭菌两类。干热灭菌包括灼烧灭菌法和干热空气灭菌法。湿热灭菌包括高压蒸汽灭菌法、间歇灭菌法、巴氏灭菌法和煮沸灭菌法等。

1. 干热灭菌

（1）灼烧灭菌法　是利用火焰直接灼烧微生物致死。这种方法灭菌迅速、彻底、简便，但是灭菌对象要通过直接灼烧，因而限制了其使用范围，适用于金属接种工具、试管口、锥形瓶口、接种移液管和滴管外部及无用的污染物或实验动物的尸体等耐火焰材质物品的灭菌。对金属小镊子、小刀、玻璃涂布棒、载玻片、盖玻片灭菌时，应先将其浸泡在75%乙醇中，使用前从乙醇中取出，迅速通过火焰，瞬间灼烧灭菌。

（2）干热空气灭菌法　利用干热空气使微生物细胞发生氧化、体内蛋白质变性和电解质浓缩引起微生物中毒等作用，来达到杀灭杂菌的目的。灭菌条件一般为135～145℃、3～5小时；160～170℃、1～2小时；180～200℃、0.5～1小时，该法适用于需要保持干燥的器械、容器如玻璃、陶瓷、金属等耐高温物品的灭菌。

2. 湿热灭菌　利用饱和蒸汽、沸水或流通蒸汽直接接触需要灭菌的物品以杀死微生物的方法。

（1）巴氏灭菌法　又名为巴氏消毒法，用低于100℃的热力杀死液体中病原菌的方法，常用于牛奶、酒类等饮料的消毒。饮料经63℃处理30分钟，或71.7℃处理15分钟后迅速冷却即可饮用。饮料经此法消毒后，既可杀菌又保持营养与风味不受影响。目前，牛奶或其他液态食品一般都采用超高温瞬时灭菌，即135～150℃，保持2～6秒后迅速冷却至30～40℃，既可杀菌和保质，又缩短了时间，提高了经济效益。

（2）煮沸灭菌法　将待消毒或灭菌物品在水中煮沸杀死微生物的方法，一般煮沸15分钟可以杀死细菌或其他微生物的营养体，许多芽孢需煮沸1～2小时才可以杀死，如果在水中适当加1%碳酸钠或2%～5%的苯酚，可以提高沸点至105℃，杀菌效果更好，同时又可防止金属生锈。该法适用于如注射器、金属用具、解剖用具等耐湿、耐高温物品的消毒灭菌。

📱 **知识链接** ┈┈┈┈┈┈┈┈┈┈┈┈┈┈┈┈┈┈┈┈┈┈┈┈┈┈┈┈┈┈┈┈┈┈┈┈┈┈┈

巴氏灭菌法的产生

巴氏灭菌法又称为巴氏消毒法，是法国微生物学家路易·巴斯德于1865年在解决啤酒变酸问题时

所发明的消毒方法。当时，法国酿酒业面临着一个令人头疼的问题，那就是啤酒在酿出后会变酸，根本无法饮用。巴斯德受法国里尔一家酿酒厂厂主邀请去解决这个问题。经过长时间的观察，他发现啤酒变酸的罪魁祸首是乳酸杆菌，营养丰富的啤酒简直就是乳酸杆菌生长的天堂。采取简单的煮沸方法是可以杀死乳酸杆菌的，但同时也煮坏了啤酒。巴斯德改变了常规思维角度，尝试使用不同的温度来杀死乳酸杆菌，而又不会破坏啤酒本身风味，最后发现以 50～60℃ 加热半小时，就可以杀死啤酒里的乳酸杆菌和芽孢，而酒的口感不受影响，这就是巴氏灭菌法，实验室挽救了法国的酿酒业。

（3）间歇灭菌法　采用流通蒸汽反复加热灭菌的方法。将物品放在蒸锅或蒸笼内，用蒸汽蒸煮15～20分钟杀死微生物营养体，而后冷却，置37℃培养过夜，让孢子萌发成营养体，又第二次蒸煮，杀死营养体，这样反复2～3次就可以完全杀死营养体和芽孢，也可保持某些营养物质不被破坏，适用于某些含不耐高热（高压蒸汽灭菌法）的营养成分的培养基。

（4）高压蒸汽灭菌法　利用密闭高压蒸汽锅加热所产生饱和蒸汽的高温，杀死所有微生物及芽孢的方法。饱和蒸汽具有强大的穿透力，冷凝时释放大量潜热，使微生物细胞中的原生质胶体和酶蛋白变性凝固，核酸分子的氢键被破坏，酶失去活性，微生物因代谢发生障碍而在短时间内死亡。在封闭系统中，蒸汽压力增高，沸点也随之增高，杀菌效率提高；必须使用饱和蒸汽，如果混有空气，会导致温度低于相同压力下的纯蒸汽温度而降低杀菌效果。常用条件为 0.103MPa 蒸汽压力，121.3℃，15～20分钟。该法蒸汽来源简便、潜热大、穿透力强，与其他灭菌方法相比，具有灭菌效果好、操作费用低的优点，广泛用于培养基、生产设备、管道、阀门、流加物料、工作服、各类器械等各种耐高温、耐高压、耐潮湿物品的灭菌，是生产上使用最普遍的灭菌方法。

（二）辐射灭菌

辐射灭菌是利用高能量的电磁辐射或放射性物质产生的高能粒子来灭杀微生物。最常用的是紫外线，其波长在 210～310nm 具有灭菌作用，其中最有效的波长是 253.7nm，其原理主要是菌体内核酸的碱基能强烈吸收紫外线，引起 DNA 结构的变化，形成胸腺嘧啶二聚体和胞嘧啶与尿嘧啶的水合物，抑制 DNA 正常复制，造成菌体死亡。紫外线对营养细胞和芽孢均有杀灭作用，但穿透力很低，只适用于表面、局部空间和空气的灭菌，如更衣室、洁净室、净化台面、培养室等，常与空气净化系统（heating, ventilation and air conditioning，HVAC）相结合用于气相循环消毒。紫外线处理时不必控温，但可见光对紫外线造成的 DNA 损伤具有光复活作用，会恢复部分细菌活力。

📱 知识链接

空气净化系统

空气净化系统（HVAC）是包含温度、湿度、空气洁净度以及空气循环的控制系统。《药品生产质量管理规范》要求根据药品品种、生产操作要求及外部环境配置 HVAC，保证生产洁净区有效通风，并能控制温度、湿度、空气净化过滤，保证药品的生产环境。HVAC 通过过滤除菌净化空气，并控制温湿度，向生产洁净区/控制室提供洁净的空气，维持洁净等级，降低产品的污染风险。空气过滤包括初效、中效和高效三级过滤，同时，还采用紫外线灭菌、臭氧灭菌和戊二醛灭菌等方法，配合 HVAC 对空间和HVAC 本身灭菌。可见，HVAC 是一个复杂的控制系统，需要多个环节多种方法"团队协作"协同发挥作用，才能保障空气的洁净度。

用于灭菌的射线还有 X 射线、γ 射线等，它们波长为 0.01～0.14nm，含有极高的能量，照射后能使环境和细胞中的水分子产生自由基，这些自由基与液体内的氧分子作用，产生一些具有强氧化性的过氧化物，如 H_2O_2 等，使细胞内某些重要蛋白质和酶发生变化，阻碍微生物的代谢活动而导致菌体损伤或迅速死亡。X 射线的致死效应与环境中还原性物质和巯基化合物的存在密切相关。X 射线的穿透力极强，但成本较高，其辐射是自一点向四周放射，不适于发酵生产使用。

（三）化学药品灭菌

利用某些化学试剂能与微生物中的某种成分发生化学反应，从而使微生物氧化变性或发生细胞损伤，而达到灭菌的方法称为化学药品灭菌法，常用的化学试剂有 0.1%～0.25% 高锰酸钾溶液、5% 有效氯浓度的漂白粉溶液、75% 乙醇溶液、0.25% 新洁尔灭和杜灭芬溶液、37% 甲醛溶液、2% 戊二醛溶液、0.02%～2% 过氧乙酸溶液、焦碳酸二乙酯、0.1%～0.15% 甲酚磺酸溶液、0.1% 苯扎溴铵、抗生素等，其中，甲醛可单独使用或与 HVAC 系统配合使用，用于洁净室和罐体内部的灭菌，但甲醛中含有甲酸，使用时需注意对设备和金属的腐蚀，甲醛使用后需及时排出并吸收处理，以免影响员工健康。由于化学试剂会与培养基中的成分发生化学反应，且会残留在培养基中难以去除，因此，在实际生产过程中不适用于培养基的灭菌，而是通过浸泡、添加、擦拭、喷洒、气态熏蒸等方法用于环境空气、一些器具以及皮肤的表面灭菌。

（四）臭氧灭菌

臭氧灭菌是利用臭氧的氧化作用杀灭微生物。臭氧在常温、常压下分子结构不稳定，很快自行分解成氧气（O_2）和单个氧原子（O），后者对细菌有极强的氧化作用，从而将其杀死，多余的氧原子则会自行结合成为普通氧分子（O_2），不存在任何有毒残留物，故称为无污染消毒剂。臭氧不但对各种细菌有很强的灭杀能力，而且对杀死病毒和霉菌也很有效，具有使用安全、安装灵活、杀菌作用明显的特点，主要用于洁净室及净化设备的消毒。臭氧灭菌需要安装臭氧发生器，也可与 HVAC 配合使用。

📱 **知识链接**

臭氧灭菌原理

臭氧通过三种方式氧化杀灭细菌：①氧化分解菌体内葡萄糖氧化酶类，中止 TCA 循环，导致生命活动所需的 ATP 无法供应，从而杀死细菌；②直接破坏细菌细胞器和核酸，分解菌体内的生物大分子，破坏新陈代谢，导致细菌死亡；③渗透损伤细胞膜，侵入胞内，破坏外膜脂蛋白和内部脂多糖，细菌通透性发生畸变，从而导致溶解死亡。臭氧能通过这些方式杀灭细菌，对人体细胞同样会产生破坏作用。人体吸入臭氧会引发胸痛、咳嗽、喉咙刺激和呼吸道炎症等多种健康问题，因而在使用臭氧灭菌后，需注意排尽臭氧再进行操作。

（五）过滤除菌

利用过滤介质将微生物菌体细胞截留过滤，从而达到无菌的方法称为过滤除菌法。该方法具有不改变待灭菌物料的物性就可达到灭菌目的的优点，但对过滤设备要求高。工业上主要用于大量空气的净化除菌和热敏性培养基成分如氨水、丙醇、抗生素等的灭菌。

三、温度和时间对培养基灭菌的影响

在众多灭菌方法中，培养基的灭菌以湿热灭菌法最好，主要采用的是高温蒸汽灭菌法。采用高温蒸汽对培养基灭菌时，除微生物被杀死外，培养基成分也会因高温而受到部分的破坏，灭菌温度和时间的选择必将影响灭菌效果和营养成分的破坏程度，从而进一步影响微生物的培养和发酵产物的生成，因此，确定适宜的灭菌温度和时间是培养基灭菌工艺的关键。

（一）致死温度与致死时间的关系

微生物都有最适生长温度和维持生命活动的温度范围。当环境温度超过维持生命活动的最高温度时，微生物就会死亡。能够杀死微生物的温度称为致死温度。在致死温度杀死全部微生物所需要的时间称为致死时间。对于同种微生物，在致死温度范围，温度愈高，致死时间愈短。同种微生物的营养体、芽孢和孢子的结构不同，对热抵抗力也不同，致死时间也就不同。不同微生物的致死温度和致死时间也有差别。一般无芽孢的营养菌体在60℃保温10分钟即可全部被杀死，而芽孢在100℃条件下保温数十分钟乃至数小时才能被杀死，某些嗜热细菌在121℃条件下可耐受20~30分钟。

微生物对热的抵抗力常用"热阻"表示。热阻是指微生物在某一种特定条件下的致死时间。相对热阻是指某一种微生物在某一条件下的致死时间与另一种微生物在相同条件下的致死时间之比。表3-1列出了某些微生物的相对热阻和对灭菌剂的相对抵抗力。

表3-1 某些微生物的相对热阻及其对一些灭菌剂的抵抗力（与大肠埃希菌比较）

灭菌方式	大肠埃希菌	霉菌孢子	细菌芽孢	噬菌体或病毒
干热	1	2~10	1×10^3	1
湿热	1	2~10	3×10^6	1~5
苯酚	1	1~2	1×10^9	30
甲醛	1	2~10	250	2
紫外线	1	5~100	2~5	5~10

（二）灭菌温度与时间的选择

一般来说，灭菌是否彻底，是以能否杀死热阻大的芽孢杆菌为指标。灭菌温度要高于芽孢杆菌的致死温度，同时要考虑营养成分的破坏程度最小。

在灭菌过程中，微生物减少的速率与瞬间残留的微生物数目成正比，服从一级反应动力学，其死亡速度常数与灭菌温度可用阿累尼乌斯方程表示；绝大部分培养基营养成分的破坏属于一级分解反应，分解速度常数与灭菌温度也可用阿累尼乌斯方程表示。研究发现，当灭菌温度升高时，微生物死亡速度和营养成分分解速度都在增加，但微生物死亡速度常数的增加值超过营养成分分解速度常数的增加值，即微生物死亡速度比营养成分破坏速度增加得更快。表3-2列出的是达到完全灭菌的灭菌温度、时间和营养成分维生素B_1破坏量的比较，可以清晰地看到这一规律。因而，工业生产上为了实现彻底灭菌和减少营养物质的破坏，通常选择较高的灭菌温度和较短的灭菌时间，即通常所说的"高温快速灭菌法"，一般采用这种方法所得培养基的质量较好，但灭菌工艺的选择还要从整个工艺、设备、操作、成本以及培养基的性质等方面综合考虑。

表3-2　灭菌温度、灭菌时间和维生素 B_1 破坏量的比较

灭菌温度（℃）	灭菌时间（min）	维生素 B_1 破坏量（%）
100	400	99.3
110	36	67
115	15	50
120	4	27
130	0.5	8
145	0.08	2
150	0.01	<1

四、影响培养基灭菌的其他因素

（一）培养基的成分

油脂、糖类、蛋白质都是传热的不良介质，会在微生物周围形成一层薄膜，增加微生物的耐热性，降低灭菌效果。高浓度的盐类（如8%以上的 NaCl）、色素则会削弱其耐热性，故较易灭菌。浓度较高的培养基灭菌相对需要较高的温度和较长的时间。固形物含量高的培养基，也需要提高灭菌温度。

（二）培养基的 pH

pH 对微生物的耐热性影响很大。pH 在 6.0~8.0 时，微生物最耐热；pH 小于 6.0 时，氢离子易渗入微生物细胞内，从而改变细胞的生理反应，促使其死亡，所以培养基 pH 愈低，灭菌所需时间就愈短。

（三）泡沫

泡沫中的空气会形成隔热层，使传热困难，难以杀灭其中微生物。对易产生泡沫的培养基进行灭菌时，可加入少量消泡剂。

（四）培养基的物理状态

培养基的物理状态对灭菌有极大的影响。固体培养基的灭菌时间要比液体培养基的灭菌时间长，如果 100℃ 时液体培养基的灭菌时间为 1 小时，固体培养基则需要 2~3 小时才能达到同样的灭菌效果。其原因在于液体培养基灭菌时，热量传递是由传导作用和对流作用完成的，而固体培养基只有传导作用而没有对流作用。此外，液体培养基中水的传热系数要比固体有机物质大得多。培养基所含的固体颗粒越小，越容易灭菌，一般小于 1mm 的颗粒对灭菌影响不大，若颗粒过大，则需直接过滤除去，或预先粉碎并过筛处理。

（五）培养基中的微生物性质和数量

不同成分的培养基中含菌性质和数量是不同的。培养基中微生物数量越多，达到无菌要求所需的灭菌时间也越长。天然基质培养基，特别是营养丰富或变质的原料中的含菌量远比化工原料的含菌量多，因此灭菌时间要适当延长。含芽孢杆菌和霉菌孢子多的培养基，要适当提高灭菌温度或延长灭菌时间。

五、培养基灭菌的方法

生产上的大规模培养基的灭菌采用高温蒸汽灭菌法，按照设备和工艺流程，培养基灭菌可分为分批灭菌和连续灭菌两种方式。

> **▶▶ 岗位情景模拟 3-1**
>
> **情景描述** 安全防护、规范意识、质量意识、敬业精神是消毒工必须具备的职业素质。发酵车间消毒（灭菌）岗位的重要任务是完成发酵罐和种子罐的灭菌。在实消的保温过程中，发现灭菌温度开始下降，同时伴有蒸汽进汽压力下降的情况。
>
> **讨 论** 1. 请分析此情景中灭菌温度与蒸汽压力的关系。
>
> 　　　　2. 保证灭菌效果的方法有哪些？
>
> 答案解析

（一）分批灭菌

将配制好的培养基输入发酵罐或种子罐内，经过蒸汽间接预热后，直接通入饱和蒸汽加热，达到要求的温度和压力后维持一定时间，使培养基和设备一起灭菌，再冷却至发酵或种子培养要求的温度，这一工艺过程称为分批灭菌或实罐灭菌，也称实消。

实罐灭菌过程包括升温、保温维持和冷却三个连续单元，具体流程如下。

1. 空气过滤器灭菌 在灭菌前，通常先对空气精密过滤器高温蒸汽灭菌，并用空气吹干。

2. 进料 将配制好的培养基送至发酵罐内，开动搅拌器以防料液沉淀，也可在后续加热过程中提高培养基传热速度和保证均匀传热。

3. 预热 开启冷凝水进口管排水阀，排放夹套（容积小于 5m³ 发酵罐）或蛇形管（容积大于 5m³ 发酵罐）中的冷水，开启排气管阀，开启冷凝水进口管蒸汽阀，缓慢通入蒸汽进入夹套或蛇形管内以预热料液，使物料溶胀并均匀受热，关小排气阀。

4. 蒸汽直接加热 当发酵罐的温度预热至 80~90℃，关闭夹套或蛇形管蒸汽阀门，由空气进口、取样管和放料管通入蒸汽，即"三路进汽"，直接加热培养基，同时，开启进料管、补料管和接种管排气阀以及排气管阀，排出蒸汽，即"四路排汽"。在此阶段，凡在罐内的开口位于培养基液面以下的各管道通入蒸汽，开口在培养基液面以上的各管道则排出蒸汽，保持蒸汽流通。

5. 保温 当发酵罐内温度升至 110℃ 左右，控制进出蒸汽阀门直至温度达 121℃、压力为 1×10^5 Pa 时，开始保温，时间为 30 分钟。在保温阶段，仍需保持"三路进汽、四路排汽"，与罐相连通的管道均应遵循蒸汽"不进则出"的原则，保持蒸汽流通，才能保证灭菌彻底，不留死角。各路蒸汽进入要均匀畅通，防止短路逆流；罐内液体翻动要激烈；各路排气也要畅通，但排气量适中，以节约蒸汽；维持压力、温度恒定直到保温结束。

6. 通入无菌空气 关闭各排气、进气阀门。打开进气管进气阀，通过空气分过滤器迅速向罐内通入无菌空气，维持发酵罐降温过程中的正压。但在通入无菌空气前应注意罐压低于空气精密过滤器压力，否则物料会倒流到过滤器内。

7. 冷却 开启冷凝水进出口管进出水阀，在夹套或蛇形管中通入冷却水，使培养基的温度快速冷却降到所需温度，可以减少营养成分的破坏。

实罐灭菌时,蒸汽总管道压力要求不低于 $3 \times 10^5 \sim 3.5 \times 10^5$ Pa,使用压力(通入罐中的蒸汽压力)不低于 2×10^5 Pa。实罐灭菌的进气、排气及冷却水管路系统如图 3 -1 所示。

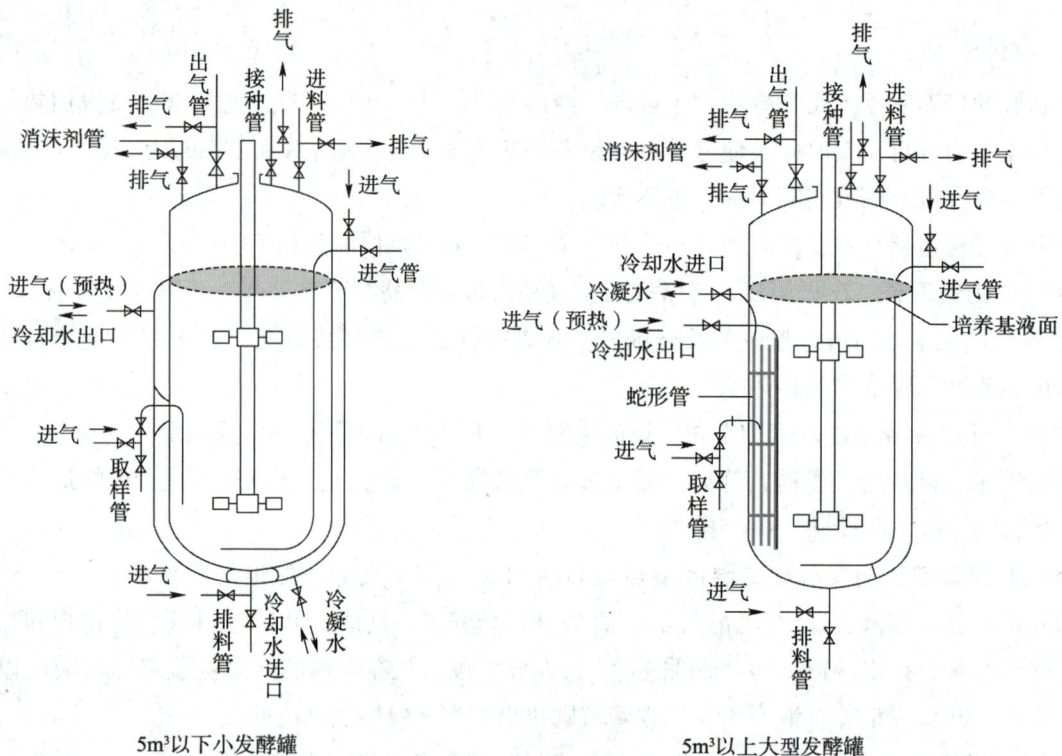

5m³以下小发酵罐　　　　　　　　5m³以上大型发酵罐

图 3 -1　实罐灭菌设备示意图

实罐灭菌主要是在保温阶段起作用,在升温阶段后期也有一定的灭菌作用。发酵罐容积越大,加热和冷却时间越长,这两段时间实际上也有一定灭菌作用。所以实罐灭菌的总时间为加热、维持和冷却所需要的时间之和。如果知道加热和冷却所需要的时间,合理设计维持时间,能够减少灭菌过程中培养基营养成分的破坏。

从工艺流程来看,实罐灭菌的优点如下:①设备要求低,不需加设加热冷却装置,染菌机会较少;②操作要求低,适于手动操作;③适合于小批量生产规模;④适合于含大量固体物质的培养基灭菌。但也有缺点:①培养基营养物质损失较多,灭菌后质量下降;②需反复进行加热和冷却,能耗较高;③不适合于大规模生产过程的灭菌;④发酵罐利用率较低;⑤不能采用高温快速灭菌工艺。

（二）连续灭菌

培养基在发酵罐或种子罐外经过一套灭菌设备连续加热灭菌，冷却后送入已灭菌的发酵罐内的工艺过程称为连续灭菌，也称连消。培养基连续灭菌前，发酵罐应先进行空罐灭菌也称空消，以容纳灭菌后的培养基。加热器、维持罐和冷却器等灭菌设备也应先行灭菌，然后才能进行培养基连续灭菌。组成培养基的耐热性物料和不耐热性物料可分开以不同温度灭菌，以减少物料的破坏，也可将糖和氮源分开灭菌，以免醛基与氨基发生反应，防止有害物质生成。按照采用的设备和工艺条件分类，连续灭菌有三种。

1. 连消－喷淋冷却连续灭菌　是最基本的连续灭菌方法，如图3－2所示，培养基经配制并预热至60～75℃后，从配料罐放出，用泵送入连消塔底部，与蒸汽直接混合，培养基在20～30秒迅速加热至灭菌温度132℃；由连消塔顶部流出，进入维持罐，保温5～7分钟；由维持罐上部流出，维持罐内最后剩余的培养基由底部排尽，灭菌后的培养基经喷淋冷却器冷却到发酵温度，送到空消后的发酵罐。

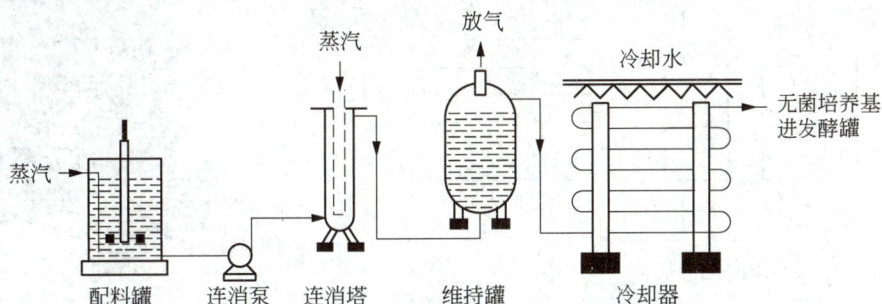

图3－2　连消－喷淋冷却连续灭菌流程

灭菌时，要求培养基输入的压力与蒸汽总压力相接近，否则培养基的流速不能稳定，影响培养基的灭菌质量，一般蒸汽总压力为0.4MPa，控制培养基输入连消塔的速度<0.1m/min。

2. 喷射加热－真空冷却连续灭菌　是由喷射加热、管道保温、真空冷却三部分组成的连续灭菌流程，如图3－3所示，灭菌时，预热后的培养基连续送入一个特制的喷射加热器中，以较高的速度自喷嘴喷出，与蒸汽混合，将培养基迅速加热至灭菌温度（通常为140℃）；经过维持管道维持2～3分钟后，通过膨胀阀进入真空冷却器，因真空作用使水分急骤蒸发而冷却，冷至70～80℃后，送入已灭菌的发酵罐内再冷至发酵温度。此流程由于受热时间短，可以采取高温灭菌，不致引起培养基营养成分的严重破坏；维持管能保证培养基先进先出，避免过热或灭菌不彻底的现象。缺点是随着蒸汽的冷凝使培养基稀释，由于培养基黏度的变化，使灭菌温度和压力的控制受到影响；如果维持时间较长，就需要很长的维持管，安装使用不便；出料泵的安装密封要求很高。

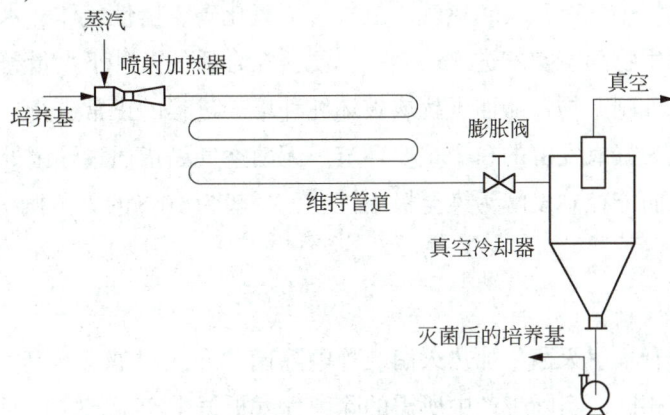

图3－3　喷射加热－真空冷却连续灭菌流程

3. 板式换热器连续灭菌 是最先进的灭菌工艺，如图3-4所示，是由三个板式换热器（图3-5）组成的节能型连续灭菌流程。灭菌时，新鲜培养基进入热回收器（预热器），由先前已灭菌的培养基在20~30秒内将其预热至90~120℃；而后进入加热器，继续用蒸汽快速加热至140℃；然后进入维持管道内保温30~120秒；再进入预热器的另一端冷却，已灭菌的培养基热量被回收后进入冷却器，以冷却水冷至发酵要求的温度，冷却时间为20~30秒，最后直接送入灭过菌的发酵罐内。由于新鲜培养基的预热是利用已灭菌培养基的热量交换完成的，所以节约了蒸汽及冷却水的用量。

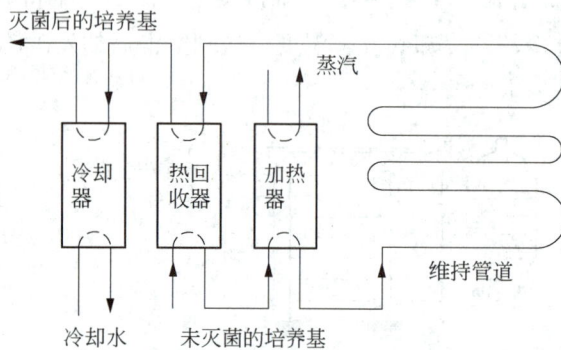

图3-4　板式换热器连续灭菌流程　　　图3-5　板式换热器

从上述三个灭菌工艺流程可以看出，连续灭菌的优点如下：①可采用高温快速灭菌方法，营养成分破坏少；②发酵罐非生产占用时间短，容积利用率高；③热能利用合理，适合自动化控制；④蒸汽用量平稳，但蒸汽压力一般要求高于$5×10^5$Pa。但也有缺点：①不适用于黏度大或固形物含量高的培养基的灭菌；②需增加一套连续灭菌设备，投资较大，增多了操作环节，增加了染菌的概率。

任务二　空气除菌

一、基本概念

现代发酵工业大多为好氧发酵，需要向发酵罐中通入大量无菌空气，以满足微生物生长、繁殖和产物合成对氧气的需求。空气中含有氧气、氮气、氢气、二氧化碳、惰性气体、水蒸气等，还含有灰尘及各种微生物。如果这些微生物随着空气进入培养基，便会在合适的条件下大量繁殖，与目的菌种竞争性消耗营养物质，并产生各种副产物，从而干扰或破坏纯种培养过程的正常进行，甚至导致发酵失败。因此，无菌空气的制备就成为好氧发酵的一个重要环节。无菌空气是指通过除菌处理使空气中含菌量降低到一个极低的百分数，从而能控制发酵污染至极小机会，一般为10^{-3}的染菌概率。

二、方法和原理

常见的空气除菌方法有辐射灭菌、加热灭菌、静电除菌、介质过滤除菌等，各种方法的除菌效果、设备条件和经济指标各不相同。实际生产中所需的除菌程度根据生产工艺要求而定，既要避免染菌，又要尽量简化除菌流程，以减少设备投资和正常运转的动力消耗。

（一）辐射灭菌

辐射产生的各种射线、紫外线、超声波等通过破坏微生物细胞内的核酸、蛋白质等生理活性物质起到杀菌作用。实际应用较多的是紫外线，通常用于无菌室和医院手术室等有限空间内空气的灭菌，但杀菌效率较低，杀菌时间较长，一般结合甲醛熏蒸来保证无菌室的无菌程度。

（二）加热灭菌

加热使微生物菌体内的蛋白质变性而导致微生物死亡。该法对空气灭菌所需的温度若采用大量的蒸汽、火、电等加热并不经济，可直接利用空气压缩时产生的热量加热，这对于无菌要求不高的发酵较为经济合理。利用压缩热进行空气灭菌的流程如图3-6所示。

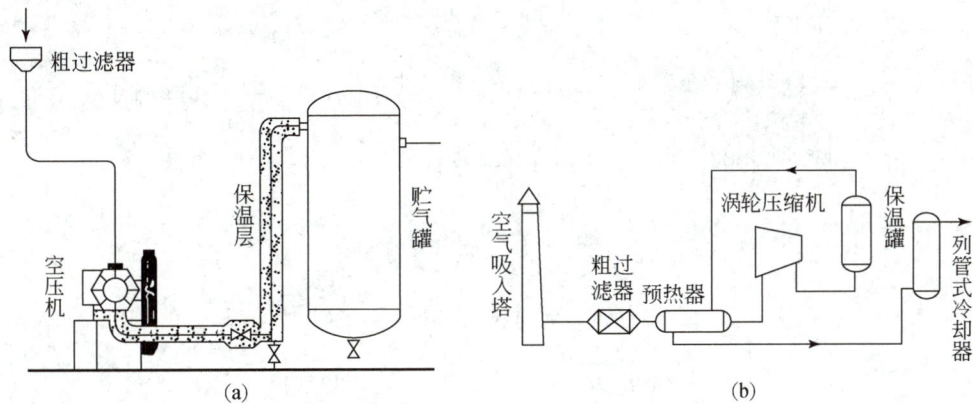

图3-6 利用空压机产热对空气热灭菌的流程

图3-6（a）是用于淀粉酶、丙酮丁醇等产物发酵的无菌空气系统，空气进口温度为21℃，压缩后出口温度为187~198℃，压力为0.7MPa，而后压缩空气在管道或贮气罐中保温一定时间以增加空气的受热时间，促进微生物的死亡。

图3-6（b）是用于石油发酵的无菌空气系统，采用涡轮式空压机，空气进压缩机前利用先前压缩灭菌后的空气进行预热，以提高进气温度，并相应地降低灭菌后空气排气温度，压缩后的空气用保温罐维持一定时间进行灭菌。

（三）静电除菌

静电除菌是利用静电引力来吸附带电粒子而达到除尘、除菌的目的，使用的设备为静电除尘器，如图3-7所示，它可以除去空气中的水雾、油雾和灰尘，同时也可以除去微生物。优点：阻力小，约1.01325×10^4Pa，空气压力损失少；染菌率低，平均低于10%~15%；除水、除油和除尘效果好，对$1\mu m$微粒的去除率达99%以上；耗电少。缺点：设备庞大，需要采用高压电技术，且一次性投资较大；对发酵工业来说，微粒捕集率效果仍不够，除菌效率仍不高，需要采取其他措施如高效空气过滤器联合使用。

（四）介质过滤除菌

介质过滤除菌是目前发酵工业中最广泛使用的制备大量无菌空气的方法。它采用定期灭菌的干燥过滤介质来阻截流过的空气中所

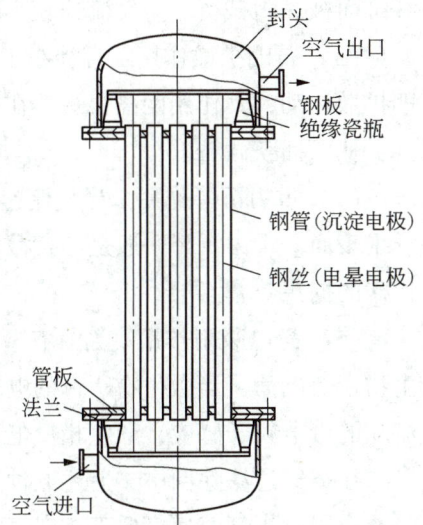

图3-7 静电除尘器结构示意图

含的微生物，从而制得无菌空气。常用的过滤介质有棉花、活性炭、玻璃纤维、有机合成纤维、有机和无机烧结材料等。随着工业的发展，过滤介质逐渐由天然材料棉花过渡到玻璃纤维、超细玻璃纤维和石棉板、烧结材料（烧结金属、烧结陶瓷、烧结塑料）、微孔超滤膜等，过滤器的形式也在不断发生变化，出现了一些新的形式和新的结构，把发酵工业中的染菌控制在极小的范围。

根据过滤机制的不同，空气介质除菌分为深层介质过滤除菌和绝对过滤除菌两种方法。

1. 深层介质过滤除菌　过滤介质由无数层纤维组成，纤维交错形成层层网格，其孔隙远大于微生物细胞等颗粒直径，颗粒随气流通过过滤层时，滤层纤维形成的网格阻碍气流前进，使气流无数次改变运动速度和运动方向，引起微粒对滤层纤维产生惯性冲击滞留、拦截滞留、布朗扩散、重力沉降、静电吸附等作用，如图 3-8 所示，从而被截留在介质内，通过纤维的层层截留，从而达到过滤除菌的目的。

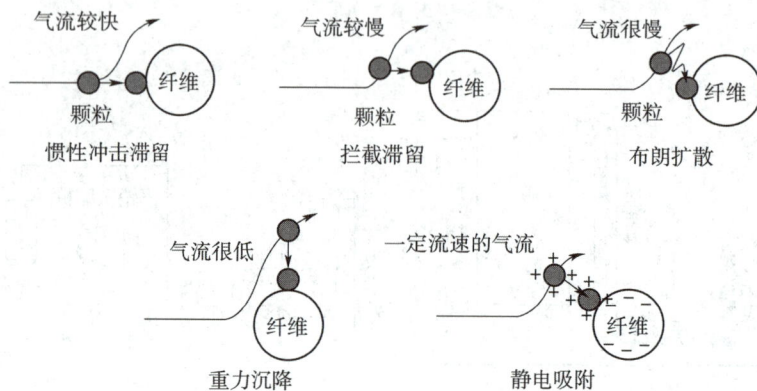

图 3-8　深层介质过滤除菌的五种作用

（1）惯性冲击滞留作用　当微粒随气流以一定速度垂直向纤维运动时，气流因受纤维阻挡而急剧改变流动方向，绕过纤维继续前进，而微粒由于惯性作用仍然沿直线向前运动，碰撞到纤维表面，通过摩擦、黏附作用而被滞留在纤维表面，这种作用称为惯性冲击滞留作用。这种作用的强弱与气流流速成正比，当空气流速大时，它在过滤除菌中起主导作用。

（2）拦截滞留作用　当气流速度较低时，微粒所在的气流受纤维所阻而改变流动方向，绕过纤维前进，而在纤维周边形成一层边界滞留区，滞留区的气流速度更慢，进到滞留区的微粒慢慢靠近和接触纤维而被黏附截留。空气流速较小时，拦截才起作用。

（3）布朗扩散作用　直径小于 $1\mu m$ 的微粒，在很慢的气流中能产生一种无规则直线运动，称为布朗扩散运动，其作用距离很短，在很慢的气速和较小的纤维间隙中大大增加了微粒与纤维的接触滞留机会，从而捕获微粒。

（4）重力沉降作用　当气流速度很低时，微粒所受重力大于气流对它的拖带力，微粒就会沉降在纤维表面。重力沉降一般是与拦截作用相互配合的，即在纤维的边界滞留区内，微粒的沉降作用提高了拦截的捕集效率。

（5）静电吸附作用　当具有一定速度的气流通过介质滤层时，由于摩擦作用而产生诱导电荷，微生物带上电荷，当微生物所带的电荷与介质的电荷相反时，就发生静电吸引作用；也可能是纤维介质被流动的带电粒子感应，产生相反电荷而将粒子吸引。

在空气过滤除菌中，上述五种过滤除菌的机制共同参与作用。当气流速度较大时，惯性冲击滞留起主要作用；当气流速度低于一定值时，以拦截滞留和布朗扩散为主，此时气流速度称为临界速度。

2. 绝对过滤除菌　利用微孔滤膜滤除微生物，微孔滤膜的孔隙小于 $0.5\mu m$ 甚至 $0.1\mu m$，小于细菌体积大小，当微粒随空气通过滤膜时，微粒不能通过而被截留在滤膜表面，从而与空气分离，实现空气的除菌。这类介质包括醋酸纤维素微孔滤膜、聚四氟乙烯微孔滤膜、聚丙烯微孔滤膜等。

三、无菌空气的制备过程

不同发酵工厂采用的空气除菌流程，随各地的气候条件、空气质量的不同而有所差异。空气除菌的一般流程如下：空气经过前过滤器粗过滤之后进入空气压缩机，经压缩后温度升高至 120~150℃，而后压缩空气冷却降温，然后除去油和水，再经加热至一定温度后进入一系列过滤器进行除菌。发酵生产中常使用图 3-9 表示的较为成熟的空气净化流程，整个流程包括空气预处理和过滤除菌两个阶段。

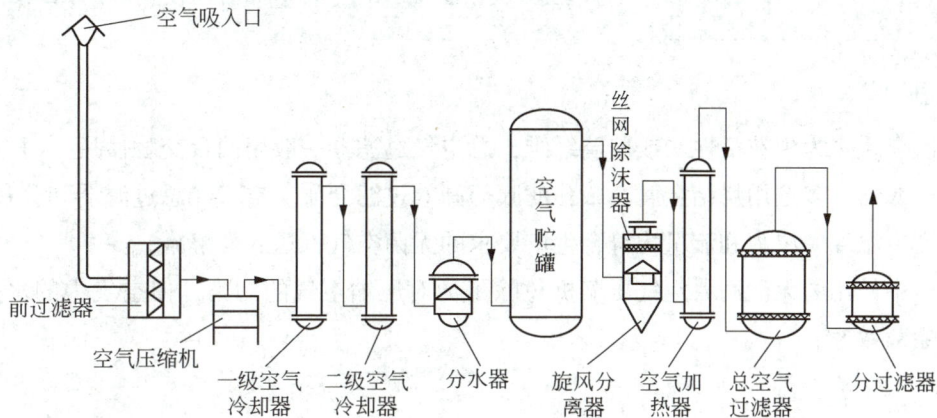

图 3-9 典型空气净化流程

（一）空气预处理

空气预处理的目的是采集并压缩空气气体，初步滤除空气中尘埃颗粒和油水物质，使空气具有适合的压力和温、湿度后再进入过滤系统。具体流程如下。

1. 高空采气　据报道，吸气口每升高 3.05m，空气中微生物数量就减少一个数量级。因此，吸气口高度要因地制宜，一般以距地面 5~10m 高为宜，吸气口处需装置筛网，防止杂物吸入，且尽量背风取气。

2. 粗过滤　空气先经过前过滤器，滤去灰尘、沙土等固体颗粒，以减少往复式空气压缩机活塞和气缸的磨损，保证空气压缩机的效率，也有一定的除尘作用，减轻总过滤器的负担。

3. 压缩空气　使用空气压缩机输送空气，以克服过滤介质阻力、发酵液静压力和管道阻力。空气经压缩，出口温度会达到 120℃（往复式空气压缩机）或 150℃（涡轮式压缩机），能起到一定的灭菌作用。

4. 冷却空气　目前生产中所用的过滤介质难以耐受空气压缩后产生的高温，所以压缩空气在进入过滤器前必须先行冷却。一般采用两级空气冷却器串联来冷却压缩空气，第一级冷却器可用循环水冷却至 40~50℃，第二级冷却器采用 9℃ 左右的低温水冷却至 20~25℃。

5. 除去油和水　冷却后的压缩空气含有来自空气压缩机的润滑油，如果冷却温度低于露点，空气中还含有水。冷却出来的油和水必须及时除去，以免带入过滤器，使过滤介质受潮而失去除菌作用。一般采用油水分离器与除沫器相结合的方法除油和水，同时除尘。为减少往复式空气压缩机产生的脉动，流程中需设置一个或数个空气贮罐。空气进入空气贮罐后，大的油滴和水滴沉降下来，50μm 以上的液滴用旋风分离器除掉，5μm以上的液滴用丝网除沫器捕捉。

6. 加热空气 除去油滴和水滴后，压缩空气相对湿度仍为100%，在温度稍微下降时仍会析出水，为了防止过滤介质受潮，空气进入过滤器之前需加热至30~35℃，使相对湿度降至50%~60%，加热装置一般采用列管式换热器或套管式加热器。

即学即练 3-2

提高空气进口的空气洁净度方法有（　　　）

A. 吸气口设置在5~10m高　　　　B. 吸气口处需装置筛网

C. 吸气口背风取气　　　　D. 使用前过滤器粗过滤　　　　E. 除去油和水

答案解析

（二）过滤除菌

空气过滤器介质多为棉花活性炭或玻璃纤维，总空气过滤器一般用两台交替使用。每个发酵罐前还需单独配备分过滤器，多选用烧结金属、微孔滤膜等高效过滤介质。空气经总过滤器和分过滤器除菌后即能得到洁净度、温度、压力和流量均符合生产要求的无菌空气，送入发酵罐。

当前，生产中使用的无油润滑空气压缩机免除了油对压缩空气的污染，但空气中的水分仍需除掉，否则也会影响除菌效率。

任务三　发酵设备的灭菌

PPT

一、发酵罐的灭菌

（一）实罐灭菌

当培养基采用实罐灭菌时，发酵罐或种子罐与培养基一起灭菌，灭菌条件为压力 $1 \times 10^5 Pa$，121℃、30分钟。种子罐在三路进汽时的管路为取样管、进气管和接种管。

（二）空罐灭菌

当培养基采用连续灭菌时，发酵罐或种子罐必须在培养基灭菌前直接用饱和蒸汽进行空罐灭菌，也称空消。因空气相对密度大于蒸汽，灭菌开始时从罐顶通入蒸汽，将罐内的空气从罐底排出。蒸汽总管道压力不低于 $3.0 \times 10^5 \sim 3.5 \times 10^5 Pa$，使用蒸汽压力不低于 $2.5 \times 10^5 \sim 3.0 \times 10^5 Pa$。空气排出后，关紧排气阀，闷罐灭菌，灭菌条件一般维持罐压 $1.5 \times 10^5 \sim 2.0 \times 10^5 Pa$、罐温 125~130℃、时间 30~40 分钟。

空罐灭菌之后不能立即冷却，应先开排气阀，排出罐内蒸汽，待罐压低于空气压力时，通入无菌空气保压，以避免罐压急速下降造成负压而染菌。然后开冷却水冷却到所需温度，将灭菌后的培养基输入罐内。

二、发酵罐附属设备、空气过滤器及管道等的灭菌

（一）发酵罐附属设备的灭菌

发酵罐附属设备包括补料罐、计量罐和油（消沫剂）罐等。补料罐的灭菌温度视物料性质而定，

如糖水罐灭菌条件为表压（罐压）1.0×10^5 Pa，120℃，保温30分钟左右，灭菌时糖水要翻腾良好，但温度不宜过高，否则糖料易炭化。油（消沫剂）罐灭菌，表压 $1.5 \times 10^5 \sim 1.8 \times 10^5$ Pa，保温60分钟。以上设备一般可采用实消或空消的方式。补料罐和油罐应定期清除罐内堆积物。

（二）空气过滤器的灭菌

总空气过滤器灭菌时，进入的蒸汽压力必须在 3.0×10^5 Pa 以上，灭菌过程中总过滤器要保压在 $1.5 \times 10^5 \sim 2.0 \times 10^5$ Pa，保温 $1.5 \sim 2.0$ 小时。对于新装介质的过滤器，灭菌时间适当延长 $15 \sim 20$ 分钟。灭菌后要用压缩空气将介质吹干。吹干时空气流速要适当，流速太小吹不干，流速太大容易将介质顶翻，造成空气短路而染菌。

空气精过滤器在发酵罐灭菌之前需进行灭菌，灭菌后用空气吹干备用。

（三）管路的灭菌

补料管路、消沫剂管路与补料罐及油罐同时灭菌，保温时间为 1 小时。移种管路灭菌的蒸汽压力一般为 $3.0 \times 10^5 \sim 3.5 \times 10^5$ Pa，保温 1 小时。上述各种管路在灭菌前，要严格检查，以防泄漏和存在"死角"。管路灭菌之后，通入无菌空气，可防止外界空气的入侵。移种及补料管路，用后必须用蒸汽冲净，以防杂菌繁殖。

任务四　无菌检查与染菌的处理

PPT

一、染菌的危害

发酵发生染菌后，入侵的微生物会影响生产菌株的生长繁殖和产物合成，给生产带来严重危害，具体表现在以下几个方面：①营养物质和产物会被杂菌消耗而损失；②杂菌产生的毒素物质和某些酶类会抑制生产菌株的生长；③改变培养液的性质（如溶解氧、黏液、pH）；④抑制产物的生物合成，或破坏已经合成的产物等。这些危害轻者影响产品产量或质量，重者造成"倒罐"，甚至停产。

因此，为了及早发现染菌并进行处理，在生产菌种制备、接种前后和培养过程，按照工艺流程要求按时取样，进行无菌检查，是发酵生产中一项非常重要的工作内容。

二、染菌的检查

（一）检查方法

培养液是否污染杂菌可从三方面进行分析：无菌试验、培养液的显微镜检查、培养液生化指标变化情况，其中无菌试验是判断染菌的主要依据。由于发酵染菌会导致某些物理参数、化学参数或生物参数即生化指标发生变化，通过对这些指标变化的分析，我们可以及时发现染菌的情况。目前常用的无菌试验方法主要有显微镜检查法、平板划线培养检查法和肉汤培养检查法。

1. 显微镜检查法　简便快速，是最常用的无菌试验方法之一。该法通过简单染色法或革兰染色法对样品中菌体进行染色，而后在显微镜下观察微生物的形态特征，根据生产菌株与杂菌的不同特征，判断是否染菌。必要时，还可采用芽孢染色法和鞭毛染色法。但是，这种方法的缺点在于污染的杂菌要繁殖到一定的数量才能被检出，而且视野的观察面也小，因此不易检出早期污染，往往需要结合其他方法。

2. 平板划线法　将待检样品在无菌平板上划线，根据可能的污染类型，分别置于37℃、27℃培养，一般在8小时后即可观察到有无杂菌污染。

3. 肉汤培养法　通常用酚红肉汤作为培养基，将待测样品直接接入装有肉汤培养基的试管中，分别置于37℃、27℃培养，定时观察试管内肉汤培养基的颜色变化，并取样镜检，判断是否有杂菌。

（二）判断方法

对染菌的判断，以无菌试验中的酚红肉汤培养和平板培养的反应为主，以镜检为辅。每8小时执行一次无菌试验，直至放罐，每次试验至少用两份酚红肉汤和一份平板同时取样培养。要定量取样或用接种环蘸取法取样，因取样量不同会影响颜色反应和混浊程度。如果连续三段时间的酚红肉汤样品都发生颜色变化（由红色变黄色）或产生浑浊，或平板上连续三段时间样品长出杂菌，即判断为染菌。有时酚红肉汤反应不明显，要结合镜检，如确认连续三段时间样品染菌，即判为染菌。各级种子罐的染菌判断也可以参照上述规定。

一般来讲，无菌检查期间应每6小时观察一次无菌试验样品，以便染菌时能及早发现。无菌试验的肉汤和平板应观察并保存至本罐批放罐后12小时，确认为无菌后方可弃去。

三、染菌的处理

（一）种子培养期染菌的处理

如发现种子染菌，则该种子不能接入发酵罐中发酵，应立即蒸汽灭菌后弃掉，并对种子罐、管道进行仔细检查和彻底灭菌。同时，采用备用种子，选择生长正常无染菌的种子接入发酵罐，继续进行发酵生产。如无备用种子，则直接将一个适当菌龄的发酵罐内发酵液作为种子，进行"倒种"处理，又称为"倒种法"，接入发酵罐内新鲜的培养基中进行发酵，从而保证正常生产。如备用种子不足，可采用混种法，即从适当菌龄的发酵罐内，取出部分发酵液与备用种子一起作为种子，接入新鲜的培养基发酵。

（二）发酵前期染菌的处理

如果前期染菌，可采取降温培养、调节pH、调整补料量、补加培养基等措施进行处理，使发酵参数有利于生产菌株而不利于杂菌的生长，但要时刻注意杂菌数量和代谢的变化；如果培养基中的碳源、氮源含量还比较高时，终止发酵，将培养基重新灭菌处理，再接入种子进行发酵；如果此时染菌已造成较大的危害，培养基中碳源、氮源的消耗量已比较多，则可放掉部分料液，补充新鲜的培养基，重新灭菌处理，再接种重新发酵。如果杂菌对生产菌株有较大的危害，则将培养液蒸汽灭菌后放掉。

（三）发酵中、后期染菌处理

发酵中、后期染菌或前期轻微染菌而较晚发现时，一般可以加入适量的杀菌剂或抗生素以及正常的发酵液，以抑制杂菌的生长，也可采取降低培养温度、降低通风量、停止搅拌、少量补糖等措施进行处理。如果发酵液中产物浓度已达一定数值，则可提前放罐。对于没有提取价值的发酵液，废弃前应加热至120℃以上、保持30分钟后排放。

（四）染菌后对设备的处理

染菌后的罐体用甲醛等化学物质处理，再用蒸汽灭菌（包括各种附属设备）。在再次投料之前，应彻底清洗罐体、附件，同时进行严密程度检查，以防渗漏。

（五）噬菌体污染的处理及防治

在许多发酵生产中，常遇到噬菌体污染，轻者造成生产水平大幅度下降，重者造成停产，带来很大的经济损失。

1. 噬菌体污染的特征　噬菌体污染后，往往出现发酵液突然转稀，泡沫增多，发酵液呈黏胶状；早期镜检发现菌体染色不均匀，菌丝成像模糊，在较短时间内菌体大量自溶，最后仅残留菌丝断片，平皿培养出现典型的噬菌斑，pH 逐渐上升，溶氧浓度提前回升，营养成分很少消耗，产物合成停止等现象。

2. 噬菌体的检查方法

（1）双层琼脂平板检查法（双碟法）　先用 2% 琼脂培养基作底层铺成平板，而后取生产菌悬液（作为指示菌）0.2ml 和待检样品 0.1ml 于试管中，加入冷却至约 45℃的含 1% 琼脂的培养基 3~4ml，混匀后立即倒在平板上铺平，凝固后于 34~36℃培养。经过 18 小时左右，即可观察结果，如有噬菌体，在双层平板上层出现透亮的圆形或近圆形空斑即噬菌斑。该法较适用于实际生产。

（2）电子显微镜检查　取感染噬菌体的发酵液，离心，取上清液做电子显微镜检查。观察记录噬菌体的形态和大小。

3. 污染噬菌体的处理

（1）发酵早期出现噬菌体的处理　可以加热至 60℃杀灭噬菌体，再接入抗性生产菌种或者在不灭菌条件下直接接入抗性菌种。

（2）发酵中期出现噬菌体的处理　适当补充部分营养物质，然后再灭菌和接入抗性菌种。对于谷氨酸发酵中期污染噬菌体，可采取并罐处理即并罐法，即将处于发酵中期不染噬菌体的发酵液与感染噬菌体的发酵液以等体积混合，利用分裂完全的细胞不受噬菌体感染的特点，利用营养物质以合成产物。

（3）污染噬菌体后对设备和环境的处理　污染噬菌体的发酵液经高压蒸汽灭菌后可放掉，但要严防发酵液的任意流失。污染的罐体可用甲醛熏蒸，再用蒸汽高温高压灭菌（包括各种附属设备）。再次使用前，要彻底清洗罐体、附件等，对空气系统等进行检查。

4. 防止噬菌体污染的措施　严格活菌体的排放，如清除噬菌体载体——发酵液残渣或将发酵液经加热灭菌后再放罐，切断噬菌体的"根源"；采用漂白粉、新洁尔灭等消毒；生产设备进行彻底清理检查和灭菌；培养液中加入枸橼酸钠、草酸盐、三聚磷酸盐、氯霉素、四环素、聚乙二醇单酯及聚氧乙烯烷基醚等抑制剂；改进提高空气的净化度，保证纯种培养，做到种子本身不带噬菌体；因噬菌体的专一性较强，可轮换用不同类型的菌种，使用抗噬菌体的菌种；改进设备装置，消灭"死角"；药物防治等。

四、染菌原因的分析和预防措施

（一）原因分析

引起发酵染菌的原因很复杂，表现也多种多样，应根据发酵的现象，合理地分析污染的原因，并提出相应的挽救措施。种子带菌、空气带菌、设备渗漏、灭菌不彻底、操作失误和管理不善等是染菌的普遍原因。当出现染菌时，具体原因可以从下述几个方面进行分析。

1. 杂菌种类分析

（1）耐热芽孢杆菌　与培养基或设备灭菌不彻底、设备存在"死角"有关。

（2）不耐热的球菌或无芽孢杆菌　可能是种子带菌、空气除菌不彻底、设备渗漏或操作问题。

（3）浅绿色菌落　可能是设备或冷却盘管的渗漏引起。如果是霉菌污染，一般是无菌室灭菌不彻底或无菌操作不当。

（4）酵母菌　主要由于糖液灭菌不彻底，特别是糖液放置时间较长而引起。

2. 染菌的时间分析

（1）发酵早期染菌　可能是培养基灭菌不彻底、设备渗漏或有死角、种子罐带菌、接种管道灭菌不彻底、接种操作不当或空气带菌等原因引起的。

（2）发酵中、后期染菌　可能是补料系统、加消沫剂系统污染或操作问题造成的。

> **即学即练 3 - 3**
>
> 发酵早期污染耐热芽孢杆菌可能的原因是（　　　）
>
> A. 培养基灭菌不彻底　　　B. 设备存在"死角"　　　C. 夹层、蛇形管穿孔
>
> D. 接种管道灭菌不彻底　　E. 接种操作不当
>
> 答案解析

3. 染菌的规模分析

在发酵过程中，如果种子罐和发酵罐同时大面积染菌，而且污染的是同种杂菌，一般是空气净化系统有问题，如空气过滤器失效或空气管道渗漏。其次考虑种子制备工序，此外还要考虑蒸汽系统，如压力过低或过热蒸汽。如果只是发酵罐大面积染菌，除考虑空气净化系统带菌外，还要重点考查接种管道和补料系统。发酵培养基采用连续灭菌工艺时，要严格检查连消系统。

个别发酵罐连续染菌，应从单个罐体查找杂菌来源，如罐内是否有"死角"或冷却系统有无渗漏，与罐相连的阀门有无泄漏，还要检查附件，如空气过滤器是否损坏失效。个别发酵罐偶尔染菌，原因较为复杂，如灭菌不彻底、阀门渗漏及死角等。

（二）预防措施

发酵过程中，为了防止染菌，必须从每一个可能引起染菌的环节抓起，以确保整个发酵过程无菌。

1. 种子　优良的菌种是保证正常生产的关键。种子制备的许多操作是在无菌室内进行的，因此对无菌室的洁净度要求较高。无菌室要交替使用各种灭菌手段处理，保持无菌状态。此外，无菌操作时要保证所用器具不带菌。

2. 空气系统　要杜绝无菌空气带菌，就必须从空气的净化工艺和设备的设计、过滤介质的选用和装填、过滤介质的灭菌和管理等方面完善空气净化系统。防止空气净化系统带菌，应该提高空气进口的空气洁净度；除尽压缩空气中夹带的水和油；过滤器定期灭菌和检查，灭菌频率一般三个月一次，过滤介质应定期更换；制备的纯净空气应定期做无菌检查，确保去除杂菌和微生物。

3. 培养基　培养基灭菌不彻底的原因主要如下：①培养基颗粒过大导致灭菌不彻底；②灭菌过程中产生大量泡沫导致灭菌不彻底；③培养基灭菌条件操作不到位导致灭菌不彻底。因此，要做到培养基的彻底灭菌。首先，培养基配制时应充分搅拌，并在输料管道上安装管道过滤器，有大颗粒存在时先过筛除去，防止大颗粒固形物进入种子罐造成培养基灭菌不彻底。其次，在产生大量泡沫时，应通过消泡剂加以清除和在操作上予以控制。再次，培养基在灭菌过程中，对预热时间、灭菌时间、灭菌温度、灭菌压力等都要严格要求。采用饱和蒸汽，严格控制蒸汽含水量。控制稳定的蒸汽压力。升温至灭菌温度的过程，不要太快，以防产生大量泡沫。保证足够的灭菌时间。灭菌过程，保持蒸汽流通。

4. 设备　发酵罐、补糖罐、冷却盘管、管道阀门等，由于化学腐蚀（发酵代谢所产生的有机酸等

发生腐蚀作用）、电化学腐蚀、磨蚀、加工制作不良等原因形成微小漏孔后发生渗漏，就会造成染菌。发酵设备的设计、安装要合理，要易于清洗和灭菌。发酵罐及其附属设备要做到无渗漏、无"死角"。凡与物料、空气、下水道连接的管道阀门应保证严密不漏，特别是进罐的阀门，往往采用密封性能好的隔膜阀。蛇形管和夹层应定期试漏。罐体定期以碱水煮罐，用蒸汽加热 1mol/L 以上的碱水至微沸（90℃以上），煮 8 小时以上，一般三个月到半年一轮。连续灭菌设备要定时拆卸清洗。对整个发酵设备要定期维修、保养，一般一年一次大规模检修。

5. 工艺操作　从菌种的各级扩大培养，接种、移种、培养基的配制以及原料的配比、消毒灭菌、培养过程中的取样、补料到发酵结束，整个过程中的各项操作要切实树立无菌观念，严格遵守无菌操作规定和生产操作规程，从各个环节上避免杂菌进入发酵系统，同时要杜绝操作失误和技术管理不善引起的染菌。

实训九　高压蒸汽灭菌

一、实验目的

1. 掌握　高压蒸汽灭菌的操作方法。

2. 了解　高压蒸汽灭菌的基本原理及应用范围。

二、实验原理

高压蒸汽灭菌是将待灭菌的物品放在一个密闭的加压灭菌锅内，通过加热，使灭菌锅隔套间的水沸腾而产生蒸汽。待水蒸气急剧地将锅内的冷空气从排气阀中驱尽，然后关闭排气阀，继续加热，此时由于蒸汽不能溢出，而增加了灭菌器内的压力，从而使沸点增高，得到高于 100℃ 的温度。导致菌体蛋白质凝固变性而达到灭菌的目的。

三、实验器材及材料

1. 仪器　手提式高压蒸汽灭菌器。

2. 器皿　待灭菌的培养基或玻璃器皿。

四、实验内容

1. 加水　先将内层灭菌桶取出，再向外层锅内加入适量的水，使水面与三角搁架相平。

2. 装料　放回灭菌桶，并装入待灭菌物品。注意不要装得太挤，以免妨碍蒸汽流通而影响灭菌效果。三角烧瓶与试管口端均不要与桶壁接触，以免冷凝水淋湿包口的纸而透入棉塞。

3. 加盖密封　加盖，并将盖上的排气软管插入内层灭菌桶的排气槽内。再以两两对称的方式同时旋紧相对的两个螺栓，使螺栓松紧一致，勿使漏气。

4. 排气升压　接通电源，并同时打开排气阀，使水沸腾以排除锅内的冷空气。待冷空气完全排尽后，关上排气阀，让锅内的温度随蒸汽压力增加而逐渐上升。当锅内压力升到所需压力时，控制热源，维持压力至所需时间。本实验用 $1.05kg/cm^2$，121.3℃，20 分钟灭菌。

5. 降压　灭菌所需时间到后，切断电源或关闭煤气，让灭菌锅内温度自然下降。

6. 取料　当压力表的压力降至零时，打开排气阀，旋松螺栓，打开盖子，取出灭菌物品。如果压力未降到零就打开排气阀，则会因锅内压力突然下降，使容器内的培养基由于内外压力不平衡而冲出烧瓶口或试管口，造成棉塞沾染培养基而发生污染。

7. 倒水　灭菌锅用过之后，将锅内剩余的水倒掉，以免日久腐蚀。

五、重点提示

（1）灭菌完毕后，不可放气减压，否则瓶内液体会剧烈沸腾，冲掉瓶塞而外溢，甚至导致容器爆裂，必须待灭菌器内压力降至与大气压相等后才可开盖。

（2）待灭菌的物品放置不宜过紧。

（3）装培养基的试管或瓶子的棉塞上，应包油纸或牛皮纸，以防冷凝水入内。

（4）必须将冷空气充分排除，否则锅内温度达不到规定温度，影响灭菌效果。

目标检测

答案解析

一、单项选择题

1. 杀灭包括芽孢在内的微生物的方法称为（　　）

　A. 防腐　　　　　　　　B. 灭菌　　　　　　　　C. 消毒

　D. 杀菌　　　　　　　　E. 除菌

2. 下列方法中，不能达到灭菌效果的是（　　）

　A. 干热空气灭菌法　　　B. 巴氏灭菌法　　　　　C. 紫外线

　D. 臭氧　　　　　　　　E. 间歇灭菌法

3. 无菌空气是指空气（　　）

　A. 不含水　　　　　　　B. 不含颗粒　　　　　　C. 不含油

　D. 不含微生物　　　　　E. 不含油水

4. 将饱和蒸汽通入未加入培养基的发酵罐中，进行罐体湿热灭菌的过程是（　　）

　A. 实消　　　　　　　　B. 连消　　　　　　　　C. 空消

　D. 干热灭菌　　　　　　E. 煮沸灭菌

5. 关于连续灭菌，说法正确的是（　　）

　A. 适于小批量规模的生产

　B. 染菌机会较少

　C. 适于固形物含量高的培养基灭菌

　D. 操作条件恒定，灭菌质量稳定

　E. 培养基营养物质损失较多

6. 关于分批灭菌的描述，不正确的是（　　）

　A. 染菌机会较少

　B. 发酵罐利用率较低

　C. 可采用高温快速灭菌工艺，营养成分破坏少

　D. 适合于含大量固体物质的培养基灭菌

　E. 不适合于大规模生产过程的灭菌

7. 染菌罐放罐后，通常采用（　　）处理，再用高压蒸汽灭菌

　A. 酒精　　　　　　　　B. 甲醛　　　　　　　　C. HCl

    D. 高锰酸钾   E. 紫外线

二、多项选择题

1. 发酵过程中，需要灭菌的是（   ）

    A. 培养基   B. 补加的物料   C. 消泡剂

    D. 接种管道   E. 空气过滤器

2. 常用的空气过滤介质包括（   ）

    A. 棉花   B. 玻璃纤维   C. 聚四氟乙烯微孔滤膜

    D. 超细玻璃纤维   E. 活性炭

3. 影响培养基灭菌的因素是（   ）

    A. 灭菌温度   B. 灭菌时间   C. 杂菌的种类

    D. 杂菌数量   E. 培养基成分、pH

4. 发酵液感染噬菌体后，会出现（   ）

    A. 早期镜检发现菌体染色均匀，菌丝成像模糊

    B. pH 逐渐下降，溶氧浓度提前下降

    C. 发酵液突然转稀，泡沫增多，发酵液呈黏胶状

    D. 在较短时间内菌体大量自溶，最后仅残留菌丝断片

    E. 平皿培养出现典型的噬菌斑

5. 发酵前期染菌的处理措施有（   ）

    A. 降温培养

    B. 调节 pH

    C. 碳源、氮源含量还比较高，培养基重新灭菌处理，再接入种子发酵

    D. 碳源、氮源已消耗比较多，可放掉部分料液，补充新鲜的培养基，重新灭菌，再接种，重新发酵

    E. 杂菌有较大的危害，培养液蒸汽灭菌后放掉

书网融合……

知识回顾   微课   习题

学习引导

种子的扩大培养是菌种进行发酵生产的第一道工序，是菌种大规模培养的起步阶段，在整个微生物发酵过程中处于非常重要的地位，如何获得高质量的生产种子一直是工艺的核心。随着现代科学的进步，工业发酵规模越来越大，所以制备出发酵产量高、生产性能稳定、数量足且不被其他杂菌污染的生产菌种，是保证发酵生产水平的重要因素。种子质量主要受孢子质量、培养基、培养条件等因素影响。要获得质量优异的发酵种子液，如何对孢子质量进行控制？如何对种子培养基、培养条件等进行控制？

本项目主要介绍孢子及种子的制备过程、孢子质量与种子质量的影响因素与控制。

学习目标

1. **掌握**　发酵种子扩大培养的制备过程及操作要点。
2. **熟悉**　种子的质量标准；影响种子质量的因素。
3. **了解**　种子异常分析。

种子的扩大培养又称为种子制备，指的是从保藏的休眠状态的菌种开始，经过试管斜面活化后，再经过摇瓶及种子罐逐级扩大培养而获得足够数量和优等质量纯种的过程。

种子制备是发酵制药工艺的关键步骤，发酵工业生产的种子必须满足以下条件：生长活力强，移种至发酵罐后能迅速生长，延滞期短；菌体的生理特性及生产能力稳定；菌体总量及浓度能满足发酵罐接种量的要求；无杂菌污染；能保持稳定的生产能力，保证终产物的合成量稳定。

种子制备一般包括两个过程：在固体培养基上生产大量孢子制备过程和在液体培养基中生产大量菌丝的种子制备过程。

种子的制备采用两种方式：对于产孢子能力强及孢子生长繁殖快的菌种可用固体培养基培养孢子，孢子直接进罐作为种子罐的种子。这种方式操作简便，减少污染，而且固体孢子直接入罐优于菌丝进罐，因为分生孢子处于半休眠状态，入罐后每个个体都从同一水平起步生长繁殖，更易取得同步生长状态，后代菌丝的繁殖也比较一致；对于细菌、酵母菌、产孢子能力不强和孢子发芽慢的菌种可以采用液体摇瓶培养法。

任务一　生产菌种的制备过程 🅔微课

PPT

一、孢子制备

孢子制备是种子制备的开始，是发酵生产的一个重要环节。孢子的扩大繁殖可经过斜面培养基生长或谷物固体培养基生长，不同菌种的孢子制备工艺有不同的特点。

（一）霉菌孢子制备

霉菌孢子的制备一般采用大米、小米、玉米、麸皮、麦粒等天然农产品为培养基，这些农产品中的营养成分适合霉菌的孢子繁殖，培养基的表面积大，获得孢子数量要比营养琼脂斜面多。而且培养简单易行、成本低。霉菌孢子的制备首先将保存的菌种接种到斜面培养基上，孢子成熟后制成孢子悬浮液接种于大米等培养基中，培养温度 25～28℃，培养时间一般为 4～14 天，待孢子成熟后，放置 4℃ 冰箱中保存备用。

（二）放线菌孢子制备

放线菌的孢子培养多数采用琼脂斜面培养基，培养基中含有适合产孢子的营养成分，如麸皮、豌豆浸汁、蛋白胨和一些无机盐类物质等，一般情况下，干燥和限制营养可直接或间接诱导孢子的形成，放线菌孢子培养温度一般为 28℃，培养时间为 5～14 天。培养基含碳源和氮源不应过于丰富，碳源过多（>1%）容易造成酸性环境，不利于放线菌的孢子繁殖；氮源过多（>0.5%）有利于菌丝繁殖而不利于孢子形成。如灰色链球菌在葡萄糖、硝酸盐的培养基上能很好地生长和产孢子，而加入 0.5% 酵母膏或酪蛋白后就只长菌丝而不长孢子。

放线菌发酵生产的工艺流程表示如下。

（1）保存菌种→母斜面（孢子）→子斜面（孢子）→种子罐→发酵罐。

（2）保存菌种→母斜面（孢子）→摇瓶菌丝→种子罐→发酵罐。

采用哪一种形式的斜面孢子接入种子罐进行培养，视菌种特性而定。采用母斜面孢子有利于防止菌种的变异，而采用子斜面孢子可节省菌种用量。

（三）细菌孢子制备

细菌的菌种一般保藏在冷冻干燥管内，产芽孢的芽孢杆菌有的也保存在砂土管中。细菌的斜面培养基多采用碳源限量而氮源丰富的配方，牛肉膏、蛋白胨常用作有机氮源。细菌的培养温度多数为 37℃，少数为 28℃。培养时间随菌种的不同而异，一般为 1～2 天，产芽孢的细菌需培养 5～10 天。

（四）孢子制备的技术要点

制备霉菌类孢子时，为便于挑选理想的菌落，母斜面上的菌落要求分散。挑单菌落种子斜面时，要挑取菌落中央部位的孢子。斜面制备大米孢子时，孢子悬液的浓度应适当，接种后将大米等固体培养基与孢子悬液混合均匀，待孢子生长成熟后，在真空下将水分含量抽至 10% 以下，密封后置 4℃ 冰箱中保存备用。放线菌类孢子的制备，灭菌后的培养基如有不溶解的原材料，应轻轻摇匀，注意不要产生气泡，经检查无杂菌和无冷凝水后备用。

二、种子制备

液体种子的制备是将固体培养基上培养出的孢子或菌体转入液体培养基中培养，使其繁殖成大量菌丝或菌体的过程。种子制备的目的是为发酵生产提供一定数量和质量的种子。种子制备所使用的培养基和工艺条件，要有利于孢子发芽和菌丝的繁殖。生产种子制备包括摇瓶种子制备和种子罐种子制备。

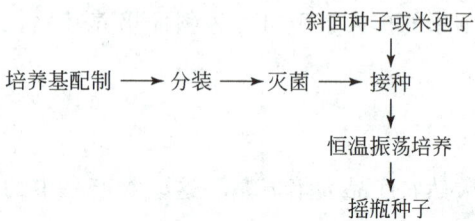

培养基配制 ⟶ 分装 ⟶ 灭菌 ⟶ 接种
斜面种子或米孢子
⟶
恒温振荡培养
↓
摇瓶种子

图 4 - 1 摇瓶种子制备流程

（一）摇瓶种子制备

某些孢子发芽和菌丝繁殖速度缓慢的菌种，需将孢子经摇瓶培养成菌丝后再进入种子罐，这种方法获得的液体种子，称作摇瓶种子。摇瓶种子可以在摇瓶中传代，第一代称作"母瓶"，第二代就叫作"子瓶"。母瓶或子瓶都可以作为生产上种子罐的种子。摇瓶种子制备流程如图 4 - 1 所示。

1. 培养基配制 摇瓶相当于微缩了的种子罐，培养基配方和培养条件都与种子罐相似。培养基成分要求比较丰富和完全，并易被菌体分解利用，氮源丰富有利于菌丝生长，原则上各种营养成分不宜过浓，子瓶培养基浓度比母瓶略高，更接近种子罐的培养基配方。此外，摇瓶种子在培养过程中因不便于调节 pH，所以在培养基成分的选择时应考虑培养过程中 pH 的稳定性，可以通过生理酸、碱性物质的平衡搭配及加入磷酸盐、碳酸钙等缓冲剂来调节。

2. 接种 摇瓶种子的接种方法包括斜面种子挖块法、米孢子粒计数接入法和菌悬液接种法。前两种接种法难以掌握一致的接种量，可能影响种子质量的稳定。因此最好采用菌悬液接种法，方法如下：向琼脂斜面培养物上加入无菌蒸馏水，将斜面种子或米孢子粒上的细胞或孢子洗下，制成细胞或孢子悬液，用无菌吸管接种至摇瓶种子培养基中。

3. 培养 摇瓶种子在恒温摇床上进行培养。摇床分旋转式和往复式，多采用旋转式。根据菌种不同的生长特性控制其在最适的温度和湿度环境下，同时设定一定的摇床转速，保证摇瓶种子具有较合适的溶解氧。

4. 保存 摇瓶种子最好培养成熟后立即使用，如暂时不用，需放置 4℃ 冰箱环境保存，时间最好小于 3 天。经过保存的摇瓶种子一般不用作生产种子，可用于摇瓶发酵实验或小型发酵罐实验。

（二）种子罐种子制备

种子罐的作用主要是使孢子发芽生长繁殖成菌（丝）体，接入发酵罐能迅速生长，达到一定的菌体数量和浓度，利于产物的合成。种子罐种子的制备工艺过程因菌种不同而异，一般可分为一级种子、二级种子、三级种子。孢子或者摇瓶菌丝接入体积较小的种子罐中，经过培养后形成大量的菌丝，该种子称为一级种子，把一级种子转入发酵罐内发酵，称为二级发酵。如果将一级种子接入体积较大的种子罐内，经过培养形成更多的菌丝，这样制备的种子称为二级种子；将二级种子转入发酵罐内发酵，称为三级发酵；依此类推，使用三级种子的发酵称为四级发酵。

种子罐的级数主要取决于菌种的性质、菌体生长速度及发酵罐的容积。孢子发芽和菌体开始繁殖时，菌体量很少，在小型罐内即可进行，而发酵时为了获得大量发酵产物，需要在大型发酵罐内进行。生长速度慢的菌种常常采用较多的发酵级数，如生产链霉素的灰色链霉菌，因菌种生长慢采取了四级发酵。同样的菌种，发酵罐的体积越大，需要的种子也越多，故需要较多级数的种子扩大培养，才能达到接种量的要求。

在种子制备过程中，需检查种子培养基、接种前菌体悬浮液和成熟种子液及发酵培养基是否有杂菌污染。在种子扩大培养过程中，需采用相似的培养基进行种子培养，这样可以保证整个培养过程菌种的旺盛生长。

即学即练 4 - 1

在种子的扩大培养过程中，以下属于生产菌种制备过程的是 （　　　　）

A. 霉菌孢子制备　　　　B. 放线菌孢子制备　　　　C. 细菌孢子制备

D. 摇瓶种子制备　　　　E. 种子罐种子制备

知识链接

青霉素生产的种子制备

青霉素是人类发现的第一种抗生素，青霉素生产菌种的制备是青霉素发酵过程的关键环节，最早发现产青霉素的菌种是点青霉菌，但其生产能力很低。1943 年成功分离了一株产黄青霉菌，在液体深层发酵中效价可达到 120U/ml。目前常用的菌种为产绿色孢子和产黄色孢子两种，按其在深层培养中菌丝的形态，可分为球状菌和丝状菌。国内青霉素生产厂大都采用绿色丝状菌。现介绍青霉素生产的种子制备，基本过程如下：

安瓿→斜面孢子→大米孢子→一级种子→二级种子→发酵

1. 斜面孢子

（1）培养基　甘油、葡萄糖、蛋白胨等。

（2）培养条件　25℃、7 天，相对湿度 50% 左右。

（3）培养基特点　有利于长孢子，用量少而精细。

2. 大米孢子

（1）培养基　大米及氮源（玉米浆）。

（2）培养条件　25℃、7 天，控制相对湿度。

（3）培养基特点　成本低、米粒之间结构疏松提高比表面积和氧的传质，营养适当（要求大米的白点小）有利于孢子的生长。

（4）大米孢子的要求　1 粒米含 1.4×10^6 个孢子。

3. 一级种子

（1）培养基　葡萄糖、乳糖、蔗糖、玉米浆。

（2）培养条件　27℃、40 小时。

（3）接种量　2.0×10^{10} 个孢子/吨。

（4）目的　菌体生长。

4. 二级种子

（1）培养基　同上。

（2）培养条件　27℃、10～14 小时。

（3）接种量　10% 。

任务二　生产菌种的质量控制

PPT

> **岗位情景模拟 4 – 1**
>
> **情景描述**　某制药企业发酵工正在进行庆大霉素发酵生产。目前，二级种子罐已经在34℃下运行33小时，准备进行转种，转种前取二级种子液样品进行种子质量分析，显微镜下观察菌丝粗壮，着色深，但菌丝量小。
>
> **讨　　论**　1. 如何分析种子质量与转种的关系？
>
> 　　　　　　2. 如果确定转种，需要如何控制接种量？
>
> 答案解析

种子质量是影响发酵生产水平的重要因素。种子质量的优劣，主要取决于菌体本身的遗传特性和培养条件两个方面。同时具备优良的菌种和良好的培养条件才能获得高质量的种子。

一、影响孢子质量的因素及其控制

孢子质量的优劣对发酵产量和产品质量有着很大的影响。影响固体孢子质量的因素通常包括培养基、培养温度、培养湿度、培养时间、冷藏时间和接种量等。应全面考虑各种因素，认真加以控制。

（一）培养基

生产过程中有时出现种子不稳定的现象，原因之一是构成孢子培养基所需的各种原材料质量不稳定造成的，培养基的产地、品种、加工方法以及用量对孢子质量都会产生一定的影响。原材料产地、品种和加工方法的不同，会导致培养基中微量元素和其他营养成分含量的变化。例如，由于产蛋白胨所用的原材料及生产工艺的不同，蛋白胨的微量元素含量、磷含量、氨基酸组分均有所不同，而这些营养成分对于菌体生长和孢子形成有重要作用；在四环素、土霉素的生产中，配制产孢子斜面培养基用的麸皮，因小麦产地、品种、加工方法及用量的不同对孢子质量产生很大的影响；无机离子含量不同，如微量元素 Mg^{2+}、Cu^{2+}、Ba^{2+} 能刺激孢子的形成，磷含量太多或太少也会影响孢子的质量。琼脂的牌号不同，对孢子质量也有影响，这是由于不同牌号的琼脂含有不同的无机离子。

配制培养基时需要用到大量的水，不同地区、季节变化和水源污染，均可造成水质波动，影响种子质量。为了避免水质波动对孢子质量的影响，可在蒸馏水或无盐水中加入适量的无机盐，供配制培养基使用。例如，在配制四环素斜面培养基时，有时可以在无盐水内加入 0.03% $(NH_4)_2HPO_4$、0.028% KH_2PO_4 及 0.01% $MgSO_4$ 以确保孢子质量，提高四环素发酵产量。

此外，菌种在固体培养基上可呈现多种不同代谢类型的菌落，氮源品种越多，出现的菌落类型也就越多，不利于生产的稳定。斜面培养基上用较单一的氮源可抑制某些不正常型菌落的出现，而对分离筛选的平板培养基则需加入较复杂的氮源，使其多种菌落类型充分表现，以利于筛选。

避免培养基对菌种质量影响的方法：培养基所用原料糖、氮、磷的含量需经过化学分析及摇瓶发酵试验合格后才能使用。严格控制灭菌后培养基的质量；斜面培养基使用前，需在适当温度下放置一定时间，使斜面无冷凝水呈现，水分适中有利于孢子成长；供生产用的孢子培养基要求比较单一的氮源，而选种或分离用的培养基则用较复杂的有机氮源。

（二）培养条件

1. 温度　对多数品种斜面孢子质量有显著的影响。微生物的生长温度和最适温度是不同的，微生物能在一个较宽的温度范围内生长。但是，要获得高质量的孢子，其最适温度区间很狭窄。一般来说，提高培养温度，可使菌体代谢活动加快，缩短培养时间，但是，菌体的糖代谢和氮代谢的各种酶类对温度的敏感性是不同的。因此，培养温度不同，菌的生理状态也不同，如果不是用最适温度培养的孢子，其生产能力就会下降。不同的菌株要求的最适温度不同，需经实践确定。例如，土霉素产生菌龟裂链霉菌斜面最适温度为 36.5～37℃，如果高于 37℃，则孢子成熟早，易老化，接入发酵罐后就会出现菌丝对糖、氮利用缓慢，氨基氮回升提前，发酵产量降低等现象。培养温度控制低一些，则有利于孢子的形成。如先将龟裂链霉菌斜面放在 36.5℃ 培养 3 天，再放在 28.5℃ 培养 1 天，所得的孢子数量比在 36.5℃ 培养 4 天所得的孢子数量增加 3～7 倍。

2. 湿度　制备斜面孢子，培养基的湿度对孢子的数量和质量有较大的影响。空气中相对湿度高时，培养基内的水分蒸发少；相对湿度低时，培养基内的水分蒸发多。例如，在我国北方干燥地区，冬季由于气候干燥，空气相对湿度偏低，斜面培养基内的水分蒸发得快，致使斜面下部含有一定水分，而上部易干瘪，这时孢子长得快，且从斜面下部向上长。夏季空气相对湿度高，斜面内水分蒸发得慢，这时斜面孢子从上部往下长，下部常因积存冷凝水，致使孢子生长得慢或孢子不能生长。实验表明，在一定条件下培养斜面孢子时，需根据不同的地方采取不同的湿度控制，通常在北方相对湿度控制在 40%～45%，而在南方相对湿度控制在 35%～42%，所得孢子质量较好。

而不同的菌种对湿度的要求又有所不同，一般来说，真菌对湿度要求偏高，而放线菌对湿度要求偏低。在培养箱培养时，如果相对湿度偏低，可放入盛水的平皿，提高培养箱内的相对湿度。为了保证新鲜空气的交换，培养箱每天宜开启几次，以利于孢子生长。现代化的培养箱是恒温、恒湿并可换气的，不用人工控制。

孢子培养的最适培养温度和湿度是相对的，当相对湿度、培养基组分不同时，微生物的最适温度也有所改变。孢子培养的温度、培养基组分不同时也会影响微生物培养的最适湿度。

3. 培养时间和冷藏时间　当丝状菌在斜面培养基上的生长发育处于基质菌丝和气生菌丝阶段，因其内部的核物质和细胞质处于流动状态，如果把菌丝断开，菌丝片段之间的内在质量是不同的，核粒的分布不均匀，因此该阶段的菌丝不适宜菌种保存和传代。而当发育到孢子阶段，因孢子的遗传物质是完整的，因此孢子保存和传代能保持原始菌种的基本特征。孢子的培养时间一般选择在孢子成熟阶段时终止培养，此时显微镜下可见到成串孢子或游离的分散孢子，如果继续培养，则进入斜面衰老菌丝自溶阶段，表现为斜面外观变色、发暗或黄、菌层下陷，有时出现白色斑点或发黑。白斑表示孢子发芽长出第二代菌丝，黑色显示菌丝自溶。孢子的培养时间对孢子质量有重要影响，过于年轻的孢子经不起冷藏，如土霉素菌种斜面培养 4.5 天，孢子尚未完全成熟，冷藏 7～8 天菌丝即开始自溶。而培养时间延长半天（培养 5 天），孢子完全成熟，可冷藏 20 天也不自溶。过于衰老的孢子会导致生产能力下降，孢子的培养时间应控制在孢子量多、孢子成熟、发酵产量正常的阶段终止培养。

孢子质量也受冷藏时间影响。总的原则是冷藏时间宜短不宜长。如在链霉素生产中，斜面孢子在 6℃ 冷藏 2 个月后的发酵单位比冷藏 1 个月的低 18%，冷藏 3 个月后则降低 35%。

（三）接种量

制备孢子时的接种量要适中，接种量过大或过小均会对孢子质量产生影响。因为接种量的大小影响在一定量培养基中孢子的个体数量的多少，进而影响菌体的生理状态。当接种后菌落均匀分布整个斜面、隐约可分菌落者为正常接种。如接种量过小则斜面上长出的菌落稀疏，接种量过大则斜面上菌落密集一片。一般传代用的斜面孢子要求菌落分布较稀，适于挑选单个菌落进行传代培养。接种摇瓶或进罐的斜面孢子，要求菌落密度适中或稍密，孢子数达到要求标准。一般一支高度为20cm、直径为3cm的试管斜面，丝状菌孢子数要求达到10^7个以上。

接入种子罐的孢子接种量对发酵生产也有影响。例如，青霉素产生菌之一的球状菌的孢子数量对青霉素发酵产量影响极大，若孢子数量过少，则进罐后长出的球状体过大，影响通气效果；若孢子数量过多，则进罐后不能很好地维持球状体。

为了获得高质量的孢子，除了以上因素外，还需要保证菌种的质量。一般来说，保存的菌种每过一年都应进行一次自然分离，筛选出形态、生产性能好的单菌落接种孢子培养基；制备好的斜面孢子，要经过摇瓶发酵试验，合格后才能用于发酵生产。

二、影响种子质量的因素及其控制

影响种子质量的因素包括孢子质量、培养基、培养条件、种龄和接种量等。摇瓶种子的质量主要以外观颜色、效价、菌丝浓度或黏度以及糖氮代谢、pH 变化等为指标，指标符合要求方可进罐。种子制备不仅是要提供一定数量的菌体，更为重要的是要为发酵生产提供适合发酵、具有一定生理状态的菌体。种子的质量是发酵正常进行的重要因素之一。

（一）培养基

种子培养基原材料质量的控制与孢子培养基原材料质量的控制相似。种子培养基应满足下列要求：①培养基的营养成分应适合种子培养的需要；②选择有利于孢子发芽和菌丝生长的培养基；③营养上易于被菌体直接吸收和利用；④营养成分要适当的丰富和完全，氮源和维生素含量较高，这样可以使菌丝粗壮并具有较强的活力；⑤培养基的营养成分要尽可能和发酵培养基接近，这样的种子一旦移入发酵罐后就能比较容易地适应发酵罐的培养条件，尽量缩短延滞期。延滞期缩短的原因是由于参与细胞代谢活动的酶系在种子培养阶段已经形成，而不需要花费时间另建适宜新环境的酶系。

发酵的目的是获得尽可能多的发酵产物，其培养基一般比较浓，而种子培养基以略稀薄为宜。种子培养基的pH 要比较稳定，以适合菌的生长和发育。pH 的变化会引起各种酶活力的改变，对菌丝形态和代谢途径影响很大。

（二）培养条件

种子培养应选择最适温度。孢子萌发的时间在一定温度范围内随温度的上升而缩短。微生物不管处于哪种生长阶段，如果培养温度超过其最高生长温度，都会造成微生物死亡，而培养的温度低于生长温度，则细胞生长会受到抑制。每种微生物生长都有其最高的生长温度和最低生长温度。生产上为了使种子罐的培养温度控制在一定范围，常在种子罐上装有热交换设备，如夹套、排管或蛇形管等进行温度调节，冬季还要对所通的无菌空气预先加热。

培养过程中通气和搅拌的控制很重要，不同微生物生长要求的通气量不同，即使同一菌株，在各级种子罐或者同级种子罐的各个不同时期的需氧量也不同，应区别控制，一般前期需氧量较少，后期需氧量较多，应适当增大供氧量。通气可以供给大量的氧，而搅拌能使通气的效果更好。通过通气和搅拌，新鲜氧气可以更好地和培养液混合，保证氧气最大限度的溶解，搅拌促进热交换，有助于整个培养液的温度一致，也有利于营养物质和代谢产物的分散。在青霉素生产的种子制备过程中，充足的通气量可以提高种子质量。例如，将通气充足和通气不足两种情况下得到的种子都接入发酵罐内，它们的发酵单位可相差一倍。但是，在土霉素发酵生产中，一级种子罐的通气量小一些对发酵有利。通气搅拌不足可引起菌丝结团、菌丝黏壁等异常现象。

生产过程中，有时种子培养会产生大量泡沫而影响正常的通气搅拌。培养中形成发泡的原因很多，除了通气和搅拌会导致泡沫的产生，培养基中某些成分的变化、微生物代谢活动产生的气泡等都会形成泡沫。培养中的消泡措施，主要有化学方法和机械消泡，消泡后可以增加装料量、提高设备利用率，由于代谢过程发酵气体的及时排除，有利于生物合成。

对青霉素生产的小罐种子，可采用补料工艺来提高种子质量，即在种子罐培养一定时间后，补入一定量的种子培养基，结果种子罐随罐体积增加，种子质量也有所提高，菌丝团明显减少，菌丝内积蓄物增多，菌丝粗壮，发酵单位增高。

（三）种龄

种子培养时间称为种龄。种龄明显影响发酵过程的进行。在种子罐内，随着培养时间延长，菌体量逐渐增加。但是菌体繁殖到一定程度，由于营养物质消耗和代谢产物积累，菌体量不再继续增加，而是逐渐趋于老化。由于菌体在生长发育过程中，不同生长阶段的菌体的生理活性差别很大，接种种龄的控制就显得非常重要。种龄过长或过短，会延长发酵周期，也会降低产量。因此必须严格掌握种子的种龄。

在工业发酵生产中，一般都选在生命力最旺盛的对数生长期，菌体量尚未达到最高峰时移种，此时的种子能很快适应环境，生长繁殖快，大大缩短了在发酵罐中的调整期，提高了发酵罐的利用率。如果种龄控制不适当，种龄过于年轻的种子接入发酵罐后，往往会出现前期生长缓慢、泡沫多，发酵周期延长以及因菌体量过少而菌丝结团，引起异常发酵等；而种龄过老的种子接入发酵罐后，则会因菌体老化而导致生产能力衰退。在土霉素生产中，一级种子的种龄若相差 2~3 小时，转入发酵罐后菌体的代谢就会有明显的差异。最适种龄因菌种不同而有很大的差异，同一菌种的不同罐批培养相同的时间，得到的种子质量也不完全一致，因此最适的种龄应通过多次试验，特别要根据本批种子质量来确定。

（四）接种量

移入的种子液体积和接种后培养液体积的比例称为接种量。接种量的大小直接影响发酵周期，大量地接入成熟的菌种，可以缩短生长过程的延滞期，缩短发酵周期，提高设备利用率，并有利于减少染菌的机会。接种量影响延滞期的原因，是由于在大量接种过程中把微生物生长和分裂所必需的代谢物一起带进了发酵培养基，从而有利于微生物立即进入对数生长阶段。但是，如果培养基内的营养物对细胞生长适宜，则接种量的影响较小。但接种量过大也没有必要，不仅增加了发酵成本，而且过多移入的代谢废物会影响正常发酵的进行。

发酵罐的接种量的大小与菌种特性、种子质量和发酵条件等有关。不同的微生物其发酵的接种量是不同的。如制霉菌素发酵的接种量为 0.1%~1.0%，肌苷酸发酵接种量为 1.5%~2.0%，霉菌的发酵接种量一般为 10%，多数抗生素发酵的接种量为 7%~15%，有时可加大到 20%~25%。

近年来，生产上多以大接种量和丰富培养基作为高产措施。如谷氨酸生产中，采用高生物素、大接种量、添加青霉素的工艺。为了加大接种量，有些品种的生产采用双种法、倒种法和混种进罐。双种法即两个种子罐的种子接入一个发酵罐。倒种法即以适宜的发酵液倒出一部分对另一发酵罐作为种子。混种进罐即以种子液和发酵液混合作为发酵罐的种子。以上三种接种方法运用得当，有可能提高发酵产量，但是其染菌机会和变异机会也随之增多。

知识链接

种子扩大培养过程对规模化生产的影响

我国为提高核心技术生产力，加强科技创新能力，聚焦生物发酵工艺生产等前沿领域，努力延伸发酵工艺生产研究的触角，具有前瞻性、战略性的重大科技强国意义。

类人胶原蛋白是利用基因工程技术经过高密度发酵、分离、复性、纯化工艺生产的一种高分子生物蛋白，有促进细胞生长的功效，0.1%类人胶原蛋白可促进成纤维细胞和上皮细胞的生长，其作用明显优于0.1%维生素C和0.1%明胶。因此广泛应用于医学领域。我国科学家为了建立最优的类人胶原蛋白的种子扩大培养过程，考察了三级种子培养过程中不同移种阶段和不同种子培养基对发酵过程的影响，结果显示，在对数期后期移种，类人胶原蛋白产量最高，当种子培养基中葡萄糖质量浓度为20g/L时，类人胶原蛋白平均产率最高。

由此可见，培养基和种龄对于种子的扩大培养非常重要。种子制备是发酵制药工艺的关键步骤，其质量和数量极为重要，要求我们具备先进的种子生产技术。

（五）种子质量标准

不同产品、不同菌种以及不同工艺条件的种子质量有所不同，判断种子质量的优劣需要丰富的实践经验，发酵工业生产上常用的种子质量标准主要包括如下几个方面。

1. 种子的生长状况　菌体浓度直接反映菌体的生长情况。菌体浓度的测定可以衡量产生菌在整个培养过程中菌体量的变化，一般前期菌体浓度增长很快，中期菌体浓度基本恒定。菌体浓度的测定方法包括离心沉淀、培养液光密度测定、培养液黏度测定、细胞质量和细胞计数等。

菌体形态也是种子质量的重要指标。菌体形态可通过显微镜观察来确定，以单细胞菌体为种子的质量要求是菌体健壮、菌形一致、均匀整齐，有的还要求有一定的排列或形态。以霉菌和放线菌为种子的质量要求是菌体粗壮、对某些染料着色力强、生产旺盛、菌丝分支情况和内含物情况良好。

2. 生化指标　测定种子液的糖、氮、磷含量的变化和pH变化是菌体生长繁殖、物质代谢的反映，不少产品的种子液质量以这些物质的利用情况及变化为指标。

3. 产物生成量　在培养过程中，产生菌的合成能力和产物积累情况都要通过产物量的测定来了解，产物浓度直接反映了生产的状况，是发酵控制的重要参数，如采用抑菌环法测定抗生素的含量。

4. 特殊酶活力　种子液中某种关键酶的活力与目的产物的产量有直接的关系。因此酶活力的大小，直接反映了种子质量的好坏，测定种子液中某种酶的活力，可以作为判断种子质量的标准。如土霉素生产的种子液中的淀粉酶活力与土霉素发酵单位有一定的关系，因此种子液淀粉酶活力可作为判断该种子质量的依据。国际上规定，在25℃、最适的底物浓度、最适的缓冲液离子强度和最适的pH等条件下，每分钟能转化1μmol底物的酶定量为一个活性单位。

（六）种子异常分析

在生产过程中，种子质量受各种各样因素的影响，种子异常的情况时有发生，会给发酵带来很大的困难。种子异常往往表现为菌种生长发育缓慢或过快、菌丝结团、菌丝黏壁三个方面。

1. 菌种生长发育缓慢或过快　与孢子质量以及种子罐的培养条件有关。生产中，通入种子罐的无菌空气温度较低或培养基的灭菌质量较差，是种子生长、代谢缓慢的主要原因。

2. 菌丝结团　在液体深层培养条件下，繁殖的菌丝并不分散舒展而聚成团状形成菌丝团。这时从培养液的外观就能看见白色的小颗粒，菌丝聚集成团会影响菌的呼吸和对营养物质的吸收。如果种子液的菌丝团较少，种子液投入发酵罐后，在良好的条件下，少量的菌丝团可以在发酵罐中逐渐消失。如果菌丝团较多，种子液移入发酵罐后往往形成更多的菌丝团，从而影响发酵的正常进行。菌丝结团和搅拌效果差、接种量小有关，一个菌丝团可由一个孢子生长发育而来，也可由多个菌丝体聚集一起逐渐形成。

3. 菌丝黏壁　是指在种子培养过程中，由于搅拌效果不好，泡沫过多以及种子罐装料系数过小等原因，使菌丝逐步黏在罐壁上。其结果是培养液中菌丝浓度减少，最后可能形成菌丝团。菌丝黏壁的原因是搅拌效果不好，搅拌时泡沫过多，以及种子罐的装料系数过小等。以真菌为产生菌的种子培养过程中，发生菌丝黏壁的机会较多。

即学即练 4 - 2

在种子的扩大培养过程中，培养条件会影响固体孢子质量，以下与其相关的是（　　　）

A. 培养基　　　B. 培养温度　　　C. 培养湿度　　　D. 培养时间　　　E. 接种量

答案解析

实训十　米曲霉固体发酵生产蛋白酶

一、实验目的

1. 掌握　固体培养微生物的原理和技术；蛋白酶活性的分析方法。

2. 熟悉　固态三角瓶培养米曲霉的过程。

二、实验原理

米曲霉（Aspergillus oryzae）是生产碱性蛋白酶的优良菌株之一。米曲霉属于曲霉菌，菌落初为白色、黄色，继而变为黄褐色至淡绿褐色，反面无色。米曲霉具有丰富的蛋白酶系，能产生酸性、中性和碱性蛋白酶，其稳定性能高，能耐受高温，广泛应用于医药、食品等工业。本实验利用米曲霉固体发酵生产蛋白酶，对米曲霉固态发酵生产工艺进行研究。

三、实验器材及材料

1. 菌种　米曲霉。

2. 培养基和溶液

（1）试管斜面培养基

1）豆饼浸出汁　200g 豆饼，加水 1000ml，浸泡 4 小时，煮沸 3～4 小时，纱布自然过滤。每 100ml 浸出汁加入可溶性淀粉 2g，磷酸二氢钾 0.1g，硫酸镁 0.05g，硫酸铵 0.05g，琼脂 2g，121℃，灭菌 30 分钟。

2）马铃薯培养基　马铃薯 400g，加水 2000ml，煮沸 15 分钟后，4 层纱布过滤，加入葡萄糖 40g，琼脂 15～20g，加水至 2000ml，121℃，灭菌 30 分钟。

（2）锥形瓶培养基（米曲酶培养基）

1）麸皮40g，面粉10g，水40ml。装料厚度：1cm左右，121℃，灭菌30分钟。

2）豆粕粉40g，麸皮36g，水44ml。装料厚度：1cm左右，121℃，灭菌30分钟。

（3）0.02mol/L，pH 6.0的无菌磷酸缓冲液。

（4）0.02mol/L，pH 7.5的无菌磷酸缓冲液。

（5）标准酪氨酸溶液（100μg/ml）　精确称取在105℃烘箱中烘至恒重的酪氨酸0.1000g，逐步加入6ml 1mol/L盐酸使溶解，用0.2mol/L盐酸定容至100ml，其浓度为1000μg/ml，再吸取此液10 ml，以0.2mol/L盐酸定容至100ml，即配成100μg/ml酪氨酸溶液。此溶液配成后也应及时使用或放入冰箱内保存，以免繁殖细菌而变质。

（6）碳酸钠溶液（0.4mol/L）　称取无水碳酸钠，（Na_2CO_3）42.4g，定容至1000ml。

（7）福林试剂（mol/L）　于2000ml磨口回流装置内，加入钨酸钠（$Na_2WO_4 \cdot 2H_2O$）100g，钼酸（$Na_2MoO_4 \cdot 2H_2O$）25g，蒸馏水700ml，85%磷酸50ml，浓盐酸100ml，文火回流10小时。取去冷凝器，加入硫酸锂（Li_2SO_4）50g，蒸馏水50ml，混匀，加入几滴液体溴，再煮沸15分钟，以驱逐残溴及除去，颜色溶液应呈黄色而非绿色。若溶液仍有绿色，需要再加几滴溴液再煮沸除去。冷却后定容至1000ml，用细菌漏斗过滤，置于棕色瓶中保存。此溶液使用时加2倍蒸馏水稀释，即成已稀释的福林试剂。

3. 仪器及器皿　恒温培养箱、超净工作台、分光光度计、显微镜、水浴锅、比重计、漏斗架、玻璃棒、三角瓶、茄形瓶、无菌漏斗、试管等。

四、实验内容

1. 菌悬液的制备　取保藏菌种在斜面培养基中30℃培养5天，将菌种活化。然后将孢子洗至装有1ml 0.1 mol/L，pH 6.0无菌磷酸缓冲液的三角瓶中，在30℃振荡30分钟，过滤，制成孢子悬液，调其浓度为$10^6 \sim 10^8$个/ml，备用。

2. 接种　用无菌移液管吸取米曲酶孢子液1~2环接入三角瓶培养基中，28℃培养20小时后，菌丝应长满培养基。

3. 固体培养　在28℃条件下，培养20小时后，第一次摇瓶，使培养基松散，之后每8小时检查一次，并且摇瓶，一般培养时间为72小时。

五、实验结果

（一）米曲霉蛋白酶活力的测定方法

1. 样品的制备　称取成曲5g，充分研碎，加入蒸馏水100ml，40℃水浴锅中不断搅拌20分钟，使其充分溶解，然后用纱布过滤，用适当的缓冲溶液进行稀释，稀释一定倍数（如10、20、30倍）。

2. 绘制标准曲线　取7支试管，用记号笔编号，按照表4-1加入试剂。

表4-1　标准曲线工作表

试剂	试管号						
	0	1	2	3	4	5	6
标准酪氨酸溶液（100μg/ml）	0	0.1	0.2	0.3	0.4	0.5	0.6
蒸馏水	1.0	0.9	0.8	0.7	0.6	0.5	0.4

续表

试剂	试管号						
	0	1	2	3	4	5	6
碳酸钙溶液 （0.4mol/L）	5	5	5	5	5	5	5
福林－酚试剂	1	1	1	1	1	1	1

以上各管摇匀，置于40℃恒温水浴锅中显色20分钟。

用分光光度计在波长660nm处测定OD值。

以光吸收值为纵坐标，以酪氨酸的浓度为横坐标，绘制标准曲线。

3. 蛋白酶活性的测定　取三支试管，每管分别加入1ml稀释酶液，置入40℃水浴中预热20分钟，在试验管中分别加入1ml 1%酪蛋白溶液，准确计时保温10分钟。立即加入2ml 0.4mol/L三氯醋酸（TCA）溶液，终止反应。继续保温15分钟后离心分离或用滤纸过滤。分别吸取1ml上清液，加5ml 0.4mol/L碳酸钠溶液，最后加入1ml福林－酚试剂，于40℃水浴中显色20分钟，用分光光度计测定660nm的OD值。

空白管中先加入2ml 0.4mol/L TCA溶液，再加1ml 2%酪蛋白溶液，15分钟后离心分离或用滤纸过滤。以下操作与平行试验管相同。

以空白管为对照，在660nm波长下测光密度，取其平均值。

知识链接

蛋白酶活力测定原理

蛋白酶种类繁多，不同蛋白酶的性质和催化反应条件各不相同，无法规定一个统一的测定方法。目前使用最多的有福林－酚法、紫外分光光度法和甲醛滴定法。以福林－酚法为例。福林试剂（磷钨酸与磷钼酸的混合物），在碱性情况下极不稳定，可被酚类化合物还原，而呈蓝色反应（钼蓝和钨蓝的混合物）。由于蛋白质或水解物中含有酚基的氨基酸（酪氨酸、色氨酸等）也发生这个反应，因此可以利用这个原理来测定蛋白酶活性的强弱，即以酪蛋白为作用底物，在一定pH与稳定条件下，同酶液反应经一定时间后，加入三氯乙酸以终止酶反应。并使残余的酪蛋白沉淀而与水解产物分开。过滤后，取滤液（含有蛋白水解产物的三氯乙酸液）用碳酸钠碱化。再加入福林试剂使之发色，比色测定（蓝色反应）光密度的变化。由于反应前后蓝色反应增加的强弱同溶解在三氯乙酸中蛋白水解产物的量成正比，因此可推测蛋白酶活性。

（二）结果结算

蛋白酶活力单位定义：取1克酶粉，在40℃，pH 7.2下，每分钟水解酪蛋白为酪氨酸的微克数。

$$样品蛋白酶活力单位 = (A \times 4n)/(10 \times 5)$$

式中，A为试验管的平均光密度；4为离心管中反应液总体积（毫升）；10为反应10分钟；n为稀释倍数。

六、重点提示

（1）水浴加热时应使整个液面都进入水中。

（2）试管不可太粗或太细，这样既好摇匀又好观察，且粗细一致。

目标检测

答案解析

一、单项选择题

1. 发酵工业生产的种子必须满足的条件不包括（ ）

    A. 生长活力强

    B. 能保持稳定的生产能力

    C. 菌体总量及浓度能满足发酵罐接种量的要求

    D. 不能长期保存

    E. 无杂菌污染

2. 影响固体孢子质量的因素包括（ ）

    A. 培养基、培养温度、培养湿度、培养时间和接种量

    B. 培养基、培养湿度、培养时间、冷藏时间和接种量

    C. 培养基、培养温度、培养湿度、培养时间、冷藏时间和接种量

    D. 培养温度、培养湿度、培养时间、冷藏时间和接种量

    E. 培养基、培养温度、培养湿度、培养时间和冷藏时间

3. 孢子的培养时间一般应选择在（ ）

    A. 年轻的孢子

    B. 衰老的孢子

    C. 孢子量多、孢子成熟、发酵产量正常的阶段

    D. 年轻和衰老的孢子都可以

    E. 任意时间的孢子都可以

4. 关于种子培养基，说法错误的是（ ）

    A. 种子培养基的营养成分应适合种子培养的需要

    B. 营养成分要适当的丰富和完全

    C. 氮源和维生素含量较高

    D. 培养基营养成分要高于发酵培养基

    E. 营养上易于被菌体直接吸收和利用

5. 影响种子质量的因素包括（ ）

    A. 孢子质量   B. 培养基   C. 种龄

    D. 接种量   E. 以上全是

二、多项选择题

1. 种子扩大培养的目的有（ ）

    A. 接种量的需要   B. 无菌的需要   C. 菌种驯化

    D. 缩短发酵时间   E. 规范生产的需要

2. 发酵工业上对种子的要求有（ ）

    A. 总量及浓度能满足要求

B. 生理状况稳定

C. 菌种活力强，移种发酵后能迅速生长

D. 无杂菌污染

E. 保持稳定的生产能力

3. 发酵级数确定的依据有（　　）

A. 级数受发酵规模的影响

B. 级数受菌体生长特性、接种量的影响

C. 级数越大，越易被污染和变异

D. 从发酵罐算起

E. 在发酵产品的放大中，发酵级数的确定是非常重要的一方面

4. 种子的质量要求有（　　）

A. 要求达到一定的浓度

B. 菌种形态

C. 合理的理化指标（C、N、P 的含量及 pH 等）

D. 无污染

E. 酶活性

5. 种子罐的级数主要取决于（　　）

A. 菌种的性质　　　　　B. 菌体生长速度　　　　　C. 种子罐的容积

D. 发酵罐的容积　　　　E. 菌种的质量

书网融合……

知识回顾　　　微课　　　习题

生物反应器是利用酶或生物体（如微生物）所具有的生物功能，在体外进行生化反应的装置系统，它是一种生物功能模拟机，如发酵罐、固定化酶或固定化细胞反应器等。在医药生产、酒类、浓缩果酱、果汁发酵、有机污染物降解方面有重要应用。

本项目主要介绍生物反应器的常见类型，各类型生物反应器的结构特点、操作与维护以及应用范围。

学习目标

1. **掌握**　机械搅拌式反应器与气升式反应器的结构特点及操作要点。
2. **熟悉**　固定床反应器的结构特点。
3. **了解**　鼓泡式反应器和膜反应器的特点。

岗位情景模拟 5-1

情景描述　发酵罐操作岗位要求上罐后设定通气量、搅拌速度和温度，培养过程中注意时刻关注 DO 值和 pH 的变化，每隔 1 小时取样测量 OD_{600} 值。种子罐和发酵罐在正常培养过程中要定期巡检风量、压力和气泡情况。

发酵罐操作岗位要保持一人在控制室调节，一人在外巡检，发现问题及时处理。发酵结束后，由值班班长和操作工共同到零米层进行阀门检查和放料操作，坚决杜绝有一人独立完成放料操作的现象发生。

讨　论　1. 发酵罐中的温度靠什么装置进行调节？

2. 一般通过什么手段对发酵罐中的 DO 值进行控制？

答案解析

反应器是实现反应过程中质量传递及热量传递的关键场所。生物反应器是借助生物细胞（死或活）或酶实现生物化学反应过程中质量与热量传递的主要场所。生物反应器必须从动量传递、热量传递和质量传递入手实现生物细胞生长和形成产物的各种适宜条件，促进生物细胞的新陈代谢，充分实现反应过程，以最小的原料消耗实现目标产物的有效积累。

生物化学反应过程不仅与反应本身的特性（细胞所具有的代谢过程或酶促反应特性）有关，而且与反应设备的特性（反应器的形式、结构、尺寸、操作方式等）有关。生物反应器提供生物反应所需的合适温度、pH、压力、溶解氧浓度、物料浓度等，因此反应器只有具有完善的上述参数的测量和控制系统，才使这些参数能维持在适当的范围内。

目前工业和科研上常用的生物反应器有机械搅拌反应器、鼓泡式反应器、气升式反应器、膜反应器、固定床和流化床反应器等。

任务一　机械搅拌式反应器 微课1

机械搅拌式反应器能适用于大多数生物反应过程，一般多用于间歇反应。它是利用机械搅拌器的作用，使空气和发酵液充分混合，促进氧的溶解，以保证供给微生物生长繁殖和代谢所需的溶解氧。这类反应器中比较典型的是通用式发酵罐及自吸式发酵罐。

一、结构特点

（一）通用式发酵罐

通用式发酵罐指既具有机械搅拌又有压缩空气分布装置的发酵罐，是形成标准化的通用产品，是工业发酵过程较常用的一类反应器，如图 5 - 1 所示。

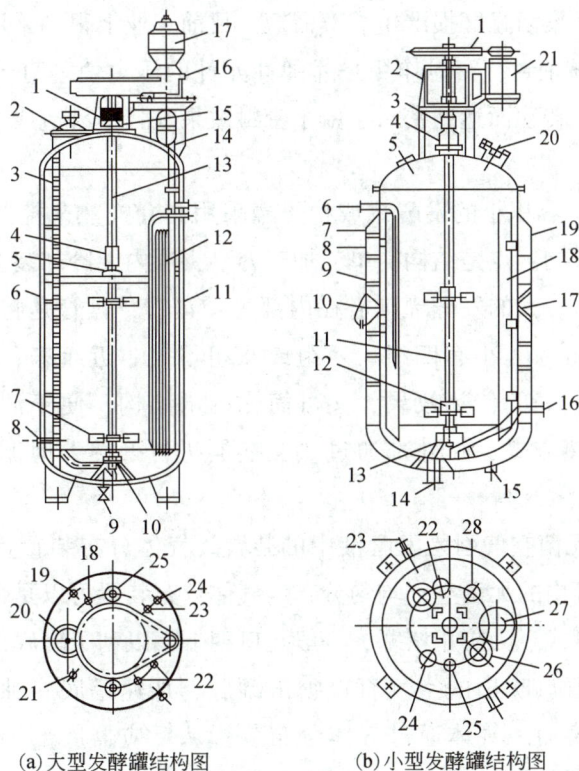

(a)大型发酵罐结构图　　(b)小型发酵罐结构图

图 5 - 1　通用式发酵罐结构示意图

1. 轴封；2，20. 人孔；3. 梯子；4. 联轴节；5. 中间轴承；6. 热电偶接口；7. 搅拌器；8. 通风管；9. 放料口；10. 底轴承；11. 温度计；12. 冷却管；13. 轴；14. 取样；15. 轴承栓；16. 三角皮带传动；17. 电动机；18. 压力表；19. 取样口；21. 进料口；22. 补料口；23. 排气口；24. 回流口；25. 窥镜

1. 三角皮带转轴；2. 轴承支柱；3. 联轴节；4. 轴封；5. 窥镜；6. 取样口；7. 冷却水出口；8. 夹套；9. 螺旋片；10. 温度计；11. 轴；12. 搅拌器；13. 底轴承；14. 放料口；15. 冷水进口；16. 通风管；17. 热电偶接口；18. 挡板；19. 接压力表；20，27. 人孔；21. 电动机；22. 排气口；23. 取样口；24. 进料口；25. 压力表接口；26. 窥镜；28. 补料口

反应器的基本结构包括罐体、轴封、搅拌装置、换热装置、挡板（通常为四块）、消泡装置、电动机与变速装置、气体分布装置，在罐体的适当部位设置溶氧电极、pH电极、CO_2电极、热电偶、压力表等检测装置，排气、取样、卸料和接种口，酸碱管道接口和入孔、补料/进料接口、视镜等部件。由于这种形式的罐是目前大多数发酵工厂最常用的，所以称为"通用式"。其容积为 $20 \sim 200m^3$，有的甚至可达 $50m^3$。

1. 罐体　其外形为圆柱形，罐体各部有一定比例，罐身高度一般为罐直径的 $1.5 \sim 4.0$ 倍。发酵罐为封闭式，一般都在一定罐压下操作，为承受灭菌时的蒸气压力，罐顶和罐底采用椭圆形或蝶形封头，中心轴向位置上装有搅拌器。为便于清洗和检修，发酵罐设有手孔或入孔，罐顶还有窥镜和灯孔以便观察罐内情况。此外，还有各式各样的接管，装于罐顶的接管有进料管、补料管、排气管、接种管和压力表接口管等；装于罐身的接管有冷却水进出口接管、空气口接管、温度和其他测控仪表的接口管。取样口则视操作情况装于罐身或罐顶。现在很多工厂在不影响无菌操作的条件下将接管加以归并，如进料口、补料口和接种口用一个接管，放料可利用通风管压出，也可在罐底另设放料口。

2. 轴封　作用是使固定的发酵罐与转动的搅拌轴之间能够密封，防止泄漏和杂菌污染。常用的轴封有填料函和端面轴封。

（1）填料函式轴封　是由填料箱体、填料底承套、填料压盖和压紧螺栓等零件构成，使旋转轴达到密封效果。由于容易渗漏及染菌且磨损严重、寿命短，目前工业上很少采用。

（2）端面轴封　又称机械轴封，密封作用是靠弹性元件的压力使垂直于轴线的动环和静环光滑表面紧密地相互配合，并做相对转动而达到密封。由于密封效果好且不易造成染菌，寿命较长，工业上采用较多。

3. 反应器中的传热装置　容积小的发酵罐或种子罐采用夹套换热来控制温度，夹套的高度比静止液面高度稍高即可。这种装置的优点是结构简单，加工容易，罐内无冷却装置，死角少，容易进行清洁灭菌工作，缺点是降温效果差。大的发酵罐则需在内部另加盘管，盘管是将竖式的蛇形管换热器分组安装于发酵罐内，根据罐的直径大小有四组、六组或八组不等。近年来，多将半圆形管子焊在发酵罐外壁上，这样既可以取得较好的传热效果，又可简化内部结构，便于清洗。对于大于 $100m^3$ 的工业发酵罐也有采用外循环换热方式，在外部通过热交换器进行换热，但循环易使发酵液起泡，造成冒罐跑液。

4. 气体分布装置　是将无菌空气引入发酵液中的装置。气体分布装置置于反应器底部最底层搅拌桨叶的下面，目的是使吹入罐内的无菌空气均匀分布。气体分布装置可以是带孔的平板、带孔的盘管或只是一根单管，常用的是单管式。为防止堵塞，一般孔口朝下，以利于罐底部分液体的搅动，使固形物不易沉积于罐底。为了防止管口吹出的空气直接喷击罐底，加速罐底腐蚀，在分布装置的下部装置不锈钢分散器，以延长罐底寿命。气体通过气体分布装置从反应器底部导入，自由上升直至碰到搅拌器底盘，与液体混合，在搅拌器转动、叶轮所提供的离心力作用下，从中心向反应器壁发生径向运动，并在此过程中分散。同时上升时被转动的搅拌器打碎成小气泡并与液体混合，加强了气液的接触效果。

5. 反应器中混合装置　物料的混合和气体在反应器内的分散靠搅拌和挡板实现。搅拌器使流体产生圆周运动；挡板可以加强搅拌，促进液体上下翻动，控制流型，并可防止由搅拌引起的中心大旋涡，即避免"打旋"现象。挡板长度为自液面起至罐底部止。搅拌的首要作用是打碎气泡，增加气－液接触面积，以提高气－液间传质速率。其次是为了使发酵液充分混合，使液体中的固形物料保持悬浮状态。搅拌器由搅拌轴及安装在轴不同截面上的叶轮构成，叶轮可分为轴流式叶轮和径向叶轮。轴流式叶轮的叶面通常与轴成一定角度，产生的流体流动基本轨道是平行于搅拌轴的。径向叶轮的叶面是平行于搅拌轴的，垂直于轴截面，使流体沿叶轮半径方向排出。

轴向流搅拌器的混合效果最好，但破碎气泡的效果最差，另外采用轴向搅拌器常引起振动。径向流搅拌器气液混合效果较好，好氧发酵中常采用。多数采用圆盘涡轮式搅拌器。为了避免气泡在阻力较小的搅拌器中心部沿着轴周边上升逸出，在搅拌器中央常带有圆盘。常用圆盘涡轮搅拌器有平叶、弯叶和箭叶三种，叶片数量一般为6个，少至3个，多至8个。对于大型发酵罐，在同一搅拌轴上需配置多个搅拌桨。搅拌轴一般从罐顶伸入罐内，但对容积100m³以上的大型发酵罐也可采用下伸轴。搅拌器由置于罐顶的搅拌电机以一定的转速驱动旋转，通过搅拌涡轮产生的液体旋涡及剪切力实现混合及气体的分散。

有些发酵罐在搅拌轴上装有耙式消泡桨，齿面略高于液面，消泡桨直径为罐径的80%～90%，以不妨碍旋转为原则。消泡桨作用是把泡沫打碎。也可制成封闭式涡轮消泡器，泡沫可直接被涡轮打碎或被涡轮抛出撞击到罐壁而破碎，常用于下伸轴发酵罐，消泡器装于罐顶。

6. 电机和变速箱　置于罐体之外。对于小型反应器，可以采用单相电驱动的电机，而大型反应器所用的一般均为三相电机。这是因为相同功率下后者的电流较小，因而发热量也相应较低。对于大型反应器，由于电机的转速一般高于搅拌转速，因此必须通过变速箱降低转速。为了实现搅拌速度控制，可采用可调速电机。

（二）自吸式发酵罐

自吸式发酵罐的结构大致上与机械搅拌式发酵罐相同。主要区别在于搅拌器的形状和结构不同。自吸式发酵罐使用的是带中央吸气口的搅拌器。搅拌器由从罐底向上伸入的主轴带动，叶轮旋转时叶片不断排斥周围的液体使其背侧形成真空，于是将罐外空气通过搅拌器中心的吸气管吸入罐内，吸入的空气与发酵液充分混合后在叶轮末端排出，并立即通过导轮向罐壁分散，经挡板折流涌向液面，均匀分布。空气吸入管通常用一端面轴封与叶轮接连，确保不漏气。

由于空气靠发酵液高速流动形成的真空自行吸入，气液接触良好，气泡分散较细，从而提高了氧在发酵液中的溶解速率。自吸式发酵罐吸入压头和排出压头均较低，需采用高效率、低阻力的空气除菌装置。其缺点是进罐空气处于负压，增加了染菌机会，其次是这类罐搅拌转速很高，有可能使菌丝被搅拌器切断，影响菌体的正常生长。所以在抗生素发酵上较少采用，但在食醋发酵、酵母培养方面有成功的实例。

二、附属设备

发酵罐的附属设备也指发酵罐的次要设备，包括视镜、进料和出料装置、补料装置等。视镜是用来观察发酵罐内部物料情况的装置，属于发酵罐的安全附件，主要由视镜底板、视镜玻璃、阀门组件等组成，按照用途分为窥视和照明视镜。进料、出料装置一般用于物料的投放与转移，发酵罐的一端一般设有进、出料口，发酵所用培养基通过投料装置从进料口流入发酵罐，而培养液从出料口流出进入产物收集或者分离环节。补料装置一般包括补料罐和配料罐，配料罐的出口经出料管路与补料罐的进料口相连，补料罐的出料口经管路连接蠕动泵进入发酵罐内。在分批补料发酵过程中，即需要使用补料装置。

三、操作与维护

机械搅拌式发酵罐在使用中的关键是要控制好相关调节装置，给微生物菌体以良好的生长及产物合成条件，减少染菌及不安全因素，提高发酵单位。生产通过控制搅拌器转速、冷却介质的量、空气流速来优化生产条件。

（一）搅拌

通过控制搅拌器的转速可以控制搅拌强度。一般在要求提高混合程度、强化供氧、减少菌丝结团、延长气体停留时间的时候可加强搅拌。另外，当空气流速增大时，搅拌器出现"气泛"现象，不利于空气在罐内的停留与分散，同时导致发酵液浓缩影响氧传递，生产上要提高发酵罐的供氧能力，采用提高搅拌功率、适当降低空气流速的方法。搅拌器在运转时若有异常声响，应立即停止运转进行检修。

（二）温度

发酵罐温度的控制通过调节冷却器冷却介质流量来实现，并可通过控制搅拌速率及通气量实现罐内温度分布。一般提高转速罐内温度分布较均匀，适当提高空气流速有利于温度均匀分布，但空气流速过高反而会引起"气泛"，不利于温度均匀分布。

（三）补料速率

补料速率是发酵控制的另外一个要点，合理控制补料量以满足生产代谢的需要及 pH 调节。一般生产上通过菌体浓度变化来决定补料量及供氧量。

（四）罐压

罐压是生产控制的主要因素，维持罐压（正压）可以防止外界空气中的杂菌侵入而避免污染，生产中通过控制冷却温度、进罐气量及排气阀开启度来控制罐压。一般温度高、进气量大、排气阀开启度小，罐压增大。

（五）润滑油量检查

搅拌的减速器必须经常检查润滑油量，发现油量不足需立即加油，定期更换减速器润滑油，以延长其使用寿命。

（六）电气设备

电器、仪表、传感器等电气设备严禁直接与水、汽接触，防止受潮。

（七）清洗与灭菌

设备停止使用时，应及时清洗干净，各进料管、补料管及取样管、排料管等也要用清水洗净，排尽发酵罐及各管道中的余水，松开发酵罐罐盖及入孔螺丝，防止密封圈产生永久变形。如果发酵罐暂时不用，则需对其进行空消，并排尽罐内及管道内的余水。

四、应用范围

机械搅拌式反应器的优点：混合性能好，传氧效率高，操作弹性大，制造成本和操作成本低，生产易于放大，可用于细胞高密度培养。缺点：搅拌功率大，能耗高，辅助设备多等。可发酵多种微生物，实际上，几乎所有的抗生素工业生产都使用这种发酵罐，如青霉素、链霉素、土霉素等，是生物制药大规模工业生产的主力设备。

任务二 鼓泡式反应器与气升式反应器 微课2

气升式生物反应器和鼓泡式反应器都是利用气体的喷射动能和液体的重度差引起气液循环流动，从而实现发酵液的搅拌、混合和溶氧，与机械搅拌发酵罐相比，气升式生物反应器和鼓泡式反应器具有结构简单，加工安装方便，密封性能好、杂菌传染机会小，功率消耗低等特点。

一、鼓泡式反应器

（一）结构特点

鼓泡式反应器是以气体为分散相，液体为连续相，涉及气-液界面的反应器（图5-2）。液相中常包含悬浮固体颗粒，如固体营养基质、微生物菌体等。鼓泡式反应器结构简单，易于操作，混合和传热性能较好，广泛用于生物工程行业，如乙醇发酵、单细胞蛋白发酵、废水及废气处理等。

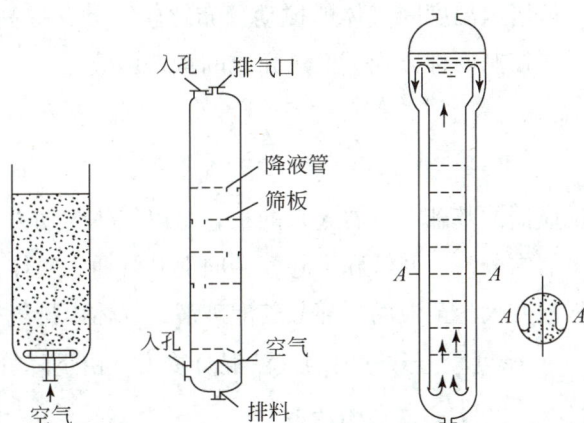

图5-2 鼓泡式反应器结构示意图

1. 鼓泡塔 鼓泡式反应器的高径比一般较大，也可称鼓泡塔。通常气体从反应器底部进入，经气体分布器（多孔管、多孔盘、烧结金属、烧结玻璃或微孔喷雾器）分布在塔的整个截面上均匀上升。空气分布器分为两大类：静态式（仅有气相从喷嘴喷出）和动态式（气液两相均从喷嘴喷出）。连续或循环操作时液体与气体以并流方式进入反应器，气泡上升速度大于周围液体上升速度，形成液体循环，促使气液表面更新，起到混合的作用。通气量较大或气泡较多时，应当放大塔体上部的体积，以利于气液分离。

鼓泡式反应器的优点：不需机械传动设备，动力消耗小，容易密封，不易染菌。缺点：不能提供足够高的剪切力，传质效率低，对于丝状菌，有时会形成很大的菌丝团，影响代谢和产物的合成。鼓泡塔内返混严重，气泡易产生聚并，故效率较低。

2. 筛板 鼓泡式反应器的性能可以通过添加一些装置得到调整，以适应不同的要求。例如添加多级筛板或填充物改善传质效果，降低返混程度，增加管道促进循环，以及改变空气分布器的类型等。对于装有若干块筛板的鼓泡塔，压缩空气由罐底导入，经过筛板逐级上升，气泡在上升过程中带动发酵液同时上升，上升后的发酵液又通过筛板上带有液封作用的降液管下降而形成循环。筛板的作用是使空气在罐内多次聚并与分散，降液管阻挡了上升的气泡，延长了气体停留时间并使气体重新分散，提高了氧的利用率，同时也促使发酵液循环。

（二）控制要点

1. 影响传质的因素 鼓泡式反应器操作中要有利于传质（气体氧的传递），同时要避免"气泛"现象。对低黏度液体，空塔气速不超过5cm/s时，称为安静区，气泡直径相当均匀，气泡群中的气泡以相同速度上升，不发生严重的聚并，相互间不易发生作用，称拟均匀流动，工业上通常要求在这样条件下操作，在这种状况下气液传递量随并行液体流速的增加而增加；当超过8cm/s时称湍动区，流速增大至液泛点以上，大气泡生成，产生非均匀流动，大气泡浮力大，它的上升引起液体在塔内的循环，称循环流状态，大气泡出现不利于氧的传递。高气速即高气泡密度时，会产生气泡的聚并现象。

黏度高的液体聚并速度高，甚至在很低的气体流速下可以观察到气泡的聚并，在低黏度溶液中，表面张力对气体分布器产生的初始气泡尺寸起着很重要的作用，在纯溶液中聚并的发生更快，而在电解质溶液和含杂质的液体中，可减少聚并的发生程度。另外，通过内循环或外循环、塔内设隔板等可使聚并减小到一定程度；发生聚并现象对气液之间的传质不利。

2. 发酵热交换方式 鼓泡塔生物反应器内传热通常采用两种方式：①夹套、蛇形管或列管式冷却器；②液体循环外冷却器。一般塔内温度因气体的搅动分布比较均匀，提高气速可适当提高给热系数，利于热量移除。温度调节可通过控制两种方式下换热介质的量来调节。

二、气升式反应器

气升式反应器是在鼓泡反应器的基础上发展起来的，它是以气体为动力，靠导流装置的引导，形成气液混合物的总体有序循环。器内分为上升管和下降管，向上升管通入气体，使管内气含率升高，密度变小，气液混合物向上升，气泡变大，至液面处部分气泡破裂，气体由排气口排出，剩下的气液混合物密度较上升管内的气液混合物大，由下降管下沉，形成循环。

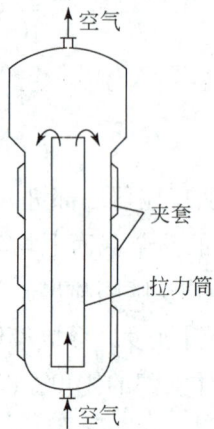

图5-3 气升式反应器结构示意图

（一）结构特点

典型的气升式发酵罐结构如图5-3所示。

1. 罐体 气升式发酵罐为一细长罐体，高径比 H/D 在（10:1）~（40:1）之间。因这种发酵罐完全依靠气体推动产生搅拌作用，强度比机械搅拌小，较高的罐体能使气体在罐内与液体的接触时间较长，提高氧气利用率。

2. 导流筒 又称拉力筒，一般为圆形，在罐体内中心位置，导流筒直径与罐体直径之比一般在0.59~0.75之间时罐内气液混合传递效果较好。导流筒的作用是当气体通入导流筒内时，其内外液体产生密度差，驱动液体向上循环，产生搅拌效果。

3. 气体分布器 在导流筒底部，作用是尽量将气体平均分布于导流筒。由于密度较小，气体进入导流筒后向上运动带动液体循环，同时进行气液接触。气体分布器的形式与通用发酵罐无大的区别。

4. 气液分离段（扩展段） 在气升式发酵罐上部，有一段直径稍大，通常称为扩展段，作用是气液分离，防止罐内液体被带出，因此，又称为气液分离段。气液混合物进入扩展段后由于直径突然扩大引起向上的速度降低，液体便从气体中沉降下来并沿导流筒外侧环形空隙下降。另外，扩展段内还常加装消泡装置，比如挡板等，也产生气液分离效果。

5. 气体进出口 一般情况下，气体从底部经分配器进入导流筒，经扩展段气液分离后从上部引入，也有气体从中间进入或上部进入，因为制药行业应用较少，不再详细介绍，可参照相关资料。

气升式反应器不需要搅拌，借助于气体本身能量达到气液混合搅拌及循环流动。因此，通气量及气压头较高，空气净化工段负荷增加，对于黏度较大的发酵液，溶解氧系数较低。因此，不适于固形物含量高、黏度大的发酵液或培养液。气升式反应器既能使发酵液（培养液）充分均匀，又能使气体充分分散，而且没有机械剪切力，适合于动植物细胞的培养。

根据上升筒和下降筒的布置，可将气升式反应器分为两类：①内循环式，上升管和下降筒都在反应器内，循环在器内进行，结构紧凑，如图5-4（a）所示，多数内循环反应器内置同心轴导流筒，也有内置偏心导流筒或隔板的；②外循环式，通常将下降筒置于反应器外部，以便加强传热，如图5-4（b）所示。

气体导入方式基本可归纳为鼓泡和喷射两种形式。鼓泡形式常用气体分布器，气体分布器有单孔的、环形的，也有采用分布板的；喷射式通常是气液混合进入反应器，有径向流动及轴向流动。

有些气升式反应器为降低循环速度和提高气液分散度在上升管内增加塔板或为均匀分布底物和分散发酵热，沿上升管轴向增加多个底物输入口。

气升式反应器的优点：具有比其他生物反应器更强的抗杂菌污染的能力，流动性也更为均匀，且反应器本身结构简单，不具反应液泄漏点，且卫生死角操作费用也很低。缺点相对来说较少，主要是高密度培养时混合不够均匀。

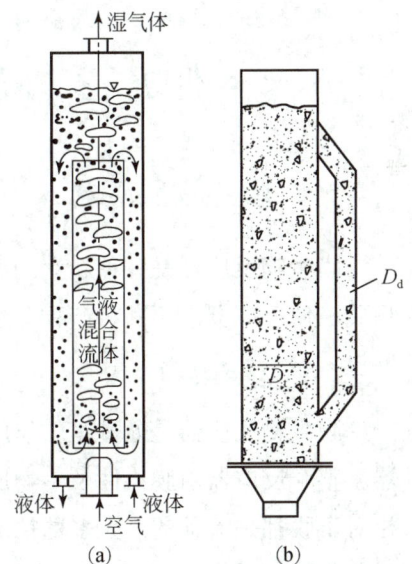

图5-4 气升式反应器内循环式（a）和外循环式（b）

（二）控制要点

（1）气升式反应器要合理控制气含率。气含率是指反应器内气体所占有效反应体积的百分率，气含率太低，氧传递不够；气含率太高，使反应器利用率降低，泡沫层高，有时还会影响生物过程。气升式反应器中各处的气含率是不同的，特别是较高的反应器，由于液体静压不同，气含率沿轴向发生变化。气含率除受气体分布器及喷嘴的形式影响外，还受气速和液速的影响。一般气体流速提高气含率升高，液体流速增加气含率降低。

（2）在气升式反应器中混合时间对反应器效率有很大影响，混合时间随气体在上升筒中的气速的增加而减小，随反应器体积增加而增大。另外也受反应器内导流筒的影响（如导流筒离液面的距离等），混合时间过短，不利于传质；混合时间过长，传质量不一定会有明显提高，反而使生产能力下降。

三、应用范围

气升式反应器是在鼓泡式反应器结构的基础上改进而来的。气升式反应器结构新颖，可用于抗生素、酶制剂、有机酸、生物农药、食用菌、单细胞蛋白生产等领域。

气升式生物反应器用于高生物量的霉菌或放线菌培养，能满足高生物量对溶氧水平的高要求。另外，由于以气体作混合与传质的动力，气液能量传递在瞬间完成，这对像丝状菌等对剪切力敏感菌体培养的影响远小于"通用式"机械搅拌罐。

气升式生物反应器用于高黏度培养物发酵，能利用高黏度拟塑性发酵液剪切变稀的流变性质，大幅度降低其表观黏度，提高传质速率和溶氧水平。同时，发酵液在反应器中做整体循环，宏观混合较好，不会产生传统的机械搅拌发酵罐中高黏度物料在远离搅拌桨的近壁区常出现的滞流边界层，特别是在挡板后面不会形成静止区或滞流区，该区的气体通过罐中心形成的倒漏斗形通道逃逸而不能均匀地和液体混合。气升式生物反应器用于黄原胶、灵芝多糖等多种微生物多糖的工业生产，能显著缩短发酵周期，提高多糖产率。

任务三　膜生物反应器及其他生物反应器 <u>e</u> 微课3

PPT

一、膜生物反应器

膜生物反应器是一种新兴的反应设备，利用选择性渗透膜制作。这种膜可以选择性地透过某种化学物质，使反应器能不断将产物分子移出，留下反应物继续反应，因此，产率不受化学平衡常数的限制。

（一）结构特点

膜生物反应器是通过膜的作用，使反应和产物分离同时进行。这种反应器也称反应和分离偶合反应器，整个反应器由膜组件及生物反应器两部分组成。这类反应器无论是否间歇操作，其底物流和产物流相对于膜都是流动的。大多数情况下底物流和产物流是连续输入和排出的，但也有间歇投入底物和间歇收获产物的操作方法。

膜生物反应器可以根据生物介质的存在状态、液相数目、膜组件形式等的区别，分为不同的类型。

1. 根据生物介质的存在状态分类　可将膜反应器分为游离态和固定化生物介质膜反应器。

（1）游离态生物介质膜反应器　生物介质均匀地分布于反应物相中，酶促反应在接近动力学的状态下进行，但生物介质易发生剪切失活或泡沫变性，装置性能受浓差极化和膜污染的显著影响。

（2）固定化生物介质膜反应器　生物介质通过吸附、交联、包埋、化学键合等方式被"束缚"在膜上，生物介质装填密度高，反应器稳定性和生产能力高，产品纯度和质量好，废物量少。但生物介质往往分布不均匀，传质阻力也较大。

2. 根据液相数目分类　可将膜反应器分为单液相（超滤式）和双液相膜反应器。

（1）单液相膜反应器　多用于底物相对分子质量比产物大得多，产物和底物能够溶于同一种溶剂的场合。

（2）双液相膜反应器　多用于酶促反应涉及两种或两种以上的底物，而底物之间或底物与产物之间的溶解行为差别较大的场合。

3. 根据膜组件形式分类 可将膜生物反应器分为板框式、螺旋卷式、管式和中空纤维式四种。其差别在于结构复杂性、装填密度、膜的更换、抗污染能力、清洗、料液要求、成本等方面。

（二）控制要点

（1）流速控制要得当，避免穿膜流速过大，产生酶的泄漏。

（2）反应器中的传质阻力主要由膜本身和膜两侧的流体边界层构成，边界层产生的阻力属于外扩散阻力是不可避免的，但可设计合理的膜件构造使膜表面处的液体发生湍动，促使混合和降低边界层的厚度。

（3）膜结构本身扩散阻力属于内扩散阻力，可通过在传递方向上施加压力来促进传递。当溶质分子沉积于膜表面，流通阻力增加，流体流通量随时间逐渐减小时，可通过周期性改变脉动压力方向来除去沉积物。

（4）在使用中尽可能降低对膜的污染。膜污染是指进料中带入的悬浮物质，以及胶体状存在的物质、微生物等在膜上形成覆盖层。控制膜污染有很多方法，如在反应器内增加搅拌装置以减轻细胞对膜的阻塞；选用膜孔径与微生物相差较大的膜，使膜小易阻塞；定期对膜进行清洗等。

（5）膜清洗是恢复膜过滤系统、延长寿命，最为严格的一部分，膜每一次使用后均需清洗。不同的膜及过滤的生料采用不同的清洗方法。

（6）对于有机材料构成的膜元件，细菌在膜表面的繁殖将损坏膜表面的活化层，从而导致膜性能的丧失，因此如膜设备要停机一段时间，可根据停机的时间，配制不同的保护液保存在系统中，以防止细菌的生长繁殖。

（三）应用范围

膜生物反应器的优点：可选择性地将产物不断移出反应器，反应不断向正方向进行，不受平衡常数限制，可达到较高的转化率。缺点：制作成本较高，选择性渗透膜是一种新兴的化工材料，目前价格较高；适用特定反应，因为不是任何物质都可以找到一种膜，让其选择性透过，因此，只有反应产物能选择透出时才适用膜反应器，另外，若化学反应中含有与膜相互作用的反应物或产物，也不能使用膜生物反应器；膜生物反应器很难维护，一旦某个地方破裂，则需要全部更换。

膜生物反应器可用于瞬间、界面和快速反应，它特别适用于较大热效应的气液反应过程；不适用于慢反应，也不适用于处理含固体物质或能析出固体物质及黏性很大的液体。

（四）工艺流程

1. 进水井 其内设置溢流口和进水闸门，在来水量超过系统负荷或者处理系统发生事故的情况下，关闭进水闸门，污水直接通过溢流口就近排入河道或者市政管网。

2. 膜生物反应器格栅 污水中经常含有大量杂物，为了保证膜生物反应器的正常运行，必须将各种纤维、渣物、废纸等杂物拦截在系统之外，因此在系统前设置格栅，定期清理干净。

3. 膜生物反应器调节池 收集的污水水量和水质都是随时间变化的，为了保证后续处理系统的正常运行，降低运行负荷，需要对污水的水量和水质进行调节，因此在进入生物处理系统前设计调节池。调节池内需定期清理沉淀物。调节池一般设置溢流，在负荷过大的情况下，保证系统的运行正常。

4. 膜生物反应器（MBR）反应池 在反应池里进行有机污染物的降解和泥水的分离。作为处理系统的核心部分，反应池里面包括微生物菌落、膜组件、集水系统、出水系统、曝气系统。

中国是一个缺水国家，污水处理及回用是开发利用水资源的有效措施。污水回用是将城市污水、工业污水通过膜生物反应器等设备处理之后，将其用于绿化、冲洗、补充观赏水体等非饮用目的，而将清洁水用于饮用等高水质要求的用途。城市污水、工业污水就近可得，可免去长距离输水，而实现就近处理实现水资源的充分利用，同时污水经过就近处理，也可防止污水在长距离输送过程中造成污水渗漏，导致污染地下水源。污水回用已经被世界上许多缺水的地区广泛采用，被认为是21世纪污水处理最实用的技术（图5-5）。

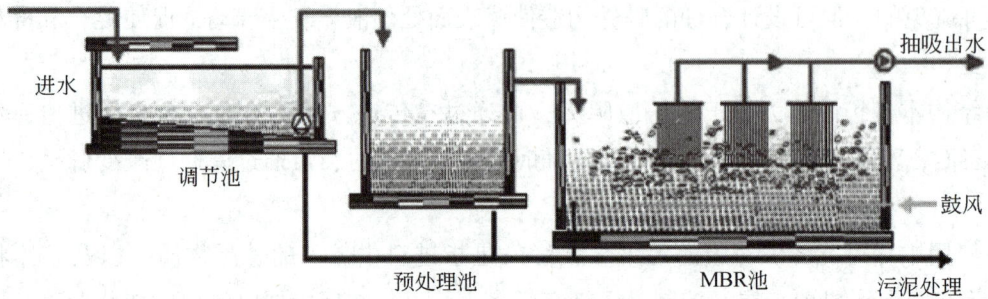

图5-5 膜生物反应器典型工艺流程图

二、其他生物反应器

固定床和流化床反应器主要用于固定化酶反应、固定细胞反应和固态发酵。固定化酶反应可以重复利用生物催化剂，便于将生物催化剂和反应产物分离，通过固定技术可以将酶截留在反应器内连续进行催化反应。

1. 固定床反应器 又称填充床反应器，装填有固体催化剂或固体反应物，用以实现多相反应过程的一种反应器。固体物通常呈颗粒状，粒径2~15mm，堆积成一定高度（或厚度）的床层。床层静止不动，流体通过床层进行反应。

2. 流化床反应器 是一种利用气体或液体通过颗粒状固体层而使固体颗粒处于悬浮运动状态，并进行气固相反应过程或液固相反应过程的反应器。在用于气固系统时，又称沸腾床反应器。

📱 **知识链接**

转基因动物生物反应器

转基因动物是指经人的有意干涉，通过实验手段，将外源基因导入动物细胞中，稳定地整合到动物基因组中，并能遗传给子代的动物。转基因动物的主要技术步骤包括目的基因的分离与克隆、表达载体的构建、受体细胞的获得、基因导入、受体动物的选择及转基因胚胎的移植、转基因整合表达的检测、转基因动物的性能观测及转基因表达产物的分离与纯化、转基因动物的遗传性能研究及性能选育、组建转基因动物新类群。

通常把目的基因在血液循环系统或乳腺中表达的转基因动物称为动物生物反应器，把家畜作为一种生物反应器，生产人类所需的药用蛋白，包括治疗用药物、激素和抗体等。例如，人溶菌酶具有杀菌消炎、免疫调节等作用，也是人体的非特异性免疫物质和母乳重要成分，食用、药用均安全可靠，可广泛应用于食品保鲜、婴幼儿奶粉、抗菌消炎药和抗生素替代等方面。随着我国科技力量的不断提升，中国农业大学在国内首次利用体细胞克隆的方法获得了乳腺特异性表达重组人溶菌酶的转基因牛，经过后期不断优化，使该产品终于达到产业化要求的表达量，有机会引领中国动物生物反应器的产业化。

实训十一　黑曲霉发酵生产枸橼酸

一、实验目的

1. 了解　枸橼酸发酵原理及过程。

2. 掌握　枸橼酸发酵过程中固体发酵生产的工艺。

二、实验原理

枸橼酸学名 2 – 羟基丙烷三羧酸，从结构上讲是一种三羧酸类化合物，并因此而与其他羧酸有相似的物理和化学性质。加热至 175℃时它会分解产生二氧化碳和水，剩余一些白色晶体。枸橼酸是一种较强的有机酸，有 3 个 H^+ 可以电离；加热可以分解成多种产物，与酸、碱、甘油等发生反应，被称为第一食用酸味剂，是重要的工业原料，在药物、美容品、化妆品领域有重要的应用。可从植物原料中提取，也可由糖发酵制得，用于饮料、豆制品与调味剂等生产中，用途极为广泛且有良好的发展前景。

枸橼酸发酵的微生物有很多，例如：青霉、木霉、毛霉、曲霉及酵母等，都能利用淀粉质原料大量积累枸橼酸，目前，枸橼酸主要采用发酵法制得。

黑曲霉发酵生长繁殖时产生淀粉酶，糖化酶首先将糖质原料中的淀粉转变为葡萄糖，随后经过 EMP 和 HMP 途径转变为丙酮酸，一部分丙酮酸氧化脱酸生成乙酰辅酶 A，另一部分经二氧化碳固体形成草酰乙酸，二者在枸橼酸合酶的催化下合成枸橼酸，在有氧、高糖、限制氮源及锰金属离子的条件下，TCA 循环中的酮戊二酸脱氢酶受阻，枸橼酸得以积累。

本实验选取枸橼酸作为目标产品，通过菌种活化、孢子培养、种子扩大培养法、发酵等一系列工艺过程，对发酵液进行处理、分离提取、制备枸橼酸，从而实现从廉价的玉米粉生产重要生化产品的过程。

三、实验器材及材料

1. 菌种　黑曲霉枸橼酸生产菌株。

2. 培养基

（1）斜面培养基［马铃薯培养基（PDA）］　马铃薯 200g、蔗糖 20g、琼脂 15 ~ 20g、水 1000ml、pH 自然。

（2）麸曲培养基（含麸皮的查氏培养基）　蔗糖 30g、KNO_3 1.0g、K_2HPO_4 1.0g、$MgSO_4 \cdot 7H_2O$ 0.5g、KCl 0.5g、$FeSO_4 \cdot 7H_2O$ 0.01g，调节 pH 7.0 ~ 7.2，加水定容至 1000ml，添加 800g 麸皮。

（3）种子培养基　取糖化液配制种子培养基，分装于 1000ml 锥形瓶内，每瓶 200ml，瓶口用 8 层纱布包扎好，于 121℃灭菌 20 分钟，冷却备用。

3. 仪器及器皿　恒温培养箱、高速离心机、恒温摇床、锥形瓶、烧杯。

四、实验内容

1. 菌种活化

（1）用接种环挑取保藏的菌种一环于试管斜面培养基上，于 35℃培养箱中培养 3 ~ 5 天，待长满大量黑色孢子后，即活化的斜面菌种。

（2）制备孢子悬浮液。吸取 1ml 无菌水至黑曲霉斜面上，用接种环轻轻刮下孢子，装入含有玻璃球的锥形瓶中，振荡数分钟，即制得孢子悬浮液。

2. 扩大制备黑曲霉孢子

（1）茄形瓶斜面培养

1）制备马铃薯或麦芽汁培养基。分装于茄形瓶（200ml/瓶）中，用 8 层纱布包扎后，121℃灭菌 20 分钟，取出。摆成斜面过夜，备用。

2）吸取 0.5ml 孢子悬液，在无菌条件下涂布茄形瓶斜面。

3）将茄形瓶放入 35℃培养箱中培养 3～5 天，直至长满大量黑色孢子。

（2）麸曲培养

1）配置含麸皮的查氏培养基。搅匀至无干粉又无结团，分装于 500ml 锥形瓶中，每瓶约 100g 湿料，塞入 8 层纱布并包扎好。121 摄氏度灭菌 30 分钟，趁热摇散，冷却至 35℃备用。

2）吸取 0.5ml 孢子悬液，在无菌条件下接入麸曲培养基中，轻拍锥形瓶使孢子与培养基充分混合，置于培养箱中，于 30～32℃恒温培养，培养到 14 小时、24 小时时，再次拍匀。1 天后，将温度升至 35℃，继续恒温培养，每隔 12～24 小时摇瓶一次，孢子长出后停止摇瓶，继续培养 3～4 天，直至瓶内长满丰满的孢子。

（3）孢子悬液的制备

1）吸取 10ml 无菌水至茄形瓶或麸曲培养瓶内，将孢子洗下，得孢子悬液。

2）采用血球计数板法显微镜直接计数，测定孢子洗下，得孢子悬液。

3. 淀粉质原料的液化、糖化　淀粉水解为葡萄糖的过程包括液化和糖化两个阶段。目前，淀粉液化有酸法、酶法和机械液化法三类，枸橼酸工业适用的是酶法液化。

（1）液化　液化过程中，淀粉颗粒首先在受热过程中吸水膨胀，体积迅速增加，晶体结构破坏，颗粒外膜裂开，形成一种糊状的黏稠液体，这一过程被称为糊化。糊化是淀粉液化的第一阶段。

淀粉经过第一阶段的糊化过程后，淀粉分子就直接暴露在酶分子的作用下。α-淀粉酶是一类内切酶，从淀粉分子内部任意切开 α-1，4-葡萄糖苷键，但不能切开分子链中的 α-1，6-葡萄糖苷键，最终形成含有少量葡萄糖的低分子糊精溶液，液体黏度随之降低，这就是淀粉的液化过程。

目前，国内使用的液化酶主要有两种，即中温 α-淀粉酶和耐高温 α-淀粉酶。液化时，粉浆的 pH 均可控制在 6.2～6.5。采用大米或精制淀粉时，中温淀粉酶常采用量为 6～8U/g 原料，耐高温淀粉酶常用量为 12～16U/g 原料。采用玉米原料，淀粉酶用量需要增加。氯化钙中的 Ca^{2+} 对淀粉酶有热保护作用，特别是对于中温淀粉酶来说，Ca^{2+} 的保护作用很显著。因此，采用中温淀粉酶液化时，常加入占原料质量 0.2%～0.3% 的氯化钙，而采用耐高温淀粉酶液化时一般可不加入氯化钙。中温淀粉酶间歇液化，液化温度为 85～90℃，液化时间为 40～60 分钟。液化过程的顺利进行，关键在于稳定供汽和迅速升温。

淀粉吸附碘分子的呈色反应是判别淀粉液化程度最常用的直观方法。生产上常用碘液与淀粉的颜色反应来确定液化的终点，一般反应达到浅红色或棕色。

（2）糖化　在此基础上，液化后的低分子糊精在糖化酶的作用下继续水解为葡萄糖，称为糖化。液化液冷却到 60～62℃，pH 调至 4.2～4.5 时即可加入糖化酶进行糖化。

糖化酶是一类外切酶，只从淀粉分子的非还原性末端逐个切开 α-1，4-葡萄糖苷键，生成葡萄糖，也能缓慢切开 α-1，6-葡萄糖苷键，生成葡萄糖。

糖化结束后，需经 80℃，15～20 分钟的升温灭酶活处理，目的是促进糖化液内蛋白质等杂质的进一步凝聚结团，使糖化液在灭酶活后质量保持稳定。通常认为糖化液中蛋白质的等电点是 pH 4.8～5.0，所以糖化液在过滤之前，应先将其 pH 调至这一范围，这样有利于蛋白质的凝聚。

4. 糖化液的制备　取细度为 60~70 目的薯干粉或玉米粉 40g，各置于 500ml 的三角瓶中，按照 1:4 的质量比加入 200ml 热水，加热搅拌，调节浆液 pH 为 6.0。加热至 85℃，加入 $CaCl_2$，搅拌均匀。按 15U/g 原料加入 α – 淀粉酶，搅拌均匀，保温。30 分钟后，用 0.1% 碘液检测不显蓝色或极微淡蓝色为止。随后升温至 100℃，保持沸腾 1 小时。再降温至 65℃，用硫酸调节 pH 为 4.5，按 300U/g 原料加入糖化酶，搅拌均匀，并使温度保持在 60℃，持续 12 小时。糖化结束后，将糖液 pH 调到 5.0 左右，对于玉米粉糖化液用 4 层纱布过滤醪液。取糖化液用于手持量糖计测其含糖量（总糖）。

5. 种子培养基的配制　取糖化液配制种子培养基，分装于 1000ml 锥形瓶内，每瓶 200ml。瓶口用 8 层纱布包扎好，于 121℃ 灭菌 20 分钟，冷却备用。

6. 接种/培养　接种孢子悬液，使种子培养基中孢子浓度为 10^4 个/ml。

五、实验结果

（1）记录黑曲霉在茄形瓶或麸曲培养瓶内生长的菌落形态和特征。

（2）记录茄形瓶或麸曲培养所得孢子悬液的显微镜直接计数结果，计算孢子悬液浓度（个/ml）。

（3）记录糖化液的含糖量（总糖）。

（4）记录种子液的 pH、酸度值以及显微镜检查情况。

六、重点提示

（1）用于菌种保藏的斜面培养 3~4 天，直接使用的培养 5~6 天。用于保藏的斜面只要一部分出现成熟的颜色即可；而直接使用的需要全部成熟，但不宜培养过度。

（2）茄形瓶瓶口包扎用 8 层纱布或较松的面塞，以防培养时氧气不足。灭菌后摆成斜面，摆成时培养基前沿离瓶颈约 1cm 即可。观察到整个表面孢子着色均匀，显出成熟特征的颜色即可。

（3）温度 30~32℃，一般 14~16 小时后，白色菌丝已盖满曲层表面，这时应翻曲一次，使结块的培养基疏松，铺平，继续培养。再经 6~8 小时，即约培养 1 天之后，可见培养基再次结成块状，这时白色菌丝生长旺盛，但未产生孢子，这时应第二次翻曲，使培养基充分疏散，铺平后继续培养。数小时后培养基重新结块时，应扣瓶，即翻转三角瓶使曲块凌空，使曲块两侧都产生孢子。再培养 3~4 天，使瓶内长满丰盛的孢子。

（4）糖化酶对未经糊化的生淀粉的作用十分有限，所以淀粉在被糖化酶作用之前，首先要进行糊化和液化。

（5）淀粉在糊化之前，α – 淀粉酶是难以直接进入淀粉颗粒内部与淀粉分子发生作用的。淀粉原料的预处理，如原料的粉碎细度、配水比例等将影响淀粉的糊化效果；酶制剂的种类、酶制剂的使用量、液化温度、液化 pH 等，又将最终影响淀粉的液化质量。

（6）调浆时先调 pH 后再加酶制剂，防止粉浆中出现局部过酸或过碱的情况，而对淀粉酶的活力造成直接损失。此外在调 pH 时，酸或碱液的加入应在搅拌下缓慢进行，加完后，继续搅拌 10 分钟。

（7）淀粉酶在使用之前需加入浸泡 30~60 分钟。酶制剂的添加应在搅拌下缓慢进行，加完后，继续搅拌 10 分钟，让酶分子充分扩散到粉浆内与淀粉分子接触，这对淀粉的液化是至关重要的。

（8）配料用的糖化液极易被酵母污染，不宜久储。原则上糖化液的储存不超过 24 小时。

（9）种子培养的接种物可以是黑曲孢子或麸曲，两者均应制成悬浮液。接种量以 10^4 个/ml 为宜。由于孢子萌发前需氧量很少，故也可以用相应的培养基制孢子悬浮液，于 35℃ 左右静置培养 5~6 天后再接种到种子培养罐中。种子罐的接种量会影响菌体的形态发育及以后发酵时的产酸能力。接入孢子数目多时，发育成的菌丝球数目也多，球体积微小，表面粗糙，发酵速度快，产酸活力高，但形成的菌体总量也多。接入孢子数偏少时，形成的球体大，产酸活性较差。

实训十二　大肠埃希菌液体发酵生产菌体蛋白

一、实验目的

1. **掌握**　无菌发酵的基本理论、各技术环节的操作要领及注意事项。
2. **熟悉**　无菌发酵的基本方法。
3. **了解**　发酵罐的结构。

二、实验原理

大肠埃希菌是基因工程中常用的宿主菌，许多有价值的多肽和蛋白在大肠埃希菌中已经成功表达，大肠埃希菌作为外源基因表达的宿主，具有目的基因表达水平高、技术操作、培养条件简单、抗污染能力强、大规模发酵经济等优点，是目前应用最广泛、最成功的表达系统。微生物的培养方式主要有分批、连续和补料分批三种，大肠埃希菌发酵大多采用补料分批培养，这是现代发酵工艺得到优化的一种方式，能有效地优化微生物培养过程中的化学环境，使微生物处于最佳的生长环境，补料分批培养已广泛应用于初级、次级生物产品和蛋白等的发酵生产中。

发酵罐是进行液体发酵的特殊设备。生产上使用的发酵罐采用不锈钢板等材料制成，5L 以下的发酵罐用耐压玻璃制作罐体，10L 以上用不锈钢板等材料制成罐体。发酵设备配有各种电极，可以自动控制培养条件。将工程菌活化后在发酵罐中大量表达。

三、实验器材及材料

1. **菌种**　大肠埃希菌。
2. **试剂**　LB 培养液、蒸馏水、发酵培养基、削泡剂、pH 试剂。
3. **仪器**　分光光度计、5L 发酵罐、立式蒸汽灭菌器、高速冷冻离心机。

四、实验内容

1. **菌种准备**　上罐前两天，从冰箱中取出菌种接斜面37℃培养24 小时，上罐前一天，由斜面菌种转接一级种子瓶，37℃振荡培养12 小时，然后转接二级种子瓶，37℃振荡培养10 小时。

2. **灭菌前的准备工作**　洗净发酵罐和各连接胶管，配置发酵培养基3L，置于发酵罐内，加入几滴消泡剂，补料 1 和补料 2 培养基各 1L，加入补料瓶内。校正 pH 电极和溶氧电极，把电极插口、取样口、补料口等固定，密封好后，进行灭菌。

3. **实罐灭菌**　将发酵罐放入高压蒸汽灭菌器中，灭菌 30 分钟，温度 121℃。

4. **接种**　用酒精棉球围绕接种孔并点燃，在酒精火焰区域内，拧开不锈钢塞，同时，迅速解开摇瓶种子的纱布，将种子液倒入发酵罐内，接种后，用铁钳取不锈钢塞在火焰上灼烧片刻，然后迅速盖在接种孔上拧紧。

5. **发酵过程控制**

（1）参数控制　发酵过程中在线检测的参数包括通气量、pH、温度、搅拌转速和罐压等许多参数，通过计算机控制调节机构可实现在线控制。

（2）流加控制　流加溶液主要有消沫剂、酸液或碱液、营养液。流加前，将配制好的流加溶液装入流加瓶，用瓶盖或瓶塞密封好，用硅胶管把流加瓶和不锈钢插针连接在一起，流加时，将硅胶管转入蠕动泵的挤压轮中，启动蠕动泵，挤压轮转动可以将流加液压进发酵罐，通过计算机可以设定开始流加的时间、挤压轮的转速，从而可以自动流加一级自动控制流加速度。

（3）发酵取样　发酵过程中，有需要时需取样进行一些理化指标的检测，取样时利用发酵罐内压力排出发酵液，用试管或烧杯接收。

（4）放罐操作　发酵结束后，先停止搅拌，然后利用罐内压力排出发酵液，用容器接收发酵液。

（5）发酵罐的清洗　拆卸安装在发酵罐上的 pH、DO 等电极以及流加控上的不锈钢插针，并清洗发酵罐。

五、重点提示

（1）巡视。

（2）保养。

（3）不与硬物碰撞。

（4）灭菌和发酵时平衡胶管固定好并加紧。

（5）裸露口包好灭菌。

（6）进气、排气通畅。

目标检测

答案解析

一、单项选择题

1. 生物反应器是借助生物细胞或酶实现生物化学反应过程中（　　）与质量传递的主要场所

　　A. 热量传递　　　　　　　　B. 能量传递　　　　　　　　C. 光传递

　　D. 离子传递　　　　　　　　E. 生物传递

2. 通用式发酵罐指既（　　）又有压缩空气分布装置的发酵罐，是形成标准化的通用产品，是工业发酵过程较常用的一类反应器

　　A. 通气　　　　　　　　　　B. 具有机械搅拌　　　　　　C. 调节

　　D. 压力　　　　　　　　　　E. 通用

3. 根据上升筒和下降筒的布置，可将气升式反应器分为（　　）和外循环式两类

　　A. 排气　　　　　　　　　　B. 搅拌　　　　　　　　　　C. 非循环式

　　D. 内循环式　　　　　　　　E. 有序循环

4. 膜生物反应器由（　　）及生物反应器两部分组成

　　A. 膜组件　　　　　　　　　B. 通气设备　　　　　　　　C. 搅拌设备

　　D. 调节设备　　　　　　　　E. 附属设备

二、多项选择题

1. 无菌空气在发酵生产中的作用是（　　）

　　A. 给培养微生物提供氧气

　　B. 能起一定的搅拌作用，促进菌体在培养基中不断混合，加快生长繁殖速度

C. 打碎泡沫，防止逃液

D. 保持发酵过程的正压操作

E. 避免发酵液"打旋"现象

2. 通用式机械搅拌发酵罐中挡板的作用是（　　　）

A. 提高醪液湍流程度，有利于传质

B. 增加发酵罐罐壁的机械强度

C. 改变液流方向，由径向流改变为轴向流

D. 防止醪液在罐内旋转而产生旋涡，提高罐的利用率

E. 使固定的发酵罐与转动的搅拌轴之间能够密封，防止泄露和杂菌污染

3. 气升式动物细胞培养反应器与搅拌式动物细胞反应器相比，气升式反应器中（　　　），反应器内液体循环量大，细胞和营养成分能均匀分布于培养基中

A. 产生的湍动温和，而均匀剪切力相当小

B. 无泡沫形成，装料系数可以达到95%

C. 无机械运动部件，因而细胞损伤率比较低

D. 反应器通过直接喷射空气供氧，氧传递速率高

E. 细胞和营养成分能均匀分布于培养基中

4. 喷射自吸式发酵罐的优点是（　　　）

A. 空气吸入量与液体循环量之比较高

B. 无须搅拌传动系统

C. 气液固三相混合均匀

D. 适用于耗氧量较大的微生物发酵

E. 进罐空气处于负压，因而降低了染菌机会

5. 膜反应器的优点是（　　　）

A. 产物不断移出反应器，反应不断向正方向进行，不受平衡常数限制

B. 产物可达到较高的转化率

C. 制作成本较高

D. 适用特定反应

E. 制作成本较低

书网融合……

知识回顾　　微课1　　微课2　　微课3　　习题

微生物发酵工艺控制关系到能否发挥最大生产性能，在整个生物产品的研发生产过程中具有重要的作用。由于发酵参数众多、复杂，对其进行有效的调控一直是工艺的难点。随着现代科学的发展，以及学科交叉的深入，自动化控制技术不断地发展和创新，发酵工艺控制技术也在不断进步，给生物制药的发展提供了有力支撑。

发酵工艺参数之间互为条件，相互制约，可以说牵一发而动全身。要实施发酵过程控制，应该如何进行发酵过程的监测？怎样对关键参数进行控制和优化？

本项目主要介绍发酵过程主要控制参数的控制方法及要点、各参数对发酵的影响和检测方法、发酵终点的判断以及如何进行发酵工艺放大。

学习目标

1. **掌握**　发酵过程的主要控制参数的控制方法及要点。
2. **熟悉**　发酵过程的主要控制参数对发酵的影响及发酵工艺的放大。
3. **了解**　发酵过程的主要控制参数的检测方法及发酵终点的判断。

任务一　发酵过程的主要控制参数　e 微课1　e 微课2

PPT

微生物发酵要想取得理想的效果，得到高产和优质的发酵产物，就必须对发酵过程进行严格的控制。但是，发酵控制的先决条件是要了解发酵过程进行的状况，从而根据发酵情况做出适当的调整，使发酵过程有利于目的产物的积累和产品质量的提高。发酵罐内进行的状况并不能够通过肉眼观察出来，但是却能够通过取样分析获得有关发酵进行状况的大量信息。在分析处理这些信息的基础上，就能够对发酵进行的状况有清楚的了解，进而更好地控制发酵过程。

通过取样分析获得的有关发酵的信息也称为参数，与微生物发酵有关的参数，可分为物理参数、化学参数和生物参数。我们在这里主要学习各个参数在发酵工艺中的意义、作用以及某些参数的测定方法。

知识链接

发酵参数的在线监测与自动控制

生物产品的发酵法生产过程是一个非常复杂的化学变化和生理变化的综合过程。随着发酵工业的迅速发展，人们在结合改进发酵工艺和设备的同时，越来越重视发酵过程的监测和控制，通过计算机、传感器、智能仪表、执行器组成的发酵生产工艺参数在线监测与自动控制系统，能够准确、自动地控制发酵过程处于最适当的状态，从而减少发酵生产成本，增加产量，提高产品质量。

发酵生产工艺参数的在线监测与自动控制整个系统主要由上位机、智能仪表、远程I/O模块、测量变送器、执行器构成，通过过程总线取得联系。智能仪表和远程I/O模块主要完成各参数的实时测量和控制。智能仪表和远程I/O模块通过测量变送器对发酵过程搅拌电流、罐温、罐压、进气流量、pH、溶氧、泡沫进行实时测量，所有数据通过现场总线送上位机分析、储存。同时，上位机根据控制要求按用户设定的设定值进行连续控制，主要的控制量有罐温、罐压、进气流量、pH、溶氧、消泡、补料。

一、物理参数

（一）温度

温度对发酵的影响及其调节控制是影响有机体生长繁殖最重要的因素之一，因为任何生物化学的酶促反应均与温度变化有关。温度对发酵的影响是多方面且错综复杂的，主要表现在对细胞生长、产物合成、发酵液的物理性质和生物合成方向等方面。

温度对发酵的影响主要表现在三个方面。

1. 影响微生物细胞生长　随着温度的上升，细胞的生长繁殖加快。根据酶促反应的动力学，温度升高，反应速度加快，呼吸强度增加，最终导致细胞生长繁殖加快。但随着温度的上升，酶失活的速度也越大，使衰老提前，发酵周期缩短，这对发酵生产是极为不利的。

2. 影响生物合成的方向　在四环类抗生素中，金色链霉菌能同时产生四环素和金霉素，在30℃时，它合成金霉素的能力较强。随着温度的提高，合成四环素的比例提高。当温度超过35℃时，金霉素的合成几乎停止，只产生四环素。

3. 影响发酵液的物理性质　温度除了影响发酵过程中各种反应速率外，还可以通过改变发酵液的物理性质，间接影响微生物的生物合成。例如，温度对氧在发酵液中的溶解度就有很大影响，随着温度的升高，气体在溶液中的溶解度减小，氧的传递速率也会改变。同时温度还影响基质的分解速率，例如，菌体对硫酸盐的吸收在25℃时最小。

（二）压力

发酵过程中的压力主要指的是发酵罐内维持的压力。发酵过程中要维持罐内有一定的压力，主要有以下几方面的影响。

1. 保证无菌生产　防止外界空气进入，杜绝杂菌的干扰，以保证发酵纯培养。由于发酵罐在结构上有一些与外界联通的部件，例如搅拌轴与罐体之间的缝隙、接种口、取样口与罐体之间的缝隙等。只有发酵罐罐内维持一定的压力，才能够保证外界的空气不会进入发酵罐，从而达到隔绝杂菌的目的。

2. 增加溶氧浓度　维持一定的罐压可以增加氧气在水中的溶解度，有利于氧气的传递。溶氧是需氧发酵控制最重要的参数之一。由于氧在水中的溶解度很小，在发酵液中的溶解度亦如此，因此，需要不断通风和搅拌，并保持一定的气压，才能满足不同发酵过程对氧的需求。溶氧的大小对菌体生长和产物的形成及产量都会产生不同的影响。如谷氨酸发酵，供氧不足时，谷氨酸积累就会明显降低，产生大量乳酸和琥珀酸。

3. 影响 CO_2 的溶解 在发酵过程中，CO_2 的溶解度会随着发酵罐压力的增加而增加，因此发酵罐的压力不宜过高。

发酵过程中常用的压力单位是兆帕（MPa），kg/cm^2 也比较常用。它们之间的换算关系如下。

$$1MPa = 10^6 pa, \quad 0.1MPa = 1kg/cm^2$$

目前工业上常用的发酵罐压力是 $0.02 \sim 0.05$ Mpa。

（三）搅拌速度

搅拌速度指的是搅拌器在发酵过程中的转动速度，通常以每分钟的转数来表示。搅拌速度的高低会影响发酵过程中氧气的传递速度、发酵液的均匀度、发酵过程中的泡沫等。

一般来说，发酵罐的搅拌转速与发酵罐的体积有非常大的关系，一般体积越小的发酵罐，搅拌速度越高；体积越大的发酵罐，搅拌速度越小。这是由于大罐气液接触时间长，氧的溶解率高，搅拌和通气均可小些。表6–1列出了它们之间的关系。

表6–1 发酵罐的搅拌速度与发酵罐体积的关系

罐体积（L）	搅拌速度（r/min）	罐体积（L）	搅拌速度（r/min）
3	200~2000	200	50~400
10	200~1200	500	50~300
30	150~1000	10000	25~200
50	100~800	50000	25~160

（四）搅拌功率

搅拌功率是指搅拌器在搅拌过程中实际消耗的功率，通常指每立方米发酵液所消耗的功率（kW/m^3），通常为 $2 \sim 4 kW/m^3$。大小与发酵液体积、氧气传递系数有关。

（五）空气流量

空气流量是指单位时间内发酵罐中通入的空气的量，是需氧发酵中重要的控制参数之一。空气流量的大小影响发酵液氧气传递系数，也会影响微生物产生的代谢产物的排出，此外，空气流量也与发酵液中泡沫的生成有关。

在发酵生产上表示通气量的单位有两种：①绝对流量，指单位时间内通入发酵罐中无菌空气的体积，用每分钟通入空气体积数（L/min）或每小时通入无菌空气的体积数（m^3/h）来表示；②相对流量，指每分钟单位体积发酵液中通入无菌空气的体积数，用 $V/(V \cdot min)$ 表示。大多数的需氧发酵，其通气量一般是 $0.8 \sim 1.5$ $V/(V \cdot min)$。

（六）黏度与浊度

1. 黏度 是反映发酵液物理性质的一个重要参数，也是反映细胞生长和细胞形态的一项重要标志，它的大小可改变氧传递的阻力，又可表示相对菌体的浓度。

黏度的大小与发酵液中的菌体浓度、菌体形态和培养基成分有关。菌体浓度越大其黏度也越大；丝状菌的黏度一般大于球状菌和杆菌，丝状真菌的黏度会大于放线菌。培养基中含有较多的高分子物质时，发酵液的黏度也会显著增加。黏度的单位是帕斯卡·秒（$Pa \cdot s$），通过黏度计来进行测量。

2. 浊度 是反映单细胞生长状况的参数。如大肠埃希菌，用光密度650nm上检测或计数板计数。

在发酵工艺控制中，反映发酵过程代谢变化的工艺参数里，属物理参数的是（　　　）

A. 温度　　　　B. 罐压　　　　C. 菌体接种量　　　　D. 空气流量　　　　E. 溶氧浓度

二、化学参数

（一）pH

发酵液的 pH 是发酵过程中各种产酸和产碱的生化反应的综合结果。它是发酵工艺控制的重要参数之一。pH 的高低与菌体生长和产物合成有重要的关系。pH 的变化可以反映出菌体的代谢状况，长时间的 pH 过低，可能提示发酵染菌。pH 的测定分为在线测定和离线测定。

（二）基质浓度

基质浓度指营养成分的浓度，包括发酵液中的糖、氮、磷等物质。它们的变化对产生菌的生长和代谢产物的合成有重要的影响，控制其浓度也是提高代谢物产量的重要手段。因此，在发酵过程中，需要定时地测定发酵液中的糖、氮、磷等营养基质的浓度。

1. 糖浓度　是发酵过程中常规的测定项目。发酵液中的糖包括总糖和还原糖。

（1）总糖　指所有形式存在的糖的总和，包括多糖、寡糖、双糖和单糖。

（2）还原糖　指具有还原能力的糖，也是指分子结构中具有游离醛基的糖，一般指葡萄糖，但也包括麦芽糖。糖的浓度一般用每 100ml 发酵液中含糖的克数表示，即 g/100ml。

2. 氮浓度　也是所有发酵过程中必须测定的项目。

发酵液中的氮浓度包括总氮、氨基氮和铵离子浓度。氮的含量一般以每 100ml 发酵液中含有氮元素的毫克数（mg/100ml）来表示。

（1）总氮　指发酵液中含有的氮元素总量之和，包括发酵液中所有以各种形式存在的氮元素的总量。总氮不能直接测定，需要在强酸作用下水解后，将以蛋白质、氨基酸及其他含氮化合物形式存在的氮元素释放出来，然后测定。

（2）氨基氮　指以氨基酸形式存在的氮元素，一般用甲醛法测定。

（3）铵离子浓度　发酵液中许多铵盐能够释放铵离子，这些铵离子在碱性条件下加热可以转变为气态氮，收集气态氮，然后用酸滴定，即可测得氮元素的含量。

3. 磷酸盐浓度　某些发酵过程中还需要测定发酵液中磷酸盐的含量，主要测定方法是钼酸铵比色法。

（三）产物浓度

发酵产物的产量是重要的代谢参数之一。根据代谢产物量的变化可以判定生物合成代谢是否正常，同时也是决定放罐时间的依据。不同类别的发酵产物其浓度的表示单位不同。氨基酸的浓度常以克/升（g/L）表示；而抗生素的浓度通常以效价单位（U/ml）表示。效价单位也简称单位（unit），在表示一些生物活性物质的含量时常用。

（四）溶氧浓度

溶解氧是需氧发酵所必需的物质，测定溶氧浓度的变化可以了解产生菌对氧利用的规律，发现发酵的异常情况，也可作为发酵中间控制的参数及设备供氧能力的指标。溶解氧浓度一般用绝对含氧量（mmol/L 或 mg/L）来表示；也可用百分数来表示。

在发酵生产中一般常用相对溶氧浓度来表示，即以培养液中的溶解氧浓度与在相同条件下未接种前发酵培养基中溶氧浓度比值的百分数来表示。

（五）废气中氧含量

废气中氧的含量与产生菌的摄氧率和液相体积氧传递系数（$K_L a$）有关。测定废气中氧的含量可以计算生产菌的摄氧率。

（六）废气中 CO_2 含量

废气中 CO_2 是由产生菌在呼吸过程中释放的，测定废气中 CO_2 和氧的含量可以算出产生菌的呼吸熵，从而了解产生菌的代谢规律。

三、生物参数

微生物菌体的代谢状况影响发酵生产，通常需要测定一些与发酵相关的生物学参数，主要如下。

（一）菌体浓度

菌体浓度是控制微生物发酵过程的重要参数之一，特别是对抗生素等次级代谢产物的发酵控制。菌体浓度与培养液的黏度有关，间接影响发酵液的溶氧浓度。在生产上，常常根据菌体浓度来决定适合的补料量和供氧量，以保证生产达到预期水平。

根据发酵液的菌体量和单位时间内菌体浓度、溶氧浓度、糖浓度、氮浓度和产物浓度等参数的变化值，可以分别算出生长速率、氧比消耗速率、糖比消耗速率、氮比消耗速率和产物比生成速率。

常用的菌体浓度测定方法有三种。

1. 菌体干重　测定方法：取 100ml 发酵液，离心后弃去上清液，然后用蒸馏水洗涤 2～3 次，每次洗后离心。然后将菌体置于干燥箱中烘干至恒重，称量干菌体的重量，以 g/100ml 表示。

2. 菌体湿重　测定方法：除了不需要干燥外，其余测定过程与测定菌体干重的过程一样。

3. 菌体湿体积　也称为菌体沉降体积，这种方法适用于生产过程中对发酵样品的检测，其优点是方法简便快捷，能很快地得到结果，缺点是测量有误差。测定方法：准确称量发酵液 10ml 于 10ml 刻度离心管中，4000r/min 离心 20 分钟后，将上清液倒入另一 10ml 离心管中，测量上清液的体积。计算公式如下。

$$菌体的湿体积 = [(10ml - 上清液体积 ml)/10ml] \times 100\%$$

（二）菌丝形态

丝状菌在发酵过程中，随着菌体的生长繁殖和代谢，菌体由准备期进入生长期，然后进入衰退期，在各个生理阶段，菌丝形态都会发生相应的变化。因此，从菌丝形态的变化可以反映出菌体所处的生理阶段，同时，也能够反映出菌体内的代谢变化。

在发酵生产上，一般都是以菌丝形态作为衡量种子质量、区分发酵阶段、制定发酵控制方案和决定发酵周期的依据之一。

丝状菌菌体形态的变化可以通过对发酵液的显微镜观察得到。菌丝形态的描述有下面几种。

1. 菌丝的形状　有丝状、分枝状、网状、菌丝团等。菌丝的形状反映菌体所处的生理阶段和代谢状况。单根的菌丝常见于菌体生长的初期，分枝状的菌丝常是菌体进入对数生长期的特征，网状的菌丝一般由分枝状的菌丝发育而来，并一直延续到发酵的终点。但是，各个阶段的网状菌丝会在粗细、染色深浅、有无脂肪颗粒、有无空泡及菌体是否断裂上有很大的不同。菌丝团只在特殊的情况下才产生，并非常见现象，其形成的原因常常与接种量少、培养基过于稀薄或搅拌效果差有关。

2. 菌丝的粗细　反映菌体生长代谢是否旺盛，当菌体处于旺盛的生长期，菌体比较粗；而当菌体进入合成次级代谢产物的阶段，菌丝开始变细，表示以菌体为生长特征的生理阶段已经转入以合成代谢产物为特征的产物合成阶段。

3. 染色的深浅　也反映菌体的代谢状况。目前常用的染色剂是碱性染料，染料与菌体细胞内的核酸分子相结合使菌体着色。因此，染色的深浅也反映胞内 DNA 含量的高低，当菌体处于对数生长期，DNA 复制活跃、DNA 含量高，染色比较深；当菌体进入产物合成期，DNA 合成减弱，染色较浅；当进入衰退期，染色很浅。

4. 脂肪颗粒　为菌体胞内的营养储存物，与菌体的生理阶段有关。一般对数生长期的菌体胞内常积累较多的脂肪颗粒；到了次级代谢产物的合成阶段，脂肪颗粒逐渐消失。脂肪颗粒的多少也是菌体内营养是否充足的反映。

5. 空泡　空泡的形成与胞内的染色质减少有关，反映胞内 DNA 含量的变化。

以青霉素产生菌——产黄青霉为例，可以看出其菌丝形态与菌体的生理阶段有关系。产黄青霉在发酵过程中，菌丝形态可以分为 6 个生长阶段，各个阶段菌丝形态的变化如下。

Ⅰ期：分生孢子发芽，孢子膨大，长出芽管。

Ⅱ期：菌丝繁殖呈现分枝状，染色深，末期出现脂肪小颗粒。

Ⅲ期：菌丝形成网状，菌丝粗壮，染色深，出现较多脂肪颗粒，无空泡。

Ⅳ期：菌丝变细，染色变浅，出现中小空泡。

Ⅴ期：形成大中型空泡，脂肪颗粒消失。

Ⅵ期：菌丝断裂、模糊、染色很浅。

青霉素的生物合成从Ⅲ期末和Ⅳ期开始，此时菌体内的 DNA 合成减少，菌体生长速度减慢。菌体的代谢从以生长为特征的初级代谢，转入以合成次级代谢产物为特征的次级代谢。

任务二　菌体浓度对发酵的影响及其控制

PPT

菌体（细胞）浓度（cell concentration）简称菌浓，是指单位体积培养液中菌体的含量。无论在科学研究上，还是在工业发酵控制上，它都是一个重要的参数。菌浓的大小，在一定条件下，不仅反映菌体细胞的多少，而且反映菌体细胞生理特性不完全相同的分化阶段。在发酵动力学研究中，需要利用菌浓参数来算出菌体的比生长速率和产物的比生成速率等有关动力学参数，以研究它们之间的相互关系，探明其动力学规律，所以菌浓仍是一个基本参数。

一、菌体浓度对发酵的影响

菌体浓度的大小，对发酵产物的产率有着重要的影响。首先，在一定条件下，发酵产物的产率与菌体浓度成正比。

$$发酵产物的产率\ R_p = Q_p \cdot X$$

式中，R_p 为生产速率，即单位时间，单位体积发酵液合成产物的量，单位是 g/(L·h)；Q_p 为比生产速率，即单位时间，单位重量的菌体合成产物的量，单位是 g/(g·h)；X 为菌体浓度，即单位体积发酵液中含有菌体的折干重量，单位是 g/L。

菌体浓度愈大，产物的产量愈大，氨基酸、微生物这类初级代谢产物的发酵以及抗生素这类次级代谢产物的发酵都是如此。

菌体浓度过高则会降低发酵产物的产量，特别是对次级代谢产物发酵。具体原因：当菌体浓度过高时，营养物质消耗过快，培养液中的营养成分明显降低，再加上有毒产物的积累，就可能改变菌体代谢途径。

菌体浓度过高时，对培养液中溶解氧浓度的影响尤为明显，因为随着菌浓增加，培养液的摄氧率按比例增加（$OUR = Q_{O_2}X$），黏度也增加，流体的性质因此发生改变，使氧的传递速率呈对数地减少。

当 OUR > OTR 时，溶解氧就减少，并成为限制性因素。菌浓增加而引起的溶解氧浓度下降，会对发酵产生各种影响。早期酵母菌发酵时，曾出现过代谢途径改变、酵母菌生长停滞、产生乙醇等现象。在抗生素发酵中，当溶解氧成为限制因素时，也会使产量降低。

二、菌体浓度的影响因素及其控制

工业上控制菌体浓度是通过定期测定酵液中菌体的浓度，进而采取适当手段控制菌体浓度范围。主要依靠调节培养基中的限制性基质的浓度来控制菌体比生长速率，进而控制菌体的浓度。

当菌体浓度低时，摄氧速率低于氧传递速率，发酵液中的溶氧浓度逐渐上升，溶氧维持在一个较高的水平；当菌浓高时，摄氧率高于氧传递速率，发酵液中的溶氧浓度逐渐降低，使溶氧成为菌体生长及合成代谢产物的限制因素。

（一）最适菌体浓度的定义

为了获得最高的生产速率，需要采用摄氧率与氧传递速率相平衡的菌体浓度。当菌体浓度合适时，摄氧率等于氧传递速率，且溶解氧维持在高于临界溶氧度浓度的水平，此时的菌体浓度为菌体的呼吸不受限制条件下的最大菌体浓度，即最适菌体浓度或临界菌体浓度。所以，最适菌体浓度可以定义如下：在一定条件下，使微生物的呼吸不受限制时的最大菌体浓度。超过此浓度，抗生素的比生产速率和产量都会迅速下降。因此在抗生素生产中，如何确定最适菌体浓度是提高抗生素生产能力的关键。

（二）菌体浓度的影响因素

1. 微生物的种类和遗传特性　不同种类微生物的生长速率是不一样的。它的大小取决于细胞结构的复杂性和生长机制，细胞结构越复杂，分裂所需的时间就越长。细菌、酵母和霉菌的倍增时间分别为 45 分钟、90 分钟和 3 小时左右。这说明各类微生物的增殖度有差异。

2. 营养物质种类与浓度　营养物质包括各种碳源和氮源等成分。按照 Monod 关系式，生长速度取决于基质的浓度，当基质浓度 $S > 10K_a$ 的时候，比生长速率就接近最大值。所以营养物质均存在一个上限浓度，在此限度以内，菌体比生长速率随浓度增加而增加。但超过此上限，浓度继续增加，反而会引起生长速率的下降，这种效应通常称为机制抑制作用。这种作用还包括某些化合物（甲醇、苯酚等）对一些关键酶的抑制，或使细胞结构发生变化。在实际生产中，常用丰富的培养基和有效的溶氧供给，促使菌体迅速繁殖，菌浓增大，以提高发酵产物的产量。所以，在微生物的研究和控制中，营养条件（包括溶解氧）的控制至关重要。

3. 菌体生长的环境条件　温度、pH、渗透压和水的活度等环境因素也影响菌体的生长速度。

（三）最适菌体浓度的控制

发酵过程中需要设法控制菌浓在合适的范围内。菌体的生长速率，在一定的培养条件下，主要受营养基质浓度的影响，所以要依靠调节培养基的浓度来控制菌浓。

（1）确定基础培养基配方中有适当的配比，避免产生过浓（或过稀）的菌体量。

（2）通过中间补料来控制，如当菌体生长缓慢、菌浓太稀时，则可补加一部分磷酸盐，促进生长，提高菌浓；但补加过多，则会使菌体过分生长，超过临界值，对产物合成产生抑制作用。

（3）在生产上，还可利用菌体代谢产生的 CO_2 量来控制生产过程的补糖量，以控制菌体的生长和浓度。总之，可根据不同的菌种和产品，采用不同的方法来达到最适的菌浓。

三、菌体浓度的检测

发酵过程中菌体的大小和菌体量的多少，对发酵代谢动力学有很大的影响。通过测定不同时间段的菌体浓度，可以了解菌体的生长活力，是否需要补充培养基，菌体是否染菌，以便更好地控制发酵工艺参数，提高目标物浓度和转化收率。

🔖 知识链接

生物传感器

传感器即参量变送器（电极或探头），是能感受到被测量的信息并按照一定规律将其转换成可用信号（主要是电信号）的器件或装置，它通常由敏感元件、转换元件及相应的机械结构和电子线路所组成。

生物传感器是利用酶、抗体、微生物等作为敏感材料，将所感受的生物体信息转换成电信号进行检测的传感器。生物传感器巧妙地利用了生物所特有的生物化学反应，有针对性地对有机物进行简便而迅速的测定。与通常的化学分析仪器相比，生物传感器除了满足常规要求，诸如可靠性、准确性、精确度、响应时间、分辨能力、灵敏度、测量范围、特异性、可维修性等之外，还应当满足一些特殊要求，如一般要求传感器能与发酵液同时进行高压蒸汽灭菌，在发酵过程中保持无菌。发酵过程中常用的在线测量传感器有pH传感器、溶解氧传感器、氧化还原电位传感器、溶解二氧化碳传感器。

（一）光密度法

传统的方法是通过测定发酵液的光密度来判断发酵液中菌体浓度。一定波长的光透过相应吸收这种光的溶液时，光密度大小与发酵液中的菌体量呈一定的比例关系，菌体浓度高，其光密度也大，反之亦然，所以可以通过测定发酵液的光密度来间接判断发酵液的菌体浓度。

稀释倍数越大，稀释后的光密度越小，折算原样光密度反而越大，表明发酵液菌体含量和光密度并非正比关系。

发酵液稀释10倍后再测光密度，光密度的大小基本能反映菌体含量的大小，稀释后测定光密度更能反映菌体含量的变化。

（二）浊度法

除了以测光密度来判断菌体含量外，还可以测定浊度来判断。测浑浊度时先稀释一定的倍数后再测，更能反映不同时间段菌体含量的大小。其原理是发酵罐中的发酵液按照一定的流速进入流通式比色皿中，用 $500\sim600nm$ 的波长检测发酵液的光密度，然后发酵液再流回发酵罐中，所测的 OD 值与细胞浓度成正比。

（三）离心法

离心沉淀量能反映菌体含量的大小，一般离心转速 3000r/min，离心 10 分钟，观察菌体沉淀量占离心液的比例。如果菌体含量比较少时，沉淀量比较难测量，误差比较大。现阶段采用超滤离心法：选择合适截留分子量膜的超滤离心管，在离心作用下，菌体被截留，发酵液透过膜，离心收集被截留的菌体，菌体量直接反映发酵液中菌体含量，此方法直观准确，方便快捷。

任务三　基质浓度对发酵的影响及其控制

微生物的生长发育和合成代谢产物需要吸收营养物质。发酵培养基中营养物质种类及含量对发酵过程有着重要的影响。营养物质是产生菌代谢的物质基础，既涉及菌体的生长繁殖，又涉及代谢产物的形成。所以选择适当的营养基质和控制适当的浓度，是提高发酵产物的重要途径。

一、基质浓度对发酵的影响

（一）碳源

按照被菌体利用的速度不同，碳源可分为迅速利用的碳源和缓慢利用的碳源。前者能较迅速地参与代谢、合成菌体和产生能量，并产生分解产物，因此有利于菌体的生长。迅速利用的碳源对很多代谢产物的生物合成产生阻遏作用。缓慢利用的碳源，有利于延长代谢产物的合成，特别是有利于次级代谢产物的生物合成。

由于菌种所含的酶系统有差别，各种菌所能利用的碳源也不相同。糖类物质是细菌、放线菌、霉菌、酵母菌容易利用的碳源，所以葡萄糖常作为培养基的一种主要成分，但在过多的葡萄糖或通气不足的情况下，葡萄糖会不完全氧化，积累酸性中间产物，导致培养基的 pH 下降，从而影响微生物的生长和产物的合成。

有些微生物霉菌和放线菌具有比较活跃的脂肪酶，能利用脂类如各种植物油和动物油作为碳源。常用的脂类有豆油、菜油、葵花籽油、猪油、玉米油、橄榄油等。油的酸价必须控制在低于 $10mg\cdot KOH/g$，若储存温度提高，时间长易氧化酸败变质，产生过氧化物，不仅对微生物产生毒性，而且会降低消泡能力。

有机酸或它们的盐以及醇类也能作为微生物碳源。生产中一般使用的是有机酸盐，随着有机酸盐的氧化常常产生碱性物质而导致发酵液 pH 变化，所以可以调节发酵过程中的 pH。

（二）氮源

氮源分为无机氮源和有机氮源两大类，它们对菌体的代谢都能产生明显的影响。如谷氨酸发酵，当 NH_4^+ 供应不足时，谷氨酸合成减少，α – 酮戊二酸开始积累；过量 NH_4^+ 将谷氨酸转变为谷氨酰胺。控

制适当的 NH_4^+ 浓度，才能使谷氨酸产量达到最大。

在发酵工业生产中，常使用有机氮源来获得所需的产品。当生产某些用于人类的疫苗，可以用化学纯氨基酸作培养基原料。例如，培养基中加入 Val（缬氨酸）可以提高红霉素产量，但生产中一般加入有机氮源获得所需氨基酸，在赖氨酸生产中，Met（蛋氨酸）和 Thr（苏氨酸）的存在可提高 Lys 的产量，但生产中常用黄豆水解液代替。

微生物对无机氮源的吸收利用要比有机氮源快，故称之为速效氮源。但速效氮源的利用常会引起 pH 的变化，对某些抗生素的生物合成产生抑制或阻遏作用，降低产量。如抗生素链霉菌的竹桃霉素的发酵，采用促进菌体生长的铵盐，能刺激菌丝生长，但抗生素的产量明显下降。铵盐还对吉他霉素、螺旋霉素、泰洛星等的生物合成产生同样的作用。

（三）磷酸盐

磷酸盐是微生物生长、繁殖和代谢活动中所必需的组分，微生物细胞中许多化学成分如核酸和蛋白质合成都需要磷，它也是许多辅酶和高能磷酸键的成分。磷有利于糖代谢的进行，因此它对微生物的生长有明显的促进作用。在配制培养基时，必须加入一定量的磷酸盐，以满足微生物生长活动的要求。

适合微生物生长的磷酸盐浓度为 0.3 ~ 300mmol/L，适合次级代谢产物合成所需的浓度平均为 1.0mmol/L，提高到 10mmol/L 就会明显抑制合成。相比之下，菌体生长所需要的浓度比次级代谢产物合成所需的浓度要大得多，两者平均相差几十倍至几百倍。

过量的磷酸盐会抑制许多产物的合成。例如，在谷氨酸的发酵生产中，磷的浓度过高，菌体生长旺盛，但是会抑制 6 - 磷酸葡萄糖脱氢酶的活性，导致谷氨酸的产量低，代谢转向缬氨酸。但也有一些产物的生产需要较高浓度的磷酸盐，如黑曲霉素、地衣芽孢杆菌生产 α - 淀粉酶时，高浓度的磷酸盐能显著提高 α - 淀粉酶的产量。磷酸盐也能够作为重要的缓冲剂。

二、基质浓度的控制

（一）碳源

1. 控制使用对产物生物合成有阻遏作用的碳源 在青霉素的发酵生产过程中，葡萄糖作为碳源的培养基中，菌体生长良好，但青霉素合成的量少；相反，在以乳糖为碳源的培养基中，青霉素的产量明显增加。糖被缓慢利用的速度恰好符合青霉素生物合成的速度，不会积累过量的对青霉素合成有抑制作用的葡萄糖。说明糖的缓慢利用是青霉素合成的关键。其他抗生素的发酵也有类似的情况，如葡萄糖抑制盐霉素、放线菌素等抗生素的合成。因此，控制使用对产物生物合成有阻遏作用的碳源非常重要。在工业上，发酵培养基常采用含有迅速和缓慢利用的混合碳源，就是利用的原理。

2. 控制适当量的碳源浓度 由于营养过多所引起的菌体异常繁殖，对菌体的代谢、产物的合成及氧的传递都会产生不良影响。若碳源的用量过大，则产物的合成会受到明显的抑制。反之，例如在青霉素发酵中仅仅供给维持量的葡萄糖 0.022g/[g（干菌体）·h]，菌的比生长速率和青霉素的比生产速率都降为零，所以必须供给适当量的葡萄糖方能维持青霉素的合成速率。控制适当量的碳源浓度，对工业发酵具有重要意义。

3. 控制碳源浓度的方法 可采用经验性方法和动力学法。前者是在发酵过程中采用中间补料的方法来控制。根据不同代谢类型来确定补糖时间、补糖量和补糖方式。动力学方法是根据菌体的比生长速率、糖比消耗速率及产物的比生产速率等动力学参数来控制。

即学即练6-2

在发酵的混合碳源当中，属于速效碳源的是（　　　）

A. 乳糖　　　　B. 淀粉　　　　C. 葡萄糖　　　　D. 动物油　　　　E. 植物油

答案解析

（二）氮源

发酵培养基一般选用快速和缓慢利用的氮源组成混合氮源，如链霉素发酵采用硫酸铵和黄豆饼粉。为了调节菌体生长和防止菌体衰老自溶，除了基础培养基中的氮源外，还要在发酵过程中补加氮源来控制其浓度，生产上常采用的方法如下。

1. 补加有机氮源　根据产生菌的代谢情况，可在发酵过程中添加某些具有调节生长代谢作用的有机氮源，如酵母粉、玉米浆、尿素等。如土霉素发酵中，补加酵母粉，可提高发酵单位；青霉素发酵中，后期出现糖利用缓慢、菌浓降低、pH下降的现象，补加尿素就可以改善并提高发酵单位；氨基酸发酵中，也可补加作为氮源和pH调节剂的尿素。

2. 补加无机氮源　补加氨水或硫酸铵是工业上常用的方法。氨水既可以作为无机氮源，又可调节pH。在抗生素发酵工业中，通氨是提高发酵产量的有益措施，如与其他条件相配合，有的抗生素的发酵单位可提高50%左右。当pH偏高而又需要补氮时，可补加生理酸性物质硫酸铵，以达到提高氮含量和调节pH的双重目的。还可补充其他无机氮源，但需要根据发酵控制的要求来选择。

（三）磷酸盐

磷酸盐的控制主要是通过在基础培养基中采用适当的磷酸盐浓度。对于初级代谢产物发酵来说，其对磷酸盐浓度的要求不如次级代谢产物发酵那样严格。对抗生素发酵来说，常常采用生长亚适量的磷酸盐浓度。该浓度取决于菌种特性、培养条件、培养基组成和来源等因素，即使同一种抗生素发酵，不同地区、不同工厂所用的磷酸盐浓度也不一致，甚至相差很大。

因此磷酸盐的控制浓度，必须结合当地的具体条件和和使用的原材料进行实验来确定。培养基中的磷含量，还可因配制方法和灭菌条件不同而变化。据报道，利用金霉素、链霉菌进行四环素发酵，菌体生长最适的磷浓度为$65 \sim 70 \mu g/ml$，而四环素合成的最适浓度为$25 \sim 30 \mu g/ml$，青霉素发酵用0.01%的磷酸二氢钾为好。在发酵过程中，有时发现代谢缓慢的情况，可采用补加磷酸盐的办法加以纠正。

任务四　溶解氧浓度对发酵的影响及其控制

PPT

溶解氧对菌体生长的影响是直接的，适宜的溶氧量保证菌体内的正常氧化还原反应。溶氧量少将导致能量供应不足，微生物将从有氧代谢途径转化为无氧代谢来供应能量，由于无氧代谢的能量利用率低，同时碳源物质的不完全氧化产生乙醇、乳酸、短链脂肪酸等有机酸，这些物质的积累将抑制菌体的生长与代谢。当溶氧量偏高，可导致培养基的过度氧化，细胞成分由于氧化而分解，也不利于菌体生长。

在各种代谢产物的发酵过程中，随着生产能力的不断提高，微生物的需氧量亦不断增加，对发酵设备供氧能力的要求愈来愈高。溶解氧浓度已成为发酵生产中提高生产能力的限制因素。所以，处理好发酵过程中的供氧和需氧之间的关系，是研究最佳化发酵工艺条件的关键因素之一。

一、溶解氧浓度对发酵的影响

（一）微生物对氧的需求

1. 摄氧率和呼吸强度　在发酵过程中，微生物对氧的需求即耗氧量可以用过两个物理量来表示。

（1）摄氧率（r）　即单位体积发酵液每小时消耗氧的量，单位为 mmol O_2/（L·h）。

（2）呼吸强度（Q_{O_2}）　即单位重量的菌体（折干）每小时消耗氧的量，单位为 mmol O_2/[g（干菌体）·h]。

2. 呼吸临界氧浓度　微生物的呼吸强度的大小受多种因素影响。在溶氧浓度低时，呼吸强度随着溶解氧浓度的增加而增加，当溶氧浓度达到某一值后，呼吸强度不再随溶解氧浓度的增加而变化，此时的溶解氧浓度称为呼吸临界氧浓度，以 $C_{临界}$ 表示。影响微生物呼吸临界氧浓度的主要因素如下。

（1）微生物的种类与培养温度　见表 6−2。

表 6−2　某些微生物的呼吸临界氧浓度

微生物	培养温度（℃）	呼吸临界氧浓度（mmol/L）
大肠埃希菌	37	0.0082
	0.0031	15
酵母菌	35	0.0046
	0.0037	20
产黄青霉	30	0.009
	0.022	24

（2）微生物的生长阶段　次级代谢产物的发酵过程，可分为菌体生长阶段和产物合成阶段，这两个阶段的呼吸临界氧浓度分别用 $C_{长临}$ 和 $C_{合临}$ 表示，随菌种的生理学特性不同，两者表现出不同关系。

（二）氧在液体中的溶解特性

1. 溶解氧饱和度（C^*）　氧溶解于在水中的过程是气体分子的扩散过程。气体与液体相接处，气体分子就会溶解于液体当中，经过一定时间的接触，气体分子在气液两相中的浓度就会达到动态平衡。若外界条件如温度、压力等不再变化，气体在液相中的浓度就不再随时间变化，此时的浓度即该条件下气体在溶液中的饱和度。溶解氧饱和度和浓度（C^*）的单位可用 mmol O_2/L 或 mg O_2/L 表示。

2. 影响氧饱和浓度的因素

（1）温度　随着温度的升高，气体分子的运动加快，使溶液中的饱和氧浓度下降，见表 6−3。

表 6−3　一个大气压下纯氧在水中的溶解度

温度（℃）	0	10	15	20	25	30	35	40
溶解度	2.18	1.70	1.54	1.38	1.26	1.16	1.09	1.03

当纯水与一个大气压的空气平衡时，温度对饱和度的影响可用以下经验公式计算，使用范围是 4~33℃。

$$C^* = 14.68/(31.6 + t)$$

式中，C^* 为与 1 个大气压空气平衡的水中氧的饱和浓度（mol/m³）；t 为溶液的温度（℃）。

（2）溶液的性质　一种气体在不同溶液中的溶解度是不同的，同一种溶液由于其中溶质含量不同，氧的溶解度也不同。一般来说，溶质含量越高，氧的溶解度越小，见表6-4。

表6-4 25℃及一个大气压下纯氧在不同溶液中的溶解度（mmol O₂/L）

浓度（mol/L）	HCl	H₂SO₄	NaCl	纯水
0.1	1.21	1.21	1.07	
1.0	1.16	1.12	0.89	1.26
2.0	1.12	1.02	0.71	

（3）氧分压 在系统总压力小于0.5Mpa的情况下，氧在溶液中的溶解度只与氧的分压呈直线关系，可用Henry's公式表示。

$$C^* = 1/H \cdot P_{O_2}$$

式中，C^*为与气相P_{O_2}达到平衡时溶液中的氧浓度（mmol O₂/L）；P_{O_2}为氧分压（MPa）；H为Henry's常数（与溶液性质、温度等有关）（MPa·L/mmol O₂）。

气相中氧分压增加，溶液中溶氧浓度亦随之增加，当向溶液中通入纯氧时，溶液中氧饱和浓度可达到43mg O₂/L。

工业发酵所用的方法多数为需氧发酵，少数为厌氧发酵。对于需氧发酵来说，发酵过程中的溶氧浓度是重要的控制参数。发酵液中溶氧浓度的高低对菌体生长、产物的合成以及产物的性质都会产生不同的影响。例如，谷氨酸发酵时，供氧不足会使谷氨酸积累明显降低，产生大量琥珀酸或乳酸；维生素B₁₂生产时，限制供氧才能积累大量B因子，而B因子在供氧的条件下又转化为维生素B₁₂，所以发酵采用先厌氧后需氧的方式；天冬氨酸的发酵中，前期是好氧发酵，后期转为厌氧发酵，酶的活力显著增加。

因此，需氧发酵并不是溶氧越高越好。适当的溶氧水平有利于菌体的生长和产物的合成；但溶氧浓度太高时，反而抑制产物的生成。因此，为了正确控制溶氧浓度，有必要考察每一种产物的临界溶氧浓度和最适溶氧浓度，并使发酵过程保持在最适溶氧浓度。

二、溶解氧浓度的影响因素及其控制

（一）微生物需氧量的影响因素

影响生物需氧量的因素有很多，主要有菌种的生理特性、培养基组成、溶氧浓度和发酵工艺条件等。

1. 微生物的种类和生长阶段 微生物的种类不同，生理特性不同，代谢活动中的需氧量也不同。例如：需氧菌和兼性厌氧菌的需氧量明显不同；同样是需氧菌，细菌、放线菌和真菌的需氧量也不同，见表6-5。

表6-5 某些微生物的呼吸强度 Q_{O_2} [mmol O₂/（g·h）]

微生物	呼吸强度 Q_{O_2}
黑曲霉	3.0
灰色链霉菌	3.0
产黄青霉	3.9
产气克雷伯菌	4.0
啤酒酵母	8.0
大肠埃希菌	10.8

一般来说，微生物的细胞结构越简单，其生长速度就越快，单位时间内消耗的氧就越多。从菌体的生理阶段看：同一种微生物的不同生长阶段，其需氧量也不同。在迟缓期，由于菌体代谢不活跃，需氧量较低；进入对数生长期，菌体代谢旺盛，呼吸强度越高，需氧量随之增加；到了稳定期，需氧量不再增加。

从菌体的生产阶段看，菌体生长阶段的摄氧率大于产物合成期的摄氧率。因此认为培养液的摄氧率达最高值时，培养液中菌体浓度也达到了最大值。

2. 培养基的成分 微生物对不同营养物质的利用情况不同，因而培养基的组成对生产菌种的代谢及需氧量有显著的影响。培养基中碳源物质对微生物的需氧量的影响尤为明显，见表6-6。

表6-6 各种碳源对点青霉摄氧率的影响

有机物	摄氧率正价（%）	有机物	摄氧率正价（%）	有机物	摄氧率正价（%）
葡萄糖	130	糊精	60	乳糖	30
麦芽糖	115	乳酸钙	55	木糖	30
半乳糖	115	蔗糖	45	鼠李糖	30
纤维糖	110	甘油	40	阿拉伯糖	20
甘露糖	80	果糖	40		

在补料分批发酵过程中，菌种的需氧量随补入的碳源浓度而变化，一般补料后，摄氧率均有不同程度的增大。容易被微生物分解利用的碳源，消耗的氧就比较多；不容易被微生物分解利用的碳源消耗的氧就少（取决于微生物体内分解该物质的酶活力的大小）。

除了碳源物质直接影响摄氧率外，其他培养基成分，如磷酸盐、氮源对微生物的摄氧率也有一定的影响。

3. 培养液中溶解氧浓度 C_L 当培养液中的溶解氧浓度 C_L 高于菌体的 $C_{长临}$ 时，菌体的呼吸就不受影响，菌体的各种代谢活动不受干扰；如果培养液中的 C_L 低于 $C_{长临}$ 时，菌体的多种生化代谢就要受到影响，严重时会产生不可逆的抑制菌体生长和产物合成的现象。

4. 培养条件 微生物呼吸强度的临界值除受到培养基组成的影响外，还与培养液的 pH、温度等培养条件相关。一般说，温度愈高，营养成分愈丰富，其呼吸强度的临界值也相应地增大。当 pH 为最适时，微生物的需氧量也最大。

5. CO_2 浓度 在发酵过程中，微生物在吸收氧气的同时，也呼出 CO_2 废气，它的生成与菌体的呼吸作用密切相关。在相同压力下，CO_2 在水中的溶解度是氧溶解度的30倍。因而发酵过程中如不及时将培养液中的 CO_2 从发酵液中除去，势必影响菌体的呼吸，进而影响菌体的代谢活动，原因是氧气和 CO_2 的运输都是靠胞内外浓度差进行的被动扩散，由浓度高的地方向浓度低的地方扩散，发酵培养基中积累的 CO_2 如果不能及时地被排出，就会影响菌体的呼吸。如图6-1所示。

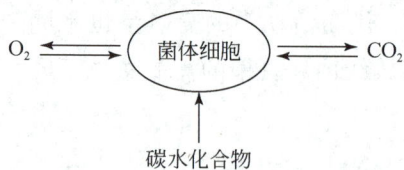

$$O_2 \longleftrightarrow 菌体细胞 \longleftrightarrow CO_2$$

碳水化合物

图6-1 二氧化碳浓度对呼吸的影响

即学即练6-3

发酵过程中会影响微生物呼吸临界氧浓度的因素是（ ）
A. 呼吸强度 B. 微生物的生长阶段 C. 微生物的种类
D. 培养温度 E. 摄氧率

答案解析

（二）氧供给的影响因素

由于影响发酵过程中供氧的主要因素有氧传递推动力和液相体积氧传递系数，因此，若能改变这两个因素，就能改变供氧能力。具体的影响因素如下。

1. 搅拌

（1）搅拌的作用　①使发酵罐内的温度和营养物质浓度达到均一，使组成发酵液的三相系统充分混合；②把引入发酵液中的空气分散成小气泡，从而增加气－液间的接触面积，提高 K_La 值；③增强发酵液的湍流程度，降低气泡周围的液膜厚度和流体扩散阻力，从而提高氧的传递速率；④减少菌丝结团，降低菌丝丛内扩散阻力和菌丝丛周围的液膜阻力；⑤可延长空气气泡在发酵罐中的停留时间，增加氧的溶解量。

应指出的是，如果搅拌速度过快，由于剪切速度增大，菌丝体会受到损伤，影响菌丝体的正常代谢，同时浪费能源。

（2）搅拌功率的计算　当流体处于湍流状态时，单位体积发酵液所消耗的搅拌功率才能作为衡量搅拌程度的可靠指标。在搅拌情况下，当发酵液达到完全湍流状态时，搅拌功率 P 为

$$P = K \cdot d^5 \cdot n^3 \cdot \rho$$

式中，d 为搅拌器直径（m）；n 为搅拌器转速（r/min）；ρ 为发酵液密度（kg/m^3）；P 为搅拌功率（kW）；K 为经验常数，随搅拌器形式而变，一般由实验测定。

此式是在不通气和具有全挡板条件下的搅拌功率计算式，当发酵液通入空气后，由于气泡的作用降低了发酵液的密度和表观黏度，所以通气情况下的搅拌功率仅为不通气时所消耗功率的30%～60%。

2. 空气流速

（1）空气流速的影响　当空气流速增加时，由于发酵液中的空气增多、密度下降，使搅拌功率也下降。当空气流速增加到某一值时，由于空气流速过大，通入的空气不经过搅拌叶的分散，而沿着搅拌轴形成空气通道，空气直接逸出发酵液，搅拌功率不再下降，此时的空气流速称为"气泛点"。此时再增加空气流速，对气体的分散是没有意义的，因此在发酵过程中应控制空气流速（或流量），使搅拌轴附近的液面没有大的气泡溢出。

（2）搅拌功率与空气流速对 K_La 影响的比较　虽然搅拌功率和空气流速都对氧传递系数 K_La 有影响，但是实验测出的数据表明，搅拌功率对发酵产量的影响远大于空气流速。高的搅拌转速不仅使通入罐内的空气得以充分的分散，增加气－液接触界面，而且可以延长空气在罐内的停留时间。空气流速过大，不利于空气在罐内的分散与停留，同时导致发酵液浓缩，影响氧的传递。

因此，要提高发酵罐的供氧能力，采用高搅拌功率，适当降低空气流速是一种有效的方法。

3. 发酵液物理性质

发酵液的黏度是影响氧传递系数 K_La 的主要原因之一。由于微生物生长和多种代谢作用使发酵不断地发生变化，营养物质的消耗、菌体浓度、菌丝形态和某些代谢产物的合成都能引起发酵液黏度的变化。

发酵过程中菌体的浓度和形态对黏度有较大的影响，因而影响氧的传递。细菌和酵母菌发酵时，发酵液黏度低，对氧传递的影响较小。霉菌和放线菌发酵时，随着菌体浓度的增加，发酵液的黏度也增加，对氧的传递有较大影响。

4. 泡沫

在发酵过程中，由于通气和搅拌的作用引起发酵液出现泡沫。在黏稠的发酵液中形成的流态泡沫比较难以消除，影响气体的交换和传递。如果搅拌叶轮处于泡沫的包围之中，也会影响气体与液体的充分混合，降低氧的传递速率。

5. 空气分布器形式和发酵罐结构　在需氧发酵中，除了搅拌可以将空气分散成小气泡外，还可用鼓泡器来分散空气，提高通气效率。当空气流量增加到一定值时，有无鼓泡器对空气的混合效果无明显的影响。此时，空气流量较大，造成发酵液的翻动和湍流，对空气起到了很好的分散作用。鼓泡器只是在空气流速较低的时候对空气起到一定的分散作用。此外，发酵罐的结构，特别是发酵罐的高与直径的值，对氧的吸收和传递有较大的影响。

（三）溶氧浓度的控制

发酵过程中，溶氧浓度由供氧和需氧两方面决定。当供氧量大于需氧量时，溶氧浓度就会上升；反之会下降。因此，要控制好发酵液中的溶氧浓度，需从供氧和需氧两方面着考虑。

1. 提高供氧能力　设法提高氧传递的推动力和液相体积氧传递系数 K_La。氧传递的推动力 ΔC（$\Delta C = C^* - C_L$）主要受氧饱和度 C^* 的影响，而氧饱和度主要受温度、罐压及发酵液性质的影响。这些参数在优化了的工艺条件下，已经很难改变，因此，提高供氧能力主要靠提高 K_La 来实现。K_La 与搅拌、通气及发酵液的黏度等参数有关。可通过提高搅拌转速或通气流速，降低发酵液的黏度等来提高供氧能力。

2. 供氧量大小与需氧量相协调　用适当的工艺条件来控制需氧量，使产生菌的需氧量不超过设备的供氧能力，从而使溶解氧浓度始终控制在临界溶氧浓度之上，不成为菌体生长和合成产物的限制因素。

（四）菌体比生长速率的控制

发酵过程的需氧量受菌体浓度、营养基质的种类与浓度以及培养条件等因素的影响，其中以菌浓的影响最为明显。摄氧率随菌浓的增加而增加，但氧的传递速率随菌浓的增加呈对数关系减少。因此，可以通过控制菌体的比生长速率控制菌体浓度，使摄氧率小于或等于供氧速率，这是控制最适溶解氧浓度的重要方法。

（五）营养基质浓度的控制

最适菌浓既要保证产物的比生产速率维持在最大值，又不会使需氧大于供氧。最适菌体浓度的控制可以通过营养基质浓度的控制来实现。如青霉素发酵，就是通过控制补加葡萄糖的速率来控制菌体浓度，从而控制溶氧浓度。在自动化的青霉素发酵控制中，已利用敏感的溶氧电极来控制青霉素发酵，利用溶氧浓度的变化来自动控制补糖速率，并间接控制供氧速率和 pH，实现菌体生长、溶氧和 pH 三位一体的控制体系。

除控制补料速度外，在工业生产上还可采用适当调节发酵温度、液化培养基、中间补水、添加表面活性剂等工艺措施，来改善溶氧状况。

三、溶解氧的检测

为了随时了解发酵过程中的供氧、需氧情况，判断设备的供氧效果，经常测定发酵液中的溶解氧浓度、摄氧率和液相体积氧传递系数，以便有效地控制发酵过程，为实现发酵过程的自动化控制创造条件。

（一）亚硫酸钠测定法

亚硫酸钠作为还原剂可与发酵液中的溶解氧发生定量的氧化还原反应，根据消耗的亚硫酸钠的量，可以计算出溶解氧的量。但是，由于测定方法是离线测定，发酵液被取出后已经与发酵罐内的发酵液在溶解氧的含量上发生了显著的变化，因此这种方法误差很大，不能反映发酵罐内溶解氧的实际浓度。

（二）碘量法

水样中加入硫酸锰和碱性碘化钾，水中溶解氧将低价锰氧化成为高价锰，生成四价锰的氢氧化物棕色沉淀。加酸后，氢氧化物沉淀溶解，并与碘离子反应而释放出游离碘。以淀粉为指示剂，用硫代硫酸钠标准溶液滴定释放出的碘，据滴定溶液消耗量计算溶解氧含量。

碘量法测定溶解氧，需经过溶解氧的固定、滴定及干扰的排除，消耗化学试剂，步骤烦琐耗时长，干扰物质影响多，现场固定保存条件严格，不适用于长期监测和快速监测。

（三）电化学法

电化学法主要使用的是复膜溶氧电极，主要由两个电极、电解质和一张能透气的塑料薄膜构成。目前使用的复膜溶氧电极有极普型和原电池型两种。

1. 极普型溶氧电极　需要外界给予一定的电压才能工作，电极采用贵重金属（如银）制成，其电解质为 KCl 溶液。当接上外接电源时，银表面生成氧化银覆盖层，组成银 – 氧化银参比电极。

2. 原电池型溶氧电极　阴极由贵金属铂制成，阳极为铅电极。两极之间充满乙酸盐电解液，组成原电池。

在阴极（Pt）上发生的反应：$1/2 O_2 + H_2O + 2e \longrightarrow 2OH^-$

在阳极（Pb）上发生的反应：$Pb + 2HAc \longrightarrow Pb(Ac)_2 + 2H^+ + 2e$

电化学探头法自动化程度高，误差小，与碘量法相比，具有操作简单、快捷高效的特点，无须配置试剂，可现场快速测定，适于自动连续监测。缺点是易受干扰。

（四）光学溶解氧传感器法

针对电化学探头法具有膜和电极要定期维护，使用成本高等缺点，国外市场出现了一种新的基于荧光猝灭效应的溶解氧检测仪，能够快速检测溶解氧含量，传感膜寿命长，且在检测时不消耗氧，使用简单方便。美国材料与检测协会国际标准开发组织（ASTM）已把此方法正式确认为测量水中溶解氧的三个标准方法之一，并将其与化学滴定法、电化学（膜）测量法并列。

任务五　pH 对发酵的影响及其控制

PPT

发酵过程中培养液中的 pH 是微生物在一定环境条件下代谢活动的综合指标，是一项重要的发酵参数，对菌体的生长和产品的积累有很大的影响。因此必须掌握发酵过程中 pH 的变化规律，以便对发酵过程进行合理有效的控制。

每一类菌都有其最适的、能耐受的 pH 范围。细菌和放线菌在 6.5 ~ 7.5，酵母在 4 ~ 5，霉菌在 5 ~ 7。微生物生长阶段和产物合成阶段的最适 pH 往往也不一样，这不仅与菌种的特性有关，也取决于产物的化学性质。因此，为了更有效地控制生产，必须充分了解微生物生长和合成产物的最适 pH。

选择最适 pH 的准则是有利于菌的生长和产物合成，以获得较高的产量。以利福霉素为例，由于利福霉素分子中所有碳单位都是由葡萄糖衍生的，在生长期葡萄糖利用情况对利福霉素 B 生产产生一定影响。实验证明，其最适 pH 在 7.0 ~ 7.5 范围。当 pH 在 7.0 时，平均得率系数达最大值，在利福霉素 B 发酵的各种参数中，从经济角度考虑，平均得率系数最重要，故 pH 7.0 是利福霉素 B 的最佳条件。

一、pH 对发酵的影响

（一）影响酶的活性

一般认为细胞内的 H^+ 或 OH^- 能够影响酶蛋白的解离度和电荷状况，改变酶的结构和功能，引起酶活性的改变。但培养基中的 H^+ 或 OH^- 并不是直接作用在胞内酶蛋白上，而是首先作用在胞外的弱酸（或弱碱）上，使之成为易于透过细胞膜的分子状态的弱酸（或弱碱），它们进入细胞后，再行解离，产生 H^+ 或 OH^-，改变胞内原先存在的中性状态，进而影响酶的结构和活性。所以培养基中 H^+ 或 OH^- 是通过间接作用来产生影响的。

（二）影响基质或中间产物的解离状态

基质或中间产物的解离状态受细胞内外 pH 的影响，不同解离状态的基质或中间产物透过细胞膜的速度不同，因而代谢的速度不同。

（三）影响发酵产物的稳定性

发酵代谢产物的化学性质不稳定，特别是对溶液的酸碱性很敏感。如在 β – 内酰胺类抗生素噻烯霉素的发酵中考察 pH 对产物生物合成的影响时发现，pH 在 $6.7 \sim 7.5$ 之间时，抗生素的产量变化不大，高于或低于这个范围，产物的产量就明显下降，pH >7.5 时，噻烯霉素的稳定性下降，半衰期缩短，发酵单位也下降。青霉素（在偏酸性的 pH 条件下稳定）在 pH >7.5 时 β – 内酰胺环开裂，青霉素就失去抗菌作用，因此青霉素在发酵过程中一定要控制 pH 不能高于 7.5，否则发酵得到的青霉素将全部失活。

（四）影响代谢方向

不同 pH 往往引起菌体不同代谢过程，使代谢产物的质量和比例发生改变。例如，黑曲霉在 pH $2 \sim 3$ 时发酵产生枸橼酸，在 pH 近中性时，则产生草酸。谷氨酸发酵，在中性和微碱性条件下积累谷氨酸，在酸性条件下则容易形成谷氨酰胺和 N – 乙酰谷氨酰胺。

二、发酵过程中 pH 的变化

（一）变化原因

1. 基质代谢

（1）糖代谢　糖被快速利用后，分解成小分子酸、醇，使 pH 下降。糖缺乏，pH 上升，是补料的标志之一。

（2）氮代谢　当氨基酸中的氨基被利用后，pH 会下降；尿素被分解成 NH_3，pH 会上升，NH_3 利用后则 pH 下降；当碳源不足时，氮源被当作碳源所利用，pH 上升。

（3）生理酸碱性物质　一般来说，有机氮源和某些无机氮源的代谢起提高 pH 的作用，例如氨基酸的氧化和硝酸钠的还原，玉米浆中的乳酸被氧化等，这类物质被微生物利用后，可使 pH 上升，这些物质被称为生理碱性物质，如有机氮源、硝酸盐、有机酸等。

2. 产物形成 某些产物本身呈酸性或碱性，使发酵液 pH 变化。如有机酸类产生使 pH 下降，红霉素、林可霉素、螺旋霉素等抗生素呈碱性，使 pH 上升。

3. 菌体自溶 一般来讲，随着发酵的进行，发酵罐内的微生物的生理阶段不断变化，由最初的准备期，经过对数生长期、稳定期，逐渐进入衰退期。由于发酵生产的要求和放罐终点的控制，进入衰退期的微生物不可能全部离开发酵液。这就导致在发酵生产末期，有一定量的微生物处于衰退期并出现菌体自溶的现象。自溶之后的菌体会释放其体内的各种酸碱性物质，因此导致 pH 上升。整体上来讲，发酵后期发酵液的 pH 会上升。

即学即练 6-4

发酵过程中会影响 pH 变化的原因包括（　　　　）
A. 基质代谢　　　　　　B. 产物形成　　　　　　C. 菌体自溶
D. 生理酸碱性物质　　　E. 杂菌污染

答案解析

（二）变化来源

发酵过程中 pH 的变化是各种酸碱物质综合作用的结果，来源主要如下。

1. 菌种遗传特性 在产生菌的代谢过程中，菌体本身具有一定的调整 pH 的能力，构建最适 pH 的环境。以产生利福霉素的诺卡菌为例，采用 6.0、6.8、7.5 三个不同的起始 pH，结果发现 pH 在 6.8、7.5 时，菌丝生长和发酵单位都能达到正常水平。但起始 pH 为 6.0 时，菌体浓度仅为 20%，发酵单位为零。说明菌种有一定的自我调节能力，但调节能力有限。

2. 培养基的成分 培养基中的糖类物质在高温灭菌的过程中氧化生成相应的酸，或者与培养基中的其他成分（或杂质）反应生成酸性物质。糖被微生物利用之后，产生有机酸，并分泌到培养液中。一些生理酸碱物质（硫酸铵）等被菌体利用后，会促使 H^+ 浓度增加，导致 pH 下降。

发酵过程中，当一次性加糖或加油过多，且供氧不足时，碳源氧化不完全，导致有机酸积累下降。

3. 发酵工艺条件 对发酵的 pH 产生显著的影响。如当通气量低、搅拌效果不好时，由于氧化不完全，有机酸积累，发酵的 pH 降低；反之，若通气量过高，大量有机酸被氧化或被挥发，则发酵的 pH 升高。

综上所述，发酵液的 pH 变化是菌体产酸或产碱等生化代谢反应的综合结果，从代谢曲线的 pH 变化可以推测发酵罐中各种生化反应的进行状况及 pH 变化异常的可能原因，并提出改进意见。在发酵过程中，要选择好发酵培养基的成分及其配比，控制好发酵工艺条件，才能保证 pH 不会产生明显的波动，维持在最佳的范围内，得到预期的发酵结果。

三、pH 的确定和控制

（一）发酵 pH 的确定

1. 根据实验结果确定 通常将发酵培养基调节成不同的起始 pH，在发酵过程中定时测定，并不断调节 pH，以维持其起始 pH，或者利用缓冲剂来维持发酵液的 pH。同时观察菌体的生长情况，菌体生长达到最大值的 pH 即菌体生长的最适 pH。

2. 根据发酵阶段确定 选择并控制好发酵过程中的 pH 对维持菌体的正常生长和取得预期的发酵产

物是重要的控制内容之一。微生物发酵的合适 pH 范围一般在 5 ~ 8 之间，如谷氨酸发酵的最适 pH 为 7.5 ~ 8.0。但发酵的 pH 又随菌种和产品不同而不同。由于发酵过程是许多酶参与的复杂反应体系，各种酶的最适 pH 也不相同。因此，同一菌种，其生长最适 pH 可能与产物合成的最适 pH 不同。如初级代谢产物丙酮、丁醇发酵所采用的梭状芽孢杆菌，在 pH 中性时，菌种生长良好，但产物产量很低。实际发酵的最适 pH 为 5 ~ 6 时，代谢产物的产量才达到正常。次级代谢产物抗生素的发酵更是如此，链霉素产生菌生长的最适 pH 为 6.2 ~ 7.0，而合成链霉素的最适 pH 为 6.8 ~ 7.3。因此，应该按发酵过程的不同阶段分别控制不同的 pH 范围，使产物的产量达到最大。

（二）发酵 pH 的控制

微生物发酵 pH 范围为 5 ~ 8，但适宜 pH 因菌种、产物、培养单和温度不同而变化，要根据实验结果确定菌体生长和产物生产最适 pH，分不同阶段分别控制，以达到最佳生产效率。工业上控制 pH 的方法有以下几种。

1. 根据菌种特性和培养基性质，选择适当培养基成分和配比　有些成分可在中间补料时补充调节。例如，在青霉素发酵中，根据产生菌代谢需要用改变加糖速率来控制 pH，比加酸碱直接调节更能增产青霉素。

2. 加入适量缓冲溶剂　常用缓冲溶剂有碳酸钙、磷酸盐等。碳酸钙主要作用是中和各种酸类产物。防止 pH 急剧下降。但这种方式调节能力有限，有时达不到要求。

3. 直接加酸加碱　调节 pH 迅速，适用范围大。但直接加酸加碱对菌体伤害大，因此生产上常用生理酸性物质（如硫酸铵）和生理碱性物质（如氨水、硝酸钠）等来控制。当 pH 和氮含量低时补充氨水；pH 较高和含氮量低时补充硫酸铵。生产上一般用压缩氨气或工业氨水进行通氨，采用少量间歇或少量自动流加，避免一次加入过量造成局部偏碱。

4. 补料　如补入生理酸性物质［如（NH_4）$_2SO_4$］或生理碱性物质（如氨水），它们不仅可以调节 pH，还可以补充氮源。当发酵的 pH 和氨氮含量都低时，补加氨水，可达到调节 pH 和补充氮源的目的。反之，如果 pH 较高，氮含量又低时，就应补加（NH_4）$_2SO_4$。采用补料的方法可以同时实现补充营养、延长发酵周期、调节 pH 和改变培养液的性质（如黏度）等几个目的。最成功的例子是青霉素发酵的补料工艺，利用控制葡萄糖的补加速率来控制 pH 的变化。其青霉素产量比用恒定的加糖速率或加酸、碱来控制 pH 的产量高 25%。

5. 其他方法　如采用多加油、糖的办法，以及适当降低空气流量、降低搅拌或停止搅拌来调节，以降低 pH；提高通气量加速脂肪酸代谢也可调节，以提高 pH；采用中空纤维过滤器进行细胞循环（过滤发酵液、除去酸等）亦可使 pH 升高。

任务六　温度对发酵的影响及其控制

PPT

温度对发酵的影响及其调节控制是影响有机体生长繁殖最重要的因素之一，因为任何生物化学的酶促反应均与温度变化有关。温度对发酵的影响是多方面且错综复杂的，主要表现在对细胞生长、产物合成、发酵液的物理性质和生物合成方向等方面。

发酵所用的菌种绝大部分是中温菌，如霉菌、放线菌和一般细菌。它们的最适生长温度一般为 20 ~ 40℃。在发酵过程中，需要维持适当的温度，才能使菌体生长和代谢产物的生物合成顺利进行。

一、温度对发酵的影响

（一）影响微生物细胞的生长

随着温度的上升，细胞的生长繁殖加快。这是由于生长代谢以及繁殖都有酶参与。根据酶促反应的动力学，温度升高，反应速度加快，呼吸强度增加，最终导致细胞生长繁殖加快。但随着温度的上升，酶失活的速度也越大，使衰老提前，发酵周期缩短，这对发酵生产是极为不利的。

（二）影响发酵化学反应速度

由于微生物发酵中的化学反应几乎都由酶催化，酶活性越大，酶促反应的速度就越快。一般在低于酶的最适温度时，升高温度可提高酶的活性，当温度超过最适温度时，酶的活力下降，化学反应速度降低。另外，高温会引起菌丝提前自溶，缩短发酵周期，降低生物代谢产物产量。不同菌种生长最适温度也不同，如灰色链霉菌为 27～29℃；红色链霉菌为 30～32℃；青霉素生长温度为 27～28℃，合成温度为 26℃；庆大霉素合成最适温度为 32～34℃，生长最适温度为 34～36℃。一般生物合成最适温度低于生物生长最适温度。

（三）影响产物的合成方向

在四环类抗生素发酵中，金色链霉菌能同时产生四环素和金霉素，在 30℃ 时，它合成金霉素的能力较强。随着温度的提高，合成四环素的比例提高。当温度超过 35℃ 时，金霉素的合成几乎停止，只产生四环素。

温度的变化还对多组分次级代谢产物的组分产生影响，如黄曲霉产生的黄曲霉素为多组分，在 20℃、25℃ 和 30℃ 发酵所产生的黄曲霉素 G 与黄曲霉素 B 的比例分别为 3:1、1:2 和 1:1。又如赭曲霉在 10～20℃ 发酵时，有利于合成青霉酸，在 28℃ 时则有利于合成赭曲霉素 A。这些例子都说明温度变化不仅影响酶反应的速率，还影响代谢产物合成的方向。

（四）影响发酵液的物理性质

温度除了影响发酵过程中各种反应速率外，还可以通过改变发酵液的物理性质，如发酵液的黏度、基质和溶氧浓度、传递速率、某些营养成分的分解和吸收速率等，间接影响微生物的生物合成。

例如，温度对氧在发酵液中的溶解度就有很大影响，随着温度的升高，气体在溶液中的溶解度减小，氧的传递速率也会改变。另外，温度还影响基质的分解速率，例如，菌体对硫酸盐的吸收在 25℃ 时最小。

二、发酵温度的影响因素

发酵温度取决于发酵过程中能量的变化，一般与内在因素有关。菌体在生长繁殖过程中产生的热是内在因素，称为生物热，是不可改变的。另外，也与外在因素（搅拌热、蒸发热、辐射热及冷却介质移出的热量）有关。

（一）发酵热（$Q_{发酵}$）

发酵热就是发酵过程中产生的净热量，是各种产生的热量减去各种散失的热量后所得的净热量。主要由以下几个因素组成。

$$Q_{发酵} = Q_{生物} + Q_{搅拌} - Q_{蒸发} - Q_{显} - Q_{辐射}$$

通过测量一定时间冷却水的流量和冷却水的进、出口温度，按下式计算出发酵热。

$$Q_{发酵} = G \cdot CW \cdot (t_2 - t_1)/V$$

式中，G 为冷却水的流量（kg/h）；CW 为水的比热 [kJ/(kg·℃)]；t_2、t_1 分别为冷却水的进、出口温度（℃）；V 为发酵液的体积（m³）。

通过发酵罐温度的自动控制，先使罐温达到恒定，再关闭自动控制装置，测定温度随时间上升的速率，按下式计算发酵热。

$$Q_{发酵} = (M_1 C_1 + M_2 C_2) \cdot S$$

式中，M_1 为系统中发酵液的质量（kg）；M_2 为发酵罐的质量（kg）；C_1 为发酵液的比热 [kJ/(kg·℃)]；C_2 为发酵罐材料的比热 [kJ/(kg·℃)]；S 为温度上升速率（℃/h）。

（二）生物热（$Q_{生物}$）

$Q_{生物}$ 是生产菌在生长繁殖时产生的大量热量。生物热主要是培养基中碳水化合物、脂肪、蛋白质等物质被分解为 CO_2、NH_3 时释放出的大量能量。主要用于合成高能化合物，供微生物生命代谢活动及热能散发。

生物热的大小与菌种遗传特性、菌体的生长阶段有关，还与营养基质有关。在相同条件下，培养基成分越丰富，产生的生物热也就越大。

（三）搅拌热（$Q_{搅拌}$）

搅拌的机械运动造成液体之间，液体与设备之间的摩擦而产生的热称为搅拌热，可由以下公式近似计算出来。

$$Q_{搅拌} = 3600 \, (P/V)$$

式中，3600 为热功当量 [kJ/(kW·h)]，(P/V) 是通气条件下单位体积发酵液所消耗的功率（kW/m³）。

（四）蒸发热（$Q_{蒸发}$）

通入发酵罐的空气，其温度和湿度随季节及控制条件的不同而有所变化。空气进入发酵罐后，就和发酵液广泛接触进行热交换。同时，必然会引起水分的蒸发，蒸发所需的热量即蒸发热。

（五）辐射热（$Q_{辐射}$）

由于发酵罐内外温度差，使得发酵液中的部分热量通过罐体向外辐射的热量，称为辐射热。辐射热可通过罐内外的温差求得，一般不超过发酵热的5%。辐射热的大小取决于罐内外的温差，受环境温度变化的影响，冬天影响大一些，夏季影响小些。

（六）显热（$Q_{显}$）

显热指由排出气体所带的热量。

三、发酵温度的确定和控制

（一）最适温度的确定

最适温度是一种相对概念，是指在该温度下最适于菌的生长或发酵产物的生成。选择最适温度应该考虑微生物生长的最适温度和产物合成的最适温度。最适发酵温度与菌种、培养基成分、培养条件和菌体生长阶段有关。

在抗生素发酵中，细胞生长和代谢产物积累的最适温度往往不同。例如，青霉素产生菌生长的最适温度为30℃，但产生青霉素的最适温度是24.7℃。

1. 根据菌体生长阶段确定　在生长初期，抗生素还未开始合成，菌丝体浓度很低时，以促进菌丝体迅速生长繁殖为目的，应该选择最适于菌丝体生长的温度。当菌丝体浓度达到一定程度，进入抗生素分泌期时，此时生物合成成为主要方面，就应该满足生物合成的最适温度，这样才能促进抗生素的大量合成。在乳酸发酵中也有这种情况，乳酸链球菌的最适生长温度是34℃，而产酸的最适温度不超过30℃。因此，需要在不同的发酵阶段选择不同的最适温度。

2. 根据发酵条件合理调整　需要考虑的因素包括菌种、培养基成分和浓度、菌体生长阶段和培养条件等。溶解氧浓度是受温度影响的，其溶解度随温度的下降而增加。因此当通气条件较差时，可以适当降低温度以增加溶解氧浓度。在较低的温度下，既可使氧的溶解度相应大一些，又能降低菌体的生长速率，减少氧的消耗量，这样可以弥补较差的通气条件造成的代谢异常。

3. 根据培养基成分和浓度确定　在使用浓度较稀或较易利用的培养基时，过高的培养温度会使营养物质过早耗竭，导致菌体过早自溶，使产物合成提前终止，产量下降。例如，玉米浆比黄豆饼粉更容易被利用，因此在红霉素发酵中，提高发酵温度使用玉米浆培养基的效果就不如黄豆饼粉培养基的好，提高温度有利于菌体对黄豆饼粉的利用。

因此，在各种微生物的培养过程中，各个发酵阶段最适温度的选择是从各方面综合进行考虑确定的。在四环素发酵中，采用变温控制，在中后期保持较低的温度，以延长抗生素分泌期，放罐前24小时提高2~3℃培养，能使最后24小时的发酵单位提高50%以上。青霉素发酵最初5小时维持30℃，6~35小时为25℃，36~85小时为20℃，最后40小时再升到25℃。采用这种变温培养比25℃恒温培养的青霉素产量提高了14.7%。

（二）发酵温度的控制

工业上使用大体积发酵罐的发酵过程，一般不需要加热，因为释放的发酵热常超过微生物的最适生长温度，所以需要冷却的情况较多。

工业上发酵温度控制，一般通过自动控制或手动控制调节夹套或蛇形管中的换热介质量及温度的方案来实现温度调节。一般可通冷却水降温，在夏季时，外界气温较高，冷却水效果差，需要用冷冻盐水进行循环式降温，以迅速降到发酵温度。如用冷却水降温，往往存在滞后现象，需要经验及技巧。但如果发酵过程需要升温，可在夹套或蛇形管内通入热水，来实现温度的调节。温度的变化可通过温度计或温度记录仪进行检测。

培养基的组成和浓度如有改变时，温度也要相应改变，使用稀薄配比或容易吸收利用的培养基时，过分提高罐温，容易加速菌丝生长代谢，导致营养成分过早耗尽，引起菌丝提早衰老、自溶，造成发酵损失。但在红霉素发酵中，若用豆饼粉培养基，则可提高温度的效果，比使用玉米浆好，主要由于豆饼粉要比玉米浆难于被吸收利用。

任务七　CO_2 对发酵的影响及其控制

PPT

CO_2是微生物在生长繁殖过程中的代谢产物，也是合成某些产物的基质。CO_2对菌体生长有直接影响。

一、CO_2对发酵的影响

（一）对菌体的影响

在发酵过程中，CO_2的浓度对微生物生长和合成代谢产物具有刺激或抑制作用的现象称为CO_2效应。生产中不同微生物或某一生长阶段对CO_2有着特殊的要求。CO_2作用于膜脂质核心部位，改变膜流动性及表面电荷密度，影响膜运输效率，导致细胞生长受限制，形态改变；HCO_3^-影响细胞膜的膜蛋白，也可产生反馈作用，使pH下降，与其他物质反应，与生长必需金属离子形成碳酸盐沉淀，过分耗氧，引起溶解氧下降等，影响菌体生长和产物合成。

例如，当空气中存在约1%的CO_2时，可刺激青霉素产生菌孢子发芽，当排出的CO_2浓度高于4%时，即使此时溶解氧浓度在临界溶解氧浓度以上，也会对产生菌的呼吸、摄氧率和抗生素合成产生不利影响。用扫描电子显微镜观察CO_2对产黄青霉生长状态的影响，发现菌丝随着CO_2含量不同而发生变化。当CO_2含量在0～8%时，菌丝主要呈丝状；上升到15%～22%时，呈膨胀、粗短的菌丝；CO_2分压继续提高到8kPa时，则出现球状或酵母状细胞，使青霉素合成受阻。

（二）对产物的影响

CO_2需占一定的比例（或分压），过高、过低的分压都会使发酵产物的产量下降。另外，CO_2对某些发酵产生抑制作用。

例如，当空气中CO_2分压达8kPa时，青霉素的比生产速率下降40%，红霉素产量减少60%；四环素的合成也有一个最适CO_2分压（0.42kPa），在此分压下产量才能达到最高；牛链球菌发酵生产多糖，最重要的发酵条件是提供的空气中要含有5%的CO_2；精氨酸发酵，需要一定量的CO_2，才能得到最大产量，其最适CO_2分压为$0.12 \times 10^5 Pa$，高于或低于此分压，产量都会降低。

（三）对pH的影响

CO_2可能使发酵液pH下降，进而影响细胞生长、繁殖及产物合成，CO_2可能与其他物质及生长必需的金属离子发生化学反应形成碳酸盐沉淀，或造成氧的过量消耗，使溶解氧下降，从而间接地影响发酵产物的合成。

二、CO_2浓度的影响因素及其控制

（一）CO_2浓度的影响因素

1. 细胞的呼吸强度　在发酵过程中，微生物在吸收氧气的同时，也呼出CO_2废气，它的生成与菌体的呼吸作用密切相关。菌体进入生长期之后，代谢非常旺盛，呼吸强度较高，会消耗大量的氧气，同时也会产生较多的CO_2。在相同压力下，CO_2在水中的溶解度是氧溶解度的30倍。由于氧气和CO_2的运输都是靠胞内外浓度差进行的被动扩散，由浓度高的地方向浓度低的地方扩散，发酵培养基中会很快地积累CO_2。

2. 通气与搅拌程度　通气和搅拌速率的大小，不但能调节发酵液中的溶解氧，还能调节CO_2的溶解度，在发酵罐中不断通入空气，既可保持溶解氧在临界点以上，又可排出所产生的CO_2，使之低于能产

生抑制作用的浓度。因而通气搅拌也是控制 CO_2 浓度的一种方法，降低通气量和搅拌速率，有利于增加 CO_2 在发酵液中的浓度；反之就会减小 CO_2 浓度。

3. 罐压大小　CO_2 的溶解度大，比氧气大，所以随着发酵罐压力的增加，其含量比氧气增加得更快。当 CO_2 浓度增大时，CO_2 如果被及时排出，则会产生较高的罐压，增加氧浓度的同时大大增加 CO_2 的溶解度，使 pH 下降，进而影响微生物细胞的呼吸和产物合成。

如果为了防止"逃液"而采用增加罐压消泡的方法，会增加 CO_2 的溶解度，不利于细胞的生长。

4. 设备规模　由于 CO_2 的溶解度随压力增加而增大，大发酵罐中的发酵液的静压可达 $1 \times 10^5\,Pa$ 以上，又处在正压发酵，致使罐底部压强可达 $1.5 \times 10^5\,Pa$，因此 CO_2 浓度增大，如不改变搅拌转数，CO_2 就不易被排出，在罐底形成碳酸，影响微生物的生长和产物的合成。

（二）CO_2 浓度的控制

CO_2 浓度的控制应随它对发酵的影响而定。如果 CO_2 对产物合成有抑制作用，则应设法降低其浓度；若有促进作用，则应提高其浓度。

1. 通过搅拌与通气控制　通气量大，搅拌速度快 CO_2 浓度就会减小。例如，四环素发酵前 40 小时采用较小的通气量和较低的搅拌速度，增加发酵液中 CO_2 的含量，40 小时后再降低 CO_2 的浓度，可提高四环素产量 25% ~ 30%。

加强搅拌也有利于降低 CO_2 的浓度。因此，生产上一般采取调节搅拌速率及通气量的方法控制调节液相中 CO_2 浓度。

2. 通过控制罐压调节　罐压升高，发酵液中的 CO_2 浓度会增加；罐压降低，CO_2 浓度会随之下降。对 CO_2 浓度敏感的发酵生产不宜采用大高径比的反应器。罐内的 CO_2 分压是液体深度的函数，10m 高的发酵罐中，在 $1.01 \times 10^5\,Pa$ 的气压下，罐底 CO_2 分压是顶部的 2 倍。

3. 通过补料调节　补料加糖会使液相、气相中 CO_2 含量升高。因为糖用于菌体生长、菌体维持和产物合成三个方面都产生 CO_2。同时，CO_2 的生成，会引起发酵液 pH 降低等一系列反应。控制补糖速度和数量，可以起到调节 CO_2 浓度的作用。

任务八　泡沫对发酵的影响及其控制

PPT

在需氧发酵过程中，要通入大量的无菌空气，由于培养基中存在糖、蛋白质和代谢物菌体等稳定泡沫的物质，在通气发酵和微生物呼出 CO_2 的共同作用下，发酵液会产生泡沫。含蛋白质较高的培养基最易发泡，糖类物质发泡能力较差，但会增加培养基的黏度，使形成的泡沫稳定。

▶▶ 岗位情景模拟 6-1

情景描述　发酵工艺控制岗位要对发酵过程进行定期巡检。保持一人在控制室内调节，一人在外巡检。某次巡检中发现发酵罐内泡沫异常，其高度超过工艺规程的标准上限，同时伴有发酵罐内压力下降的情况。

双人巡检在安全保护、规范意识、科学精神方面具有重要的意义，这些都是成为一名合格的工艺员必须具备的精神和素质。

讨　论　1. 请分析此情景中罐压与泡沫异常的关系。

　　　　　2. 降低罐内泡沫的方法有哪些？

答案解析

一、泡沫对发酵的影响

在发酵过程中不可避免地会出现泡沫，过多的泡沫会对发酵产生较多的影响，主要包括以下几方面。

（一）装料系数下降

发酵罐在设计时考虑到传质溶氧的效果、发酵时泡沫所占的空间，发酵罐不能装满。发酵罐实际装量与总容量之比称为装料系数或装填系数。装料系数是衡量发酵罐生产能力的一个重要指标，较高的装料系数可以充分利用发酵罐的体积，提高产量并降低生产成本。当发酵罐的装料系数低于60%时，发酵产品的成本会快速上升，从而失去量产的价值。因此，大量的泡沫使得发酵罐在设计时必须要留出较多的空余体积，以防止逃液和渗漏，但这必然会降低发酵罐的装料系数，大大降低生产效率。

（二）氧传递系数减少

大量的泡沫会降低搅拌的效果，减少气体在发酵液中的分布，从而使得氧传递系数减少。直接的影响是降低发酵液中的溶氧浓度，长时间地产生大量泡沫就会干扰菌体的生长和产物的合成。

（三）造成逃液损失和染菌

泡沫过多时，影响较为严重，造成大量逃液、发酵液从排气管路或轴封逃出而增加染菌机会等问题，严重时通气搅拌也无法进行，菌体呼吸受到阻碍，导致代谢异常或菌体自溶。

（四）造成部分菌丝黏壁

菌丝黏壁会使发酵液中的菌丝浓度减少，最后可能形成菌丝团，降低发酵的质量。同时，黏附在发酵罐壁上的菌丝会失去作用，不能够继续生长或生成产物。因此，控制发酵过程中产生的泡沫是保证发酵正常进行的关键。

二、发酵过程中泡沫的变化

（一）泡沫的性质与类型

泡沫是气体被分解在少量液体中的胶体体系，气液之间被一层液膜隔开，彼此不相连通。形成的泡沫有两种类型。

1. 发酵液液面上的泡沫　气相所占的比例特别大，与液体有较明显的界限，如发酵前期的泡沫，称为机械性泡沫。这类泡沫气相所占比例特别大，泡沫与其下面的液体之间有明显的界线，故泡沫消长不稳定，可在某些稀薄的前期发酵液或种子培养液中见到。

2. 发酵液中的泡沫　又称流态泡沫，分散在发酵液中，比较稳定，与液体之间无明显的界限。这种泡沫分散在发酵液中，泡沫细小、均匀，且也较稳定。泡沫与液体间没有明显的液面界线，当泡沫增长到一定高度，即使停止搅拌，泡沫也不易下落，这种泡沫对发酵极为不利。

（二）泡沫形成的条件

1. 同时存在气、液两相　这是产生泡沫的首要条件。当发酵液中有气体产生或有气体通入时，气相和液相就同时出现在发酵体系中，也就具备产生泡沫的必要条件。需氧发酵对氧气的需求和与氧气反应之后产生的 CO_2，使得这种类型的发酵特别容易产生泡沫，并且对其自身的生产产生较大的影响。

2. 存在表面张力大的物质　产生的泡沫是否留在发酵液中，跟泡沫的稳定性有很大的关系。泡沫的稳定性主要与液体表面性质，如表面张力、表面黏度和机械强度等有关。液体表面张力越低，泡沫越稳定。此外，发酵液的温度、pH、基质浓度以及泡沫的表面积对泡沫的稳定性也有影响。

（三）泡沫的变化规律

发酵过程中泡沫的消长受许多因素的影响：一方面与培养基的成分有关，玉米浆、蛋白胨、花生饼粉、黄豆饼粉、酵母粉、糖蜜等是主要的发泡因素，其起泡能力与品种、产地、贮存方法、加工条件和配比有关；另一方面与发酵过程中培养液的性质变化有关。发酵初期的泡沫稳定性与高的表面黏度和低的表面张力有关，例如在蛋白酶、淀粉酶等作用下，把造成泡沫稳定的蛋白质等逐步降解，导致液体黏度降低，泡沫减少。

此外，培养基的通气搅拌、灭菌方法、灭菌温度和时间等，也会改变培养基的起泡能力。规律如下。

1. 通气量　通气量越大，搅拌越剧烈，则产生的泡沫越多，而且因搅拌所产生的泡沫比因通气产生的多；反之，产生的泡沫较少。

2. 培养基的灭菌时间　在培养基的灭菌过程中，由于高温的作用，一些营养成分分解变质，产生新的物质，而且各成分之间会发生化学反应，生成副产物。灭菌时间越长，培养基中产生的杂质和副产物就越多，这些物质会增加泡沫界面的表面张力，使泡沫的寿命延长。

3. 培养基中蛋白质含量　蛋白质含量越多，发酵液的黏度、浓度越大，则生成的泡沫稳定性就越高。

4. 菌体生长阶段　菌体旺盛生长时，产生的泡沫多，当发酵液中营养基质被菌体大量消耗时，浓度下降，则气泡的稳定性减弱；在发酵后期，伴随菌体的自溶，发酵液中蛋白质浓度上升，则发酵液的起泡性增强。

总之，影响泡沫的消长因素十分复杂，很难把发酵过程中泡沫的形成归结于某种单独的因素。

三、泡沫的控制

泡沫的控制可以从两方面着手：①设法减少泡沫的生成；②采取措施消除已经产生的泡沫。对于前一种措施，可以通过调整培养基中的成分，如少加或缓加易起泡的原材料；改变某些参数，如 pH、温度、通气和搅拌，或者改变发酵工艺，如采用分次投料来控制，以减少泡沫形成的机会，但这些方法的效果有限。另外，近年来，从微生物本身的特性着手防止泡沫的形成，如单细胞蛋白生产中，筛选生长期不产生泡沫的微生物突变株，来消除起泡的内在因素。对于已经产生的泡沫，可以采用机械消泡或消泡剂消泡这两类方法来消除。

（一）机械消泡

气体在纯水中鼓泡，生成的气泡只能维持瞬间。这是由于其不稳定和气泡的液膜强度很低所致。而机械消泡的原理正是针对于此，它利用一定的机械能量破坏泡沫的稳定性，降低其液膜强度，从而达到破碎气泡的目的。

1. 消泡桨消泡　机械消泡法中，最简单的是在搅拌轴的上层安装消泡桨，利用外力将泡沫击碎，以达到消泡的目的。但消泡桨的消泡能力有限，不能有效阻止泡沫外溢，同时又受到主轴转速的限制。

2. 离心消泡　利用离心力来破碎发酵过程产生的泡沫，使气液分离，分离出的泡沫液可重新回到发酵罐，减少逃液损失，并结合尾气冷凝系统，可以更有效地减少大通气量条件下发酵液损失。

3. 分离回流法 利用特殊的装置，将逃逸泡沫中的气体和料液、菌体分离，经过过滤除菌的气体排入大气，而料液和菌体通过回流装置回流入罐。这种设备称为尾气处理装置。适用于通气量大、易产生泡沫的发酵生产，在需要严禁菌株外逃的场合，如基因工程菌的生产，则必须使用尾气处理装置。

机械消泡的优点在于不需要引入消泡剂，即可减少污染杂菌的机会，节省原材料，且不会增加下游工段的负担。但消泡效果不理想，不如消泡剂迅速可靠，它需要一定的设备，并消耗一定动力，因此仅可作为消泡的辅助方法。

（二）消泡剂消泡

1. 消泡机制 有以下两种。

（1）当泡沫的表面层存在极性的表面活性物质而形成双电层时，可以加另一种具有相反电荷的表面活性剂，以降低其机械强度，或加入某些具有强极性的物质，与发泡剂争夺液膜的空间，使液膜的机械强度降低，进而促使泡沫破裂。

（2）当泡沫的液膜有较大的表面黏度时，可加入某些分子内聚力较小的物质，以降低液膜的表面黏度，从而促使液膜的液体流失而使泡沫破裂。

好的消泡剂能同时具有上述两种性能，即能同时降低液膜的机械强度和降低液膜的表面黏度。此外，为了使消泡剂易于散布在泡沫面上，消泡剂要有较小的表面张力和水溶性等特性，但是消泡剂使用不当时，对微生物的代谢会有干扰，影响生物合成。

2. 常用的消泡剂 主要有天然油脂类、高碳醇或酯类、聚醚类以及硅酮类。其中以天然油酯类和聚醚类在微生物药物发酵中最为常用。

（1）天然油脂类 常用的有豆油、玉米油、棉籽油、菜籽油和猪油等。油不仅用作消泡剂，还可作为发酵的碳源。消泡能力和对产物合成的影响也不相同。例如：在土霉素发酵中，豆油、玉米油较好，而亚麻油则会产生不良的作用。油的质量还会影响消泡效果，碘价或酸价高的油脂，消泡能力差，产生不良的影响。所以，要控制油的质量，并通过发酵进行检验。油的新鲜程度也有影响。油越新鲜，所含的天然抗氧剂越多，形成过氧化物的机会越少，酸价也低，消泡能力强，副作用小。植物油与铁离子接触能与氧形成过氧化物，对四环素、卡那霉素等的生物合成不利，故要注意油的贮存与保管。

（2）聚醚类 品种很多。由氧化丙烯与甘油聚合而成的聚氧丙烯甘油（GP 型）是一种重要的聚醚类消泡剂；由氧化丙烯、环氧乙烯及甘油聚合而成的聚氧乙烯氧丙烯甘油（GPE 型）是另一种聚醚类消泡剂，又称为"泡敌"。它们的分子结构如下。

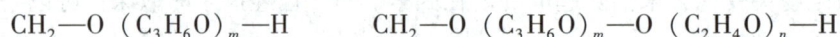

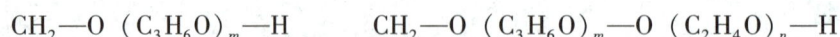

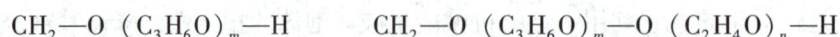

$$CH_2-O(C_3H_6O)_m-H \qquad CH_2-O(C_3H_6O)_m-O(C_2H_4O)_n-H$$

$$CH_2-O(C_3H_6O)_m-H \qquad CH_2-O(C_3H_6O)_m-O(C_2H_4O)_n-H$$

$$CH_2-O(C_3H_6O)_m-H \qquad CH_2-O(C_3H_6O)_m-O(C_2H_4O)_n-H$$

聚氧丙烯甘油（GP） 　　　聚氧乙烯氧丙烯甘油（GPE）

1）GP 型 亲水性差，在发泡介质中的溶解度小，所以用于稀薄发酵液中要比用于黏稠发酵液中的效果好。如用于链霉素的基础培养基中，消泡效果明显，可全部代替食用油，也未发现不良影响，消泡力一般相当于豆油的 60~80 倍。

2）GPE 型　亲水性好，在发泡介质中易铺展，消泡能力强，作用又快，而溶解度相应也大，所以消泡活性维持时间短，因此，用于黏稠发酵液的效果比用于稀薄的好。GPE 用于四环素类抗生素发酵中，消泡效果很好，用量为 0.03% ~0.035%，消泡能力一般相当于豆油的 10 ~20 倍。

（3）高碳醇（酯）类　此类消泡剂有十八碳醇、聚乙二醇等。此外，在青霉素发酵中还用苯乙酸月桂醇酯，它可以被菌体逐步分解，释放出月桂醇和苯乙酸。月桂醇可作为消泡剂，苯乙酸作为青霉素生物合成的前体。聚乙二醇适用于霉菌发酵液的消泡。

（4）硅酮类　较适用于微碱性的细菌发酵，常用的是聚二甲基硅氧烷。它是无色液体，不溶于水，有不寻常的低挥发性和低的表面张力。纯的聚二甲基硅氧烷不易溶于水，因而不容易分散在发酵液中，消泡效果较差，因此常加分散剂（微晶二氧化硅）来提高消泡性能。

3. 消泡剂的增效　为了克服一些消泡剂的分散性能差、作用时间短等弱点，常常采用一些措施来提高消泡剂的消泡性能，主要如下。

（1）加载体增效　用"惰性载体"（如矿物油、植物油）将消泡剂溶解分散，达到增效的目的。如将 GP 与豆油 1∶1.5（*V/V*）混合，可提高 GP 的消泡性能。

（2）消泡剂并用增效　取各个消泡剂的优点进行互补，达到增效。如 GP 和 GPE 1∶1 混合用于土霉素发酵，结果比单用 GP 的效力提高 2 倍。

（3）乳化增效　用乳化剂（或分散剂）将消泡剂制成乳剂，以提高分散能力，增强消泡能力。一般只适用于亲水性差的消泡剂。如用吐温 -80 制成乳剂，用于庆大霉素发酵，效力可以提高 1 ~2 倍。

4. 消泡剂的使用

（1）消泡剂的用量　各种消泡剂在不同发酵液中的消泡效果各不相同，使用量也各有不同。以谷氨酸发酵为例，产酸 10% 的发酵水平，每生产一吨谷氨酸就要使用 5kg 的 GPE 消泡剂；产酸 12% 以上的发酵水平，就要使用更大量消泡剂。消泡剂用量的增加，不但抑制微生物的活力，造成溶氧系数下降，还会影响发酵产物的质量。

（2）消泡剂的加入

1）消泡剂大多数需要分批加入，也有一次性加入的。由于消泡剂对产量有影响，如果一次性加入过多，消泡剂会聚集在微生物细胞表面及气泡液膜，增加传质阻力，大大降低氧的传递速率。一般原则是少量多次。

2）应尽可能减少消泡剂的用量，通过比较性试验，找出对微生物影响最小、消泡效率最大的消泡剂，同时还应考虑成本及对产物的影响。

3）消泡剂的添加量与转速有关系。

（三）消泡的具体措施

要根据品种的特性，分析原因，选择具体的消泡方法。

当溶解氧浓度很低，而泡沫又大时，首先需要加入消泡剂，如果消泡剂不起作用，应增加压力（如加大空气流量等），在一定程度上可以减少泡沫，防止逃液。发酵前期可加大转速和通气量，让顶部的泡沫跑掉，等液面正常后恢复工艺转速和罐压，这样可避免长时间溶解氧浓度低，从而影响菌体生长繁殖；发酵后期则可降低转速，因为后期的需氧量减少。

发酵后期泡沫特别大，主要是靠流加消泡剂来控制，但是消泡剂对微生物有毒性，因此，应合理控制消泡剂的使用。

任务九　发酵终点的判断

PPT

微生物发酵终点的判断，对提高产物的生产能力和经济效益是很重要的。生产不能只单纯要求高生产力，而不顾及产品的成本，必须把二者结合起来，既要有高产量，又要有低成本。

不同类型的发酵要求达到的目的不同，对发酵终点的判断也不同，判断发酵终点有多种方法，从工艺指标来看，当温度开始下降，pH 不再变化时即发酵终点；也可以用检验试剂进行滴定，测得发酵终点；或者在发酵液中加入石灰至 pH 12 以上时加热至沸，澄清看其色号，色号越浅说明离发酵终点越近。

在发酵过程中形成的产物，有的是随菌体生长而产生，如初级代谢产物氨基酸等；有的与菌体生长无明显的关系，生长阶段不产生产物，直到生长末期才进入产物分泌期，如抗生素的合成。但是无论是初级代谢产物，还是次级代谢产物发酵，到了末期，菌体的分泌能力都要下降，使产物的生产能力下降或停止。有的产生菌在发酵末期，营养耗尽，菌体衰老而进入自溶，释放出体内的分解酶会破坏已形成的产物。

一、影响放罐时间的因素

要确定一个合理的放罐时间，必须要考虑下列几个因素。

1. 经济因素　发酵产物的生产能力是实际发酵时间和发酵准备的综合反映。以最低的成本来获得最大生产能力的时间为最适发酵时间，但在生产力速率较小（或停止）的情况下，单位体积的产物产量增长有限，如果延长时间，使平均生产能力下降，而动力消耗，管理费用支出，设备消耗等费用仍在增加，那么产物成本就会增加。所以，必须要从经济学观点出发确定一个合理时间。

2. 质量因素　发酵时间长短对后续工艺和产品有很大的影响。如果发酵时间太短，势必有过多的尚未代谢的营养物质（如可溶性蛋白、脂肪等）残留在发酵液中。这些物质对后期处理的溶酶萃取或树脂交换等工序都不利，因为可溶性蛋白质易在萃取中乳化，影响树脂交换容量。如果发酵时间太长，菌体会自溶，释放出菌体蛋白或体内的酶，又会显著改变发酵液的性质，增加过滤工序的难度，不仅过滤时间延长，还会破坏一些不稳定的产物。故要考虑发酵周期长短对产物提取工序的影响。

3. 特殊因素　在个别特殊发酵情况下，还要考虑个别因素。对老品种的发酵来说，放罐时间都已掌握，在正常情况下，可根据作业计划，按时放罐。异常情况下，如染菌、代谢异常（糖耗缓慢等），应根据不同情况，进行适当处理。为了能够得到尽量多的产物，应该及时采取措施（如改变温度或补充营养等），并适当提前或拖后放罐时间。

二、发酵终点判断的依据

发酵类型不同，要求达到的目标也不同，对发酵终点的判断标准也就不同。一般当原材料成本是整个产品成本的主要部分时，则追求提高产物得率；当生产成本是整个产品成本的主要部分时，则追求提高生产率和发酵系数；当下游技术成本占整个产品成本的主要部分，而产品价格又较贵时，则追求较高的产物浓度。

因此，计算放罐时间还应考虑体积生产率（每升发酵液每小时形成的产物量）和总生产率（放罐时发酵单位除以总发酵生产时间)。总发酵生产时间包括发酵周期和辅助操作时间，要求在产物合成速率较低时放罐，以缩短发酵周期；而延长发酵时间虽然略能提高产物浓度，但生产率下降，水电等消耗多，成本反而提高。

放罐过早，将残留更多的养分（如糖、脂肪、可溶性蛋白），对分离纯化不利（这些物质能增加乳化作用，干扰树脂的交换作用）；放罐过晚，菌体自溶，会延长过滤时间，使产品的数量降低（有些抗生素单位下降），扰乱分离纯化作业计划。放罐临近时，加糖、补料或消泡剂都要慎重，防止残留物对后提取的影响。补料可根据糖耗速率计算得到放罐时允许的残留量来控制。对于抗生素发酵，一般在放罐前约 16 小时便停止加糖或消泡剂，并控制在菌体自溶前放罐，极少数品种在菌丝部分自溶后放罐，以便释放胞内抗生素。

一般判断放罐的主要指标有产物浓度、氨基氮、菌体形态、pH、培养液的外观、黏度等。放罐时间可根据作业计划确定，但发酵异常时，要根据具体情况确定合理的放罐时间，以避免倒罐。合理的放罐时间可由试验来确定，即根据不同的发酵时间所得的产物产量，计算出发酵罐的生产能力和产品成本，采用生产力高而成本又低的时间作为放罐时间。而对于新产品发酵，更需要摸索合理的发酵时间。总之，发酵终点的判断需要考虑多方面的因素。

即学即练 6 - 5

放罐的主要指标包括（　　　）

A. 产物浓度　　　B. 氨基氮　　　C. 菌体形态　　　D. pH　　　E. 培养液的外观

答案解析

任务十　发酵工艺的放大

PPT

微生物发酵过程的工业研究有各种大小不同的规模，一般分为三种规模或三个阶段，包括实验室规模、中试工厂规模、工厂生产规模。实验室规模，进行菌种的筛选和培养基的研究。中试工厂规模，确定菌种培养的最佳操作条件。工厂生产规模，进行大规模生产，取得经济效益。如何将小型规模的试验所取得的结果在大生产规模上得到中试，是一个很重要的课题。把实验室和中间试验车间所取得的结果，应用到工业性大规模生产中去，这种转移过程叫作放大，例如，摇瓶的试验条件放大到生产罐，或小发酵罐的试验条件转移到大发酵罐，但是通常情况下，它们所得产物的产量往往不完全一致，特别是产抗生素的新菌株，差异更大，因此，摇瓶的试验条件放大到生产罐，或小发酵罐的试验条件转移到大发酵罐，需要按照一定的工艺放大标准，在充分实验的基础上才可实行。

一、实验室研究

实验室研究的内容包括菌种的选育和保藏，研究菌种在固体液体培养基上培养繁殖条件，确定培养基的组成，研究实验室研究的实验设备等。

实验室研究所用的一般培养仪器设备，如培养皿、培养箱等，微生物药物发酵，绝大多数是需氧发酵，需要不断地通入空气，因此经常用到的有气体自然交换的摇瓶机和强制通气的发酵罐。实验室内进行发酵罐培养，常用到大小不同的发酵罐，有的是玻璃制作的，有的是不锈钢制作的，它们附有温度、溶氧、氧化还原电位、泡沫等传感器，有的还有微型电子计算机，用于监测和自动控制发酵过程。

二、摇瓶实验

摇瓶实验就是在一定大小体积的锥形烧瓶中装入一定量的培养基（一般为瓶体积的 10% ~ 20%）配上瓶塞，经灭菌后，在摇瓶上进行恒温振荡培养。培养一段时间后，分析测定培养液中的有关参数和产物用量。

摇瓶实验具有在有限空间和一定量的人力条件下，短期内可获得大量数据的特点，但该法是自然通气的小规模培养，因此需考虑一些影响微生物生长的物理因素。

1. 瓶塞对氧传递的影响 为了保证瓶内是纯种培养，必须在瓶口配有一定厚度或多层纱布等过滤介质，以杜绝外界空气中的杂菌或杂质进入瓶内，瓶外的氧气通过过滤介质，一定有传递阻力，不同物质的瓶塞产生的阻力不同，因此在实际工作中，在保证除去杂菌的前提下，尽量选用传递阻力小的瓶塞。

2. 水蒸发的影响 摇瓶在振荡期间，其中的水分经由瓶塞而蒸发的问题不能忽视。由于水分的蒸发，往往产生各种不同的影响，既影响培养液的体积和摇瓶体积的比值，继而改变氧传递速率，又改变菌体产物的浓度。水蒸发量与发酵温度、周围空气的相对湿度和水汽的传递系数等因素有关。

3. 比表面积的影响 摇瓶发酵所需的氧是由表面通气供给的，其氧传递速率的大小是由摇瓶机的振荡频率和振幅大小、摇瓶内培养基体积与摇瓶体积的比率、摇瓶的形式等三方面因素所决定的。氧的传递速率在一定程度上与培养基装液量呈反比关系，装液量越大，氧的传递速率就愈小，反之就大。

三、不同规模发酵间的差异

1. 体积氧传递系数（$K_L a$）和溶解氧的差异 由于微生物发酵多数是需氧发酵，而表示氧溶入培养液速度大小的溶氧系数（K_d），在摇瓶发酵和罐发酵中的差异很大，摇瓶装料系数不同，K_d 值也可能差好几倍。罐中的 K_d 一般都大于摇瓶。由于 K_d 值不同，各自培养液的溶氧浓度也不同，因而对菌体代谢产生了重要的影响。特别是对溶氧要求较高而又敏感的菌株，在罐中发酵的生产能力就可能比在摇瓶中高。

2. CO_2 浓度的差异 发酵液中的 CO_2 既可随空气进入，又是菌体代谢产生的废气。CO_2 在水中的溶解度随外界压力的增大而增加。发酵罐处于正压状态，而摇瓶基本上是常压状态，所以罐中培养液的 CO_2 浓度明显大于摇瓶。

3. 菌丝受机械损伤的差异 摇瓶培养时，菌丝只受到液体的冲击或沿着瓶壁滑动的影响，机械损伤很轻。罐发酵时，菌丝，特别是丝状菌，将受到搅拌叶剪切力的影响而受损。其受损程度远远大于摇瓶发酵，并与搅拌时间的长短成比例。增加培养液的黏度，仅能使损伤程度有所减轻。丝状菌受损伤以前，菌体内的低分子核酸类物质就有漏失，高分子核酸的量也相对减少进而影响菌体代谢。核酸类物质的漏出率与搅拌转速、搅拌持续时间、搅拌叶的叶线速度、培养液单位体积吸收的功率以及体积氧传递系数（$K_L a$）等成正比，发酵参数的数量增加，其漏出率也增加，菌体受损伤的程度也增加。而漏出率还与菌丝对搅拌的敏感程度有关，如果菌丝的机械强度较大，则漏出率较小，反之则大。搅拌还可造成胞内质粒的流失。但漏出率与通气量大小无关，摇瓶发酵也有低分子核酸类物质漏出，其漏出率与摇瓶转速、挡板和 $K_L a$ 有明显的关系，但远远低于罐的漏出量。

如果菌株要求较高的 K_La 值和溶解氧时，罐中生产能力就有可能高于摇瓶，并随 K_La 和溶氧水平上升而提高。如果菌株对机械损伤是比较敏感的，则罐中生产能力就会低于摇瓶，并随搅拌强度的增强而降低。有时菌株对溶氧和搅拌强度都敏感，其结果随发酵罐的特性而不同。

消除这两种规模发酵结果的差异，使摇瓶发酵结果能反映罐上的结果，是一个很重要的问题。根据已有的经验，可以在摇瓶试验中从上述三个方面模拟罐上发酵的条件。为提高摇瓶的 K_d 值和溶氧水平，可以增加摇瓶机的转速和减少培养基的装量。国外已有 500r/min 转速的摇瓶机，就是为了模拟发酵罐的通气状况。减少培养基的装量也是为此目的，但要注意水分蒸发所引起的误差。还可以直接向摇瓶中通入无菌空气或氧气等。

四、发酵罐规模变化的影响

发酵罐的规模变化，无论是绝对值还是相对值的变化，都会引起物理和生物参数的改变。其中改变的主要因素有菌体繁殖代数、种子的形成、培养基的灭菌、通气和搅拌以及热传递。

1. 菌体繁殖代数的差异　发酵达到最后菌体浓度所需的繁殖代数与发酵液体积的对数呈直线关系，体积愈大，菌体需要进行的繁殖代数也愈多。在菌体子代繁殖过程中又可能出现突变株，繁殖代数愈多，出现的概率也愈多，特别不稳定。不纯的菌株更是如此。所以发酵液中变株的最后比例是随发酵规模增大而增加。

2. 培养基灭菌的差异　培养基热灭菌的基本技术是分批灭菌和连续灭菌。分批灭菌的过程分为三个明显的阶段；预热期、维持期和冷却期。培养基体积愈大，预热期和冷却期也愈长。整个灭菌所消耗的时间因规模增大而延长，致使灭菌后培养基的质量发生改变，特别是热不稳定的物质，更易遭到破坏，最终也会引发发酵结果的差异。

3. 通气与搅拌的差异　发酵规模改变，发酵参数仍按几何相似放大，其单位体积消耗的功率、搅拌叶的顶端速度（最大剪切速率）和混合时间均不能在放大后仍保持恒定不变，因而也会产生影响。

4. 热传递的影响　发酵过程中，菌体代谢要释放出热能，输入的机械功（含搅拌和气体喷射）也要产生热能，由于这两种主要产热机制，使整个发酵过程总是不断地产生热能。释放出的总热量，随着发酵罐线形尺寸的立方增加。罐的面积又随线性尺寸平方增加。因此，罐规模几何尺寸的放大，也会出现热传递的差异。

5. 种子形成的差异　发酵罐接种的种子液必须要有一定的体积和菌浓。规模愈大，所需种子液体积也愈大。发酵规模的放大，必须要涉及种子培养的级数和菌种繁殖的代数，规模愈大，种子培养液级数也愈多。因而有可能引起种子质量的差异。

综上所述，发酵放大过程，不仅是单纯发酵液体积的增大，菌种本身的质量和其他发酵艺条件也会引起改变。从实验室到工厂，要考虑发酵罐罐压、接种量、接种浓度、装液量、放大后的发酵液理化性质的改变等，如果不设法消除上述的差异，放大前后的结果就会发生明显的差异。因此，无论是进行发酵设备规模的放大，还是在新菌种（或新工艺）的放大转移中，都必须考虑上述的内在差异，寻找引起差异的主要原因，设法缩小其差异，才能获得良好的结果。

五、发酵规模的放大

放大过程所必需的前提是在大型设备和小型设备中的菌体所处的整个环境条件，包括化学因素（基质浓度、前体浓度等）和物理因素（温度、黏度、功率消耗、剪应力等），必须是完全相同的，这样才能构成这两种规模产物积累类型为相同性。化学因素可以通过人为的控制来保持恒定。但物理因素却与设备规模的大小关系很大，随着规模的不同而发生改变，然而环境条件完全相同，有时也不能保证微生物的生理活性完全相同。此问题依旧未解决，因为微生物的生化代谢还受很多生物因素的影响，无法用简单的物理因素来消除。因此，这个问题就不完全和化学工程的放大相同，有其特殊的困难。现只简单介绍发酵工艺放大的有关基本问题。

（一）放大的过程

发酵工艺的放大，一般要经过三个步骤：实验室、中间工厂和生产工厂。就大多数情况而言，实验室实验，就是利用前述的设备尽可能地得到培养新菌株或实施新工艺的最佳发酵条件。中间工厂实验，是使用一定数量的 10～15L 容积的小发酵罐，进行实际的发酵研究。如果用于抽提产物，还要有几个 3～4m^3 的中型罐。中间工厂实验往往要由有的经验的技术人员来担当，以保证能够得到最好的效果。中间工厂的设备最好配有高度自动化和计算机化的装置。以考察不同的问题，提供相当广泛的控制参数，对中试效果来说，利用超过 3m^3 的大罐较"微型"发酵罐更为有利，特别是在放线菌发酵中，更是如此。这对菌株和培养基的改进是必不可少的。工厂生产规模，一般是 15～50m^3，有的达 150m^3 或更大。这样规模的试验是将中、小型实验结果成功地用于大生产放大实验的过程。放大的理论基础如上所述，放大（或缩小）必须使菌体在大、中、小型的罐中所处的外界环境完全一致。

（二）放大的方法

1. 以单位体积输入功率相等为基础进行放大 早期大多数产品的发酵（如有机酸和青霉素等），均采用几何相似发酵罐和单位体积功率相等来进行放大，以求得搅拌器的转速与直径。

在已有的大型生产发酵罐和中间工厂实验罐中进行实验研究，也可以采用这个参数来进行实验。即利用现有的几何形状相同的大型生产罐和几个中试罐。生产罐中的通气速度和搅拌速度是固定的，而中试罐的通气速度和生产罐一样保持恒定不变，但搅拌器的转速可利用变速电机来调节，在一定范围内能够任意变动。利用改变搅拌器的速度来调节中试罐的功率输入的大小。中试罐中，也可安装和使用 pH、温度、消泡等控制装置。为了保证大、中发酵罐的发酵培养基的组成、灭菌条件和接种量绝对相同，可将接种后的一部分的生产罐培养基立即输入各个中试罐中，同时开始发酵运转。利用单位发酵液体积输入功率相等为基础，也能成功地进行放大。例如在青霉素发酵的放大中，成功地利用了这个参数，先在中试罐中试验，求得产物浓度与功率输入之间的关系，青霉素的效价达到最高值，在放大 10 倍的发酵罐中，单位体积输入功率超过该值时，青霉素的产率仍然能够达到最大，低于该值，则效价极剧下降。这个方法被用于许多微生物发酵的放大，都取得了成功，但并不适用于所有发酵。从理论和实践经验来看，单位体积等功率放大方法并不完全令人满意，目前倾向于采用溶氧系数相等的方法。

2. 以保持相等 K_La 或溶解氧浓度为基础进行放大 对于需氧发酵，K_La 是所有需氧发酵的主要指标，氧的供给能力往往成为产物形成的限制性因素，以保持相等 K_La 或溶解氧浓度为依据进行工艺，设备的放大主要考虑微生物的生理活动条件的一致性，而不考虑发酵罐几何形状是否相似。事实上，只要 K_La 保持一定数值，就能获得较好的结果。如维生素 B_{12} 发酵的放大，采用本方法效果较好。

利用以溶解氧为基础进行的工艺放大，可通过改变发酵罐的形状，或调节工艺条件如菌丝浓度、黏度、消沫剂、罐压、补料，以及培养基的组成等来达到大、小罐溶氧相同的目的。

实训十三　红芝液体发酵生产多糖

一、实验目的

1. 掌握　丝状菌发酵过程中工艺控制参数。

2. 熟悉　实罐灭菌技术。

二、实验原理

灵芝多糖可显著提高 SOD 活性，有效清除机体产生的自由基，从而阻止自由基对机体的损伤，防止机体的过氧化，保护细胞组织，延缓细胞衰老。

灵芝多糖可以通过液体深层发酵法得到，在大型的发酵罐内，通过调节培养基的组成、发酵工艺条件等，在短时间内得到大量的菌丝体和多糖。实践表明，通过液体深层培养能得到生物功能活性都与子实体相似，其中菌丝体中的粗多糖和多糖含量均高于子实体，被广泛用于许多药用真菌的生产，因此具有很好的发展前景。

灵芝菌丝体液体深层发酵的发酵工艺流程基本包括菌种制备、种子扩大培养、培养基配制与灭菌、发酵过程工艺控制等工序。

三、实验器材及材料

1. 菌种　红芝。

2. 培养基

（1）斜面活化培养基　马铃薯汁 20%、葡萄糖 2%、酵母膏 0.75%、三水磷酸二氢钾 0.3%、七水硫酸镁 0.075%、琼脂 1.5%、pH 为 5.5。

（2）液体种子培养基　玉米粉 1%、葡萄糖 2%、麸皮 0.5%、三水磷酸二氢钾 0.015%、七水硫酸镁 0.075%、pH 为 5.5。

（3）发酵培养基　黄豆饼粉 2%、蔗糖 4%、三水磷酸二氢钾 0.015%、七水硫酸镁 0.075%。

3. 仪器及器皿　发酵罐、摇瓶机、三角瓶、试管。

四、实验内容

1. 种子扩大培养

（1）斜面活化　将菌种接种到试管斜面，28℃培养，至白色菌丝体布满整个斜面。

（2）摇瓶培养　将经试管斜面活化的菌种接入灭菌的三角瓶培养基中，置于摇床上振荡培养，摇床速度 200r/min，培养温度 28℃，时间 48 小时。

（3）种子罐扩大培养　将摇瓶种子接入种子罐，接种量为 5%~10%，培养温度为 28℃，时间 48 小时。

2. 发酵工艺的控制

（1）发酵前准备　发酵罐及管路系统清洁干净，检查发酵罐和管路系统的密闭性。

（2）培养基的实罐灭菌　将配置好的培养基输入发酵罐内，经过间接蒸汽预热，直接通入饱和蒸汽加热，使培养基和设备一起灭菌，达到要求的温度和压力后维持一定时间，再冷却至发酵要求的温度。

（3）条件控制

1）温度、pH 控制　温度控制在 28℃，灵芝菌丝体最适生长 pH 为 5.5，而最适产物形成的 pH 为

4.5，因此发酵过程中采用分段控制 pH，不同阶段控制不同的 pH，以提高发酵的产量。

2）压力　为了避免染菌，发酵过程中一定要正压发酵，罐内的压力控制在 0.02～0.05MPa。

3）溶解氧　是通过通气和搅拌来实现的，通过通气和搅拌使溶解氧控制在饱和溶氧浓度 20% 以上即可。

4）泡沫控制　通过加入 0.03% 泡敌控制。

5）染菌控制　从种子制备开始，每级种子转移的同时要做种子是否无菌的检查，从三角瓶接到种子罐的种子一般采用火圈接种法，从种子罐到发酵罐一般采用压差接种。发酵至残糖 1% 以下，或菌丝体开始自溶前放罐，发酵液经提取得到灵芝多糖产品。

五、实验结果

灵芝多糖含量测定。

六、重点提示

（1）种子罐装料系数为 60%～75%，通气量为 1∶1。

（2）当 pH 较低时，可加氨水或低浓度氢氧化钠来调节；当 pH 较高时，可加低浓度的盐酸调节。

实训十四　纳豆激酶固体发酵条件的优化

一、实验目的

1. 掌握　固体发酵生产纳豆激酶的方法。

2. 熟悉　单因素实验。

二、实验原理

血栓性疾病严重危害人类的健康，不仅发病率高，死亡率及致残率也很高。随着人们生活水平的提高和生活习惯的改变，以及人口老龄化的加速，血栓性疾病的发病率也在逐渐提高。

纳豆以蒸煮熟的大豆为原料，经过纳豆芽孢杆菌发酵制成，具有特有的风味，含有多种营养物质及生物活性物质，因而具有很好的保健功能。纳豆除了具有溶栓抗栓及抗菌抑菌的作用外，还有多种功能，如降血压、抗肿瘤、抗癌防癌及防止骨质疏松和调整肠胃功能等营养保健功能。

纳豆激酶（natto kinase，NK）是一种在纳豆发酵过程中由纳豆菌产生的丝氨酸蛋白酶。纳豆激酶具有很强的纤溶活性，不但能直接作用于纤溶蛋白，而且能激活体内纤溶酶原，从而增加内源性纤溶酶的量与增强活性作用。由于 NK 具有安全性好、成本低、作用迅速、经口服后可迅速入血，纤溶活性强，可由细菌发酵生产、作用时间长等优点，有望被开发为新一代的口服抗血栓药物，用于血栓性疾病的预防治疗。

国内外生产纳豆激酶的方式主要有两种：固体发酵和液体发酵。固体发酵主要以大豆为主要原料，大豆进行清洗除杂，然后用 2.5～3 倍的清水浸泡过夜，沥去水分，进行高温蒸煮灭菌，当大豆的温度降低到 50～60℃ 时，接种纳豆菌。放于生化培养箱中静止培养 24 小时以上，于 4℃ 冰箱中后熟 1 天。固体发酵历史悠久，且具有操作简单易行、设备简单、投资少、无"三废"排除、环境污染少等优点，被广泛应用于纳豆激酶的发酵生产。

三、实验器材及材料

1. 菌种　纳豆枯草芽孢杆菌。

2. 培养基和溶液

（1）牛肉膏蛋白胨培养基 牛肉膏 3.0g、蛋白胨 10.0g、NaCl 5.0g、蒸馏水 1000ml、pH 7.2 ~ 7.4、琼脂 1.8% ~ 2%，121℃蒸汽灭菌 20 分钟。

（2）发酵培养基 葡萄糖 30g、酵母膏 15g、$MgSO_4$ 1g、$CaCl_2$ 0.4g、Na_2HPO_4 2g、NaH_2PO_4 1g、pH 7.5，112℃蒸汽灭菌 30 分钟。

（3）pH 7.2 磷酸缓冲液（0.2mol/L） A：0.2mol/L 磷酸氢二钠溶液；B：0.2mol/L 磷酸二氢钠溶液。取 72.0ml A 液与 28.0ml B 液混合均匀。

（4）凝血酶溶液 取凝血酶，加 pH 7.8 三羟甲基氨基甲烷缓冲液溶解，并稀释至每 1ml 中含 5U 的溶液 。

（5）纤维蛋白原溶液 取纤维蛋白原，加 pH 7.8 磷酸盐缓冲液溶解，并定量稀释至每 1ml 中含可凝固蛋白约 5.0mg 的溶液。

3. 仪器

恒温培养箱、超净工作台、分光光度计、恒温式水浴锅、超净工作台、高速台式冷冻离心机、冷藏柜、pH 计。

四、实验内容

1. 种子液培养 接一环活化后的纳豆芽孢杆菌于种子培养基中，装液 50ml/250ml，37℃，150r/min 摇床培养 12 小时，作为发酵的种子培养液。

2. 纳豆固体发酵最佳接种量 称取黄豆 50g，洗净、浸泡过夜；115℃高压灭菌蒸煮 30 分钟，自然冷却接上培养种子液，接种量分别为 4%、6%、8% 和 10%；放置培养箱 39℃培养 48 小时，保持湿度 85% ~90%；4℃冰箱后熟 24 小时，分别测定样品酶活。

3. 纳豆固体发酵最佳时间 称取黄豆 50g，洗净、浸泡过夜，115℃高压灭菌蒸煮 30 分钟，自然冷却，接 6% 种子液，39℃培养 16、24、32 和 40 小时，湿度 85% ~90%，置于 4℃冰箱后熟 24 小时，分别测定样品酶活。

4. 不同金属离子对发酵产酶的影响 通过实验得知，Mg^{2+} 是纳豆激酶的激活剂，实验中考察了 Ca^{2+}、Mg^{2+}、Fe^{2+}、Zn^{2+} 对发酵产酶的影响。本试验按照《中国药典》对营养强化剂的限量标准添加金属离子，用以浸泡大豆，考察不同的离子对发酵产酶的影响。

5. 大豆的破碎程度对纳豆菌生长和纳豆酶活力的影响 精选大豆，浸泡 14 小时，除去多余的水分，分别切成 2、4、8 瓣，115℃高压灭菌 30 分钟，自然冷却，按 6% 比例接种菌液，39℃培养 24 小时，湿度 85% ~90%，置于 4℃冰箱后熟 24 小时。

📱 **知识链接**

纳豆激酶的药理学研究

纳豆激酶（NK）在体外和体内均具有很好的溶解血栓作用，其在体外溶栓作用十分明显。NK 最早就是因为其具有显著体外溶栓效果而被发现的，NK 是一种丝氨酸蛋白酶，将酶提取液滴加到纤维蛋白平板上，即出现透明的溶解圈，酶活性越大，溶解圈越大，用纤维蛋白平板法和溶解时间，标准曲线法测定 NK 的比活力是纤溶酶的 4 倍。通过动物血栓模型研究 NK 的溶栓活性发现，NK 不仅抑制血栓的形成，同时还有很强的溶栓作用，并在一定范围内成量效关系。用狗作为实验动物，从狗的股大静脉注入血清纤维蛋白原和牛凝血酶，使其形成体内静脉血栓，NK 可使其完全溶解，使血液循环畅通。用小鼠作实验动物，研究发现 NK 对小鼠血栓模型也有明显的溶栓作用。

五、实验结果

（1）测定纳豆激酶酶活力。

（2）确定最佳的发酵条件。

六、重点提示

（1）高压灭菌蒸煮后，自然冷却再接种，防止菌种被烫死。

（2）接种后要摇匀。

（3）培养后，放冰箱中后熟再测酶活。

目标检测

答案解析

一、单项选择题

1. 目前工业上通常将发酵罐的压力控制在（　　）

    A. 1.0~5.0MPa　　　　B. 0.02~0.05MPa　　　　C. 0.2~0.5MPa

    D. 0.01~0.02MPa　　　　E. 0.005~0.01MPa

2. 发酵过程中形成的泡沫里面，比较稳定、与液体之间无明显界线的是（　　）

    A. 机械泡沫　　　　B. 气相泡沫　　　　C. 液相泡沫

    D. 流态泡沫　　　　E. 化学泡沫

3. 每一类菌都有其最适的和能耐受的 pH 范围，细菌和放线菌的 pH 在（　　）

    A. 6.5~7.5　　　　B. 4~5　　　　C. 5~7

    D. 7~8　　　　E. 8~9

4. 抗生素和色素是微生物的（　　）

    A. 初级代谢产物　　　　B. 次级代谢产物　　　　C. 最终代谢产物

    D. 异常代谢产物　　　　E. 染菌代谢产物

5. 若发酵过程中培养基的浓度过高，可采用补加（　　）的方法来稀释

    A. 生理盐水　　　　B. 无菌水　　　　C. 自来水

    D. 氨水　　　　E. 缓冲溶液

6. 下列因素中，对发酵罐产出质量无影响的是（　　）

    A. 培养温度　　　　B. 培养湿度　　　　C. 通气

    D. pH　　　　E. 发酵液预处理条件

二、多项选择题

1. 引起发酵液中 pH 下降的因素有（　　）

    A. 碳源不足　　　　B. 碳、氮比例不当　　　　C. 消泡剂加得过多

    D. 生理酸性物质的存在　　　　E. 温度过高

2. 在发酵工艺控制中，反映发酵过程中代谢变化的化学参数包括（　　）

    A. 基质浓度　　　　B. pH　　　　C. 产物浓度

    D. 菌体量　　　　E. 溶氧浓度

3. 选择合适的化学消泡剂来消除泡沫，需要考虑的因素有（　　）

A. 较小的表面张力及溶解度　　B. 有一定的亲水性　　　　　C. 来源广，成本低

D. 能耐高压蒸汽灭菌　　　　E. 消泡效率高

4. 在发酵过程中，产生的热量导致温度上升的有（　　　）

A. 生物热　　　　　　　　　B. 搅拌热　　　　　　　　　C. 蒸发热

D. 辐射热　　　　　　　　　E. 发酵热

5. 可以用于提高溶氧浓度的方法有（　　　）

A. 增加进气量　　　　　　　B. 提高搅拌转速　　　　　　C. 降低发酵液的黏度

D. 增加发酵液的黏度　　　　E. 提高发酵温度

6. 泡沫对发酵的影响包括（　　　）

A. 影响装料系数　　　　　　B. 影响氧传递系数　　　　　C. 造成逃液损失

D. 造成染菌　　　　　　　　E. 导致菌丝黏壁

书网融合……

知识回顾　　　　微课1　　　　微课2　　　　习题

微生物发酵工艺下游过程直接关系到能否提取出最优质的发酵产品，在整个生物产品的研发生产过程中具有决定性的作用。由于发酵产品成分复杂，对其进行提取精制一直是发酵产品生产工艺的重难点。随着现代提取工艺的进步，以及学科交叉的深入，微生物发酵工艺下游过程技术也不断进步，为发酵产品的品质提供了有力的保障。

微生物发酵工艺下游过程采用提取及精制手段直接影响发酵产物的质量，上游过程中已经初步制备了发酵产品，那么在实施提取精制的过程中，应该如何保证发酵产品的完整？如何选择最优的提取及精制方法？

本项目主要介绍发酵下游加工过程的特点、下游加工技术的选择及其发展趋势。

学习目标

1. **掌握**　发酵下游加工过程的特点；下游加工技术的选择原则。
2. **熟悉**　常用的发酵下游加工过程、技术及选择时的考虑因素。
3. **了解**　发酵下游过程新技术；下游加工技术选择时要考虑的环保因素；下游加工技术的发展趋势。

任务一　下游加工过程的特点

PPT

一、概述

微生物把发酵产物分泌到微生物细胞外（发酵液中）或者微生物细胞内，无论目的发酵产物在发酵液内还是细胞内，大多数情况下浓度都比较低，杂质含量却很高，而且生理活性越高的物质，通常其含量越低。将发酵目的产物从发酵液中分离、纯化、精制得到相关生物产品的过程称为发酵下游加工过程。发酵产物存在于多相体系中，体系成分复杂。通过下游加工过程实现发酵产物的分离，获得纯化的产品。

下游加工过程可分为三个阶段：①发酵液预处理和固－液分离；②发酵目的产物的提取（初步纯化）；③发酵目的产物的精制（高度纯化）。

发酵目的产品的性质和使用要求达到的纯度决定了下游加工过程的工艺过程，现阶段下游加工过程的特点可以概括为以下四个。

1. 成分复杂多样　微生物发酵液是复杂的多相系统，其中含有微生物细胞、未用完的培养基、微生物的其他代谢产物，还有在发酵液预处理过程中加入的促进分离纯化的物质，例如草酸、硫酸锌、黄血盐（亚铁氰化钾）等。现阶段由于发酵广泛应用于医药行业中，一些医药行业使用的产品还需要无菌操作，由于发酵液通常黏度大，成分复杂多样，从中分离固体物质十分困难。

2. 发酵目的产品收率低　发酵目的产品提取和精制过程其实就是浓缩和纯度提高的过程。发酵液体积庞大，生物活性物质浓度相对就很低，然而发酵成品通常要求达到的纯度较高，因此，仅仅一步的提取操作远远不能满足要求，通常需要好几步操作才能获取发酵目的产品，进而使发酵产物的下游加工过程成本显著增加。

3. 产品性质不稳定　发酵液中得到的生物活性物质很不稳定，如温度改变、极端 pH 环境、有机溶剂等都会引起产品失活或分解，微生物自身的活性酶也可能分解产品。

4. 提取、纯化、精制过程具有一定的灵活性　发酵过程是分批操作，与化学合成过程相比，生物变异性大，各批次发酵液均有差别的特点，这就决定了下游加工过程具有一定的弹性，针对不同批次的发酵产物虽然整个工艺流程没有太大的区别，但在放罐时间等方面都要以实际情况决定，特别是对部分染菌的批号，同样可以进行处理，可以采取提前放罐的操作，以避免更大的损失，发酵液的放罐时间、发酵过程中消泡剂的加入及反应条件的改变都对提取有较大影响。

在发酵下游过程提取、分离和精制的过程中，会用到有机溶剂，经常使用大量易燃、易爆、腐蚀性或有毒的试剂，故在操作过程中需要操作人员对防爆、防火、防腐、劳动保护、操作方法及安全生产等方面有特殊要求，同时对发酵下游过程工艺流程和设备等特别注意，技术操作人员需经严格岗前培训，培训合格后持证上岗，同时对下游过程技术中产生的"工业三废"进行处理，以避免污染环境。

即学即练 7 – 1

答案解析

发酵下游过程操作特点包括（　　　　）

A. 成分复杂多样

B. 发酵目的产品收率低

C. 产品性质不稳定

D. 提取、纯化、精制过程具有一定的灵活性

E. 发酵目的产品收率高

二、过程及技术

发酵产物的分离纯化方法多种多样，即使是同一种发酵产物，不同的技术路线和生产工艺流程都对最终发酵产物的质量有较大的影响，但是无论发酵产物在胞内还是胞外，发酵下游加工过程的一般操作流程均包括以下几个方面。

（一）发酵液的预处理和固–液分离　微课

1. 发酵液的预处理　发酵液中的微生物细胞通常体积较小，发酵液黏度很大，一般不能够直接过

滤，如果直接过滤，由于菌体自溶、自身代谢产物、核酸、蛋白质等原因，常导致滤液浑浊，不容易分离出发酵产物，所以要对发酵液进行预处理。

发酵液的预处理是采用物理或者化学等方法，增大悬浮液中固体粒子的大小，或降低发酵液黏度，以利于过滤的同时去掉可能影响后续提取的高价无机离子。发酵液预处理的主要目的就是改变发酵液的性质，在保持发酵产物（一般为生物活性物质）稳定性的范围内，通过酸化、加热等方式降低发酵液的黏度，以便去除大部分杂质，降低发酵液的黏度，有利于进一步的分离纯化处理。发酵液预处理的方法包括三个方面：高价无机离子的去除、杂蛋白质的去除、发酵液的凝聚和絮凝。高价无机离子主要包括钙离子、镁离子、铁离子等。去除钙离子时主要使用草酸，去除镁离子使用三聚磷酸钠，去除铁离子主要使用黄血盐（亚铁氰化钾）形成铁蓝沉淀。杂质蛋白通常采用热变性法进行去除，同时可兼并采用沉淀、改变发酵液 pH 的方法进一步去除。发酵液最常用的预处理方法是絮凝或凝聚，原理是增大发酵悬浮液中固体粒子的大小，以加快微生物细胞沉降速度，除了絮凝和凝聚，也可以使用稀释、加热的方法降低发酵液整体黏度，便于发酵产物的分离。

2. 发酵液的固－液分离　常规采用过滤和离心的方法，如果发酵产物在微生物细胞内，则在收集微生物细胞后还需要进行细胞破碎以获取发酵产物。现阶段细胞破碎的方法主要有物理法（包括匀浆法、反复冻融法、超声波法等）、化学法（包括渗透法、脂溶法等）和生物法（包括酶溶法等）。发酵液中杂质种类多种多样，其中对后期提纯影响较大的是高价态的金属离子（如 Ca^{2+}、Fe^{3+} 等）。杂蛋白等杂质的存在增大了发酵液的黏度，会进一步降低固－液分离速度，从而不利于后期提纯。

过滤主要是将悬浮在发酵液中的固体物质提取出来，由于发酵产物在处理的过程中容易出现失活、降解等现象，所以过滤的时间要尽可能的短，同时保证滤液澄清，影响发酵液的过滤速度与不同的菌种及发酵时具体的发酵条件有关，比如真菌的菌丝比较粗大，发酵液较容易过滤，同时滤渣容易刮下来；放线菌菌丝细且交织成网状，又富有多糖类物质，黏性强，一般过滤较为困难，通常都需要进行预处理。除去菌体自身因素，培养基的组成对过滤速度影响较大，使用颗粒直径小的营养物质（例如花生粉、淀粉等）会使过滤困难。除去以上两种原因，选择合适的时间放罐对过滤的影响也较大，一般原则是在菌体自溶前必须放罐，原因在于菌体自溶后的分解产物一般难过滤，延长发酵周期虽然可以使发酵总产量上升，但是发酵后期色素等杂质增多，同样会导致过滤困难，进而增加分离提取难度。

针对动、植物或微生物细胞培养液，对其预处理通常包括去除可溶性的黏性物质，以及无机盐的去除，常用的技术包括加入絮凝剂、变性沉淀、吸附、细胞破碎等方法，常使用的设备包括高压匀浆机、高速珠磨机、超声波振荡器等。

发酵液的固－液分离是将悬浮液中固体和液体分离的过程，是获取生物产品不可缺少的步骤。常使用的设备包括板框压滤机、真空鼓式过滤机及离心机等。板框式压滤机主要由固定板、滤框、滤板、压紧板和压紧装置组成，有过滤面积大并能够承受较高压力差的特点，同时结构简单、价格相对较低；缺点是不能够连续操作、人员劳动强度大。真空鼓式过滤机占地面积小、能够自动化，是一种理想的过滤装置，但由于其承受压差较小、能耗较大等缺陷，现阶段主要应用于霉菌发酵液的过滤。

（二）发酵目的产物的提取（初步纯化）

发酵液经固－液分离后，生物活性物质主要存在于滤液中，通常来讲，滤液体积大，浓度较低。下游加工过程就是浓缩和纯化的过程，为获取发酵产物常需多步操作，其中第一步操作最为重要，称为初步纯化或提取，主要目的在于浓缩，也有部分纯化作用，产品初步纯化常使用的技术包括溶剂萃取法、吸附法、离子交换法、沉淀法及超滤法等，下面介绍几种常用的初步纯化技术。

1. 吸附法　利用适当的吸附剂（如活性炭、白土、氧化铝等）在一定的 pH 条件下使用吸附剂将发酵液中的生物活性物质吸附出来，之后改变 pH，采用适当的洗脱剂（多数为有机溶剂）把生物活性物质从吸附剂上进行解吸后收集，以达到浓缩和提纯的目的。

2. 沉淀法　利用某些微生物药物具有两性的性质，使其在等电点时从溶液中游离沉淀出来，或在一定 pH 条件下，能与某些酸、碱或金属离子形成不溶性或溶解度较小的复盐，使发酵产物从发酵液滤液中沉淀析出，之后通过再次改变发酵液 pH 等条件，利用此种复盐又易分解或重新溶解的特性获取发酵产物。

3. 离子交换法　是利用交换剂与溶液中的离子发生交换进行分离的方法，利用交换剂中的可交换基团与溶液中各种离子间的离子交换能力的不同来进行分离的。

4. 溶剂萃取法　利用发酵产物在不同的 pH 条件下以不同的化学状态（游离或成盐状态），以及溶质在互不相溶的溶剂中溶解度不同的特性，使微生物药物从一种溶液转移至另一种溶剂中，以达到浓缩和提纯的目的。

5. 超滤法　是使用加压膜分离技术，在一定的压力下，使小分子物质和溶剂穿过一定孔径的超滤膜，而大分子溶质不能透过，留在膜的另一边，从而使大分子物质得到部分的纯化，超滤是以压力为推动力的膜分离技术之一，能够有效地分离大分子与小分子物质。

常见发酵下游产物初步分离方法比较见表 7-1。

表 7-1　发酵下游产物初步分离方法比较

	吸附法	沉淀法	离子交换法	溶剂萃取法	超滤法
优势	成本较低	设备简单，原料易得，节省溶剂，成本低收率高	设备简单，操作方便，成本低，较少使用有机溶剂	浓缩倍数大，产品纯度高，能够连续生产，生产周期短	简单，不发生相变化，无须化学试剂
不足	吸附性能不稳定	难过滤，质量较差，杂质较多	生产周期较长，pH 变化大，不适合稳定性较差的发酵产物	溶剂耗量大，设备要求高，成本较高，需要整套溶剂回收装置和相应的防火、防爆措施	浓差极化和膜的污染，膜的寿命较短

📱 **知识链接**

细胞内不溶性表达产物包涵体的分离纯化

基因工程与细胞工程技术应用到发酵工程中，人们可以通过几种方法联合获取重组蛋白，包涵体就是重组蛋白的一种重要的外源表达形式。包涵体是外源基因，在原核细胞中表达时，特别是在大肠埃希菌中高效表达时，形成由膜包裹、高密度的不溶性蛋白质聚合物；由于包涵体不溶，所以能够比较容易地与胞内一些可溶性的杂质蛋白分离，重组蛋白的纯化也容易完成。但是重组蛋白错误的空间折叠，需要变性复性后才能够投入后续生产中，所以对包涵体的分离及纯化前，首先要进行细菌的收集与破碎，包涵体的分离、洗涤、溶解，蛋白的纯化，重组蛋白的复性等几个步骤处理，之后才可以投入后续使用。

（三）初步纯化的影响因素

发酵产物提取过程一般持续较长，分离的发酵产物容易分解或降解，外界环境因素对发酵产物品质影响较大，温度、酸碱度、盐浓度、重金属离子等都是提取时要考虑的因素。

多数物质的溶解度随提取温度的升高而增加，较高的温度能够降低发酵液的黏度，有利于分子扩散和机械搅拌，所以对于发酵液中一些耐热的成分，如多糖类，可使用浸煮法提取，加热温度一般控制在 $50 \sim 90℃$，但是大多数发酵产物都是不耐热生物活性物质，不适合使用浸煮法，所以通常提取温度在 $0 \sim 10℃$；对一些耐热的发酵产物，如细胞工程中常用的胰蛋白酶，可在 $20 \sim 25℃$ 提取；而有些发酵产物在提取时，如胃蛋白酶，首先需要激活，温度可以控制在 $30 \sim 40℃$。除发酵产物本身性质的原因，也要充分考虑使用提取发酵产物的溶剂，多数情况下，要考虑溶剂的（特别是有机溶剂）挥发及安全性，通常控制在较低的温度下进行提取。

盐离子的存在同样能够降低生物分子间离子键及氢键的作用力，稀盐溶液对蛋白质等生物大分子有助溶解作用，盐离子作用于生物大分子表面，增加了表面电荷，使之极性增加，水合作用增强，促使形成稳定的双电层，此现象称为"盐溶"作用。例如，一些不溶于水的球蛋白在稀盐中能增加溶解度，而重金属离子存在时，会促进某些发酵产物的氧化，活性物质受到抑制，所以在提取过程中，通常使用金属离子螯合剂与其他溶解法联用，以在提取过程中保证生物活性物质的稳定性。

pH影响发酵产物的生物活性，多数活性物质在中性 pH 条件下稳定，原则上提取使用的溶剂系统应避免过酸或过碱，pH 一般应控制在 $4 \sim 9$ 之间，而且为了加大发酵产物的溶解度，通常避免在发酵产物的等电点附近进行提取。选择适宜的 pH，不但直接影响欲提取物与杂质的溶解度，还可以抑制部分酶类的水解破坏作用，以防止发酵产物降解，提高收率。对于一些小分子脂溶性物质，调节适当的溶剂 pH 还可使其转入有机相中，便于与水溶性杂质分离，同时为了保持某些发酵产物的活性，操作环境要注意避免日光直射，同时避免剧烈搅拌等操作，对于一些容易氧化的发酵产物也要注意提取条件，例如含有巯基的发酵产物，易被氧化，提取时常加某些还原剂，如半胱氨酸等。

（四）发酵目的产物的精制（高度纯化）

经初步纯化后，体积虽缩小较大，但发酵产物纯度依旧很低，需要进行进一步的精制。精制的方法很多，初步纯化中的某些操作，如沉淀、吸附法等也可应用于产品精制中，此外，在精制中还常用结晶、重结晶、蒸发浓缩、干燥、脱色和去热原、色层分离法等。大分子（蛋白质）和小分子物质的精制方法有类似之处，但侧重点不同，大分子物质的精制依赖于色层分离，而小分子物质的精制常常利用结晶操作，现阶段常用的高度纯化的方法包括结晶、凝胶层析、离子交换法、亲和纯化、膜分离技术等。

结晶是指固体溶质从（过）饱和溶液中析出的过程，多应用于小分子物质的精制纯化中。高度纯化中常用的纯化方法是色层分离法，又称色谱法，是实现物理和化学性质非常相近的组分间分离的方法，属于传质分离过程，现已作为一种单元操作应用，由固定相和流动相组成。填充柱是分离装置的主体，柱内充填多孔性固体颗粒，如吸附剂、离子交换树脂或浸渍于载体上的萃取剂或吸收剂，称为固定相，流过填充柱的多组分料液或混合气体，称为流动相，流动相流过填充柱时，物料中各组分因溶解度、吸附性等方面的差异，经历多次差别分配，易分配于固定相的组分，在柱中的移动速度慢，难分配于固定相的组分，移动速度快，从而使各组分逐步分开，最后可实现较完全的分离。

任务二 下游加工技术的选择

PPT

发酵液成分复杂，发酵液通常可达吨级，所以选择合适的发酵下游加工技术也是重中之重。通常根据实际生产中具体的条件，先通过实验确定常规条件，然后再经过中间试验和扩大实验，确定具体的提取工艺路线，实际生产中对发酵下游技术的选择也不尽相同，主要从以下几方面考虑。

岗位情景模拟 7 -1

情景描述 由于碱性蛋白酶发酵生产时，发酵液通常黏度较大，采取常规离心或板框过滤法无法进行固 - 液分离，不能够获得澄清滤液。

发酵生产中，分离目的产物时滤液的澄清是关键的一步，科学的方法、规范严谨的操作是都是必不可少的，这些都是成为一名合格的工艺员必须具备的精神和素质。

讨 论 对于黏度较大的发酵液应如何进行处理？

答案解析

一、根据发酵产物自身性质选择

根据发酵产物自身性质，综合考虑产品的纯度和疗效，选择下游加工技术的考虑因素如下。

（一）化学结构

任何发酵产物的性质都与其化学结构密切相关，而化学结构的不同是选择合适的提取方法的重要原因，发酵产物种类多样，包括抗生素、酶、蛋白质、核酸、维生素等，均具有不同的结构类型，在理化性质上有较大的差异。

（二）溶解性

发酵产物在特定溶剂中的溶解度大小取决于该物质的分子结构及溶剂的性质，一般来说，极性物质易溶于极性溶剂，非极性物质易溶于非极性有机溶剂中，碱性物质易溶于酸性溶剂，酸性物质易溶于碱性溶剂，温度升高时，发酵产物溶解度相应增大，远离等电点时溶解度亦增加，提取时一般利用同一种溶剂对不同物质溶解度的差别，从混合物中分离出一种或几种组分。

（三）极性

选择提取溶剂时，应充分考虑发酵产物的极性，常用的溶剂有水、稀盐、稀碱、稀酸等，也有用不同比例的有机溶剂进行提取的，如乙醇、丙酮、三氯甲烷、四氯化碳等。对一些分子中非极性侧链较多的蛋白质和酶，常用丁醇提取，效果好，丁醇亲脂性强，兼具亲水性，可取代与蛋白质结合的脂质的位置，还可阻止脂质重新与蛋白质分子结合，使蛋白质在水中的溶解能力增加，丁醇提取法所要求的 pH、温度范围较广。

（四）稳定性

不同发酵产物的化学稳定性直接影响提取方法的选择，在提取过程中应充分考虑目标产品的活性，对蛋白质类药物特别要防止其高级结构被破坏，避免高热、剧烈搅拌、大量泡沫、强酸、强碱及重金属离子的作用；酶类药物的提取要防止辅酶丢失和其他失活因素的干扰；多肽类及核酸类药物需注意避免酶的降解作用，提取过程中，应在低温下操作，并添加某些酶抑制剂；对脂类药物提取时应特别注意产品的氧化，减少与空气的接触，如添加抗氧化剂、通氮气及避光等。

现阶段抗生素类药物大多数由发酵得来，抗生素类药物因性质与作用特殊，所以对此类发酵产物要特别注意，在提取前分析不同的 pH、温度、时间条件下抗生素的稳定性，掌握其分解速度及降解产物的一般特性，一般抗生素的稳定性较合成药物差，要注意在整个提取过程中，尽量使抗生素保持稳定。

二、根据获得发酵产物需要的成本选择

发酵下游加工技术的重点是发酵产物的分离纯化工艺。传统发酵工业中，发酵下游加工技术所需要的费用占发酵工程总费用的 60%。在现今的发酵工业中，由于基因工程、细胞工程技术等的大量应用，所获取的发酵产物对纯度、精度有了更高的要求，所以发酵下游加工技术的成本也有所上升，占发酵工程总费用的 80%～90%。国际上对发酵工程下游加工技术的发展也给予了高度关注，从 1983 年开始，英国政府工业部发起生物分离计划，专门研究发酵下游加工技术，我国也在 1989 年召开了第一次专门针对发酵下游加工技术的会议，时至今日，发酵下游加工技术已有较大的发展。

在分离纯化工艺流程中，纯化加工的成本一般随着工艺流程的增加而递增，所以在实验过程确定初步纯化工艺后，整合整个工艺流程都要考虑成本，在整个工艺流程中，应将涉及发酵产物处理体积大、加工成本低的工序尽量前置，而层析介质较为昂贵，使用层析精制纯化工序宜放在工艺流程的后段，同时进入层析阶段的发酵产物体积应尽量小，以减少层析介质的使用量，节约成本。

> **即学即练 7－2**
> 根据发酵产物本身特点，选择下游加工技术的考虑因素有（　　　）
> 答案解析
> A. 化学结构　　　　B. 溶解性　　　　C. 极性　　　　D. 稳定性　　　　E. 吸附性

三、根据环保原则选择

发酵下游加工技术中使用的有机溶剂多数都是有一定毒性或腐蚀性的试剂，同时在发酵生产过程中应用的菌种可能对环境有污染，所以在设计下游加工工艺流程时要具有环保意识，充分考虑废弃物对环境的影响，尽量减少"工业三废"的排放，同时考虑生产的安全性（注意防腐、防毒、防爆、防火等措施）以及环境污染等问题。

综合以上三点，就可大致决定采用何种方法进行下游产物加工，如对极性较强的微生物药物可考虑用离子交换法，能形成沉淀的可考虑用沉淀法，如以上方法都不适用，或进行小规模提取实验时，也可以使用吸附法，究竟选用何种方法，应通过小规模预实验，将各种方法进行比较，并不断改进，现有的各种微生物药物的提取方法，一般都是这样逐步决定的。简而言之，在整个微生物发酵下游加工技术中要抑制宿主细胞或分泌产物中相应的酶活性，以防止其降解待纯化产物，同时注意每个环节的时效性，对每个步骤都进行质量监控，以保证发酵产物的安全、有效，尽可能缩减分离步骤，降低生产成本。

任务三　下游加工技术的发展趋势

PPT

下游加工技术是发酵工程中关键性的操作单元，直接影响发酵产物的质量和产量，主要特点是各种学科技术交叉，新型的提取、分离、纯化技术不断涌现，同时在操作过程中注重新型材料的研制，分离纯化设备推陈出新，发展迅速。

发酵工程中，随着膜本身质量的改进和膜装置性能的改善，在下游加工过程的各个阶段，将会越来

越多地使用膜分离技术。膜分离技术是利用具有一定孔径、化学特性及物理结构的膜，对相关性质的生物大分子或小分子进行分离的方法，其分离过程是以选择透过性膜作为分离介质，通过在膜两侧施加某种推动力（如渗透压差、压力差等），使待分离体系中的相关组分有选择性地透过膜，从而达到分离，例如，Millipore 公司研究的提取头孢菌素 C 的过程，利用微孔滤膜进行发酵液的过滤，利用超滤去除一些蛋白质杂质和色素，利用反渗透进行浓缩，最后结合高效液相色谱法（HPLC）进行精制，就可得到成品，其纯度可达到 93%。亲和技术的广泛推广使用也是下游加工技术的重要趋势之一，利用生物亲和力可使分离的选择性大大提高，在下游加工过程的各个阶段都在使用，除经常使用的亲和层析外，还有亲和分配、亲和沉淀等。

除了新型材料的使用，发酵上游技术对下游过程的影响同样不可忽视，改变发酵上游技术对提高产品质量有明显的提高，过去上游技术的发展经常不考虑下游方面的困难，致使发酵液浓度提高，却得不到产品，下游方面经常强调要服从上游方面的需要，比较被动，现代发酵工程发展要求作为一个整体，上、下游过程技术互相配合，发酵上游技术方面已为下游提取方便创造条件，包括改良培养基配方、改变发酵条件、尽量降低发酵液的黏度及发酵液中重金属离子的浓度，以降低下游过程技术中的提取难度。可采用发酵与提取相结合的方法，即在发酵过程中，把产物除去，以避免反馈抑制作用，方法很多，如利用半透膜的发酵罐，在发酵罐中加入吸附树脂等。

实训十五　纳豆激酶粗酶液的制备及活性测定

一、实验目的

1. 掌握　固体发酵生产纳豆激酶的方法。

2. 熟悉　单因素实验。

二、实验原理

纳豆激酶（NK）的等电点 8.6±0.3，在 pH 6.0～12.0 区间内比较稳定，pH 低于 5.0 时很不稳定，40℃保温 30 分钟酶活无损失，温度超过 50℃时活力逐渐丧失，温度超过 60℃时则因蛋白变性而迅速失活，甘油、丙二醇、牛血清蛋白和海藻酸钠等的添加有利于提高酶的热稳定性。NK 在体外和体内均具有很好的溶解血栓作用。目前，NK 溶栓活力的测定方法主要有纤维蛋白平板法、纤维蛋白块溶解时间法（CLT）、血清板法、四肽底物法、酶联反应吸附法等，这些测定方法各有优缺点，其中最常用的是纤维蛋白平板法。

纤维蛋白平板法的原理是用琼脂糖作固体支持，以凝血酶和纤维蛋白原制作人工血栓平板，注入 NK，用溶解圈垂直直径的乘积表示纤溶活力，以尿激酶为标准品作标准曲线，计算出 NK 的活性相当于标准品的单位数。

三、实验器材及材料

1. 试剂　尿激酶、纤维蛋白原、凝血酶、生理盐水。

2. 仪器　恒温培养箱、超净工作台、分光光度计、恒温式水浴锅、高速台式冷冻离心机、冷藏柜、pH 计。

四、实验内容

1. 纳豆激酶粗酶液的制备　将发酵后熟的纳豆按一定体积加入 0.9% 的生理盐水，4℃浸提 30 分钟，4000r/min 离心 20 分钟，取上清液的纳豆激酶粗品。

2. 纤维蛋白平板法 称取琼脂糖 0.5g，溶于 4ml 的 0.01mol/L 磷酸盐缓冲液中，沸水浴煮沸，使其完全融化，设其为 Q，另取纤维蛋白原 11mg，溶于 5ml 的 0.01mol/L 磷酸盐缓冲液中，45℃温浴，设其为 F，称取凝血酶 10IU 溶于磷酸盐缓冲液中，45℃温浴，设其为 T，当 Q 温度降为 50℃左右时，将其倒入 T 中，然后倒入 F 迅速混匀，倒入平板，然后在每个平板上打孔 6 个。

3. 标准曲线的制备 在每个平板上选定 5 个孔，每孔加入磷酸盐缓冲液 10μl，将稀释好的标准品尿激酶（1IU/ml）依次加入 6 个孔中，分别加入 0、0.2、0.4、0.6、0.8、1.0μl 混匀后，置于 37℃培养 16～18 小时。测定溶圈的垂直直径，计算各溶圈面积。以溶圈面积为纵坐标，以标准酶活力为横坐标，根据标准曲线计算样品活力。

4. 纳豆激酶活性测定 取发酵液上清 5μl，点样于纤维蛋白平板上，于各孔加入磷酸盐缓冲液，将纤维蛋白平板于培养箱中 37℃培养 16 小时，取出测得各自溶圈直径，根据标准曲线计算样品相当于尿激酶的单位。

知识链接

纳豆激酶检测 Flion – 酚法

Flion – 酚试剂在碱性条件下极不稳定，可被酚类化合物还原产生蓝色（钼蓝与钨蓝的混合物）。酪蛋白经蛋白酶水解作用后产生含有酚的氨基酸（如酪氨酸、色氨酸等），与 Flion – 酚反应产生蓝色化合物，通过测定蓝色化合物 680nm 处的吸光度可以推断酶活力的大小。此法简单易行，可以同时测多个样品，成本低，但需要严格控制酶解时间，且不能完全表示纤溶酶活力，有实验证明此法测得的蛋白酶活力与纤溶活力之间存在一定的相关性。

五、实验结果

（1）纳豆激酶粗提液的制备及活力测定。

（2）确定最佳的发酵条件。

六、重点提示

（1）用生理盐水提取纳豆激酶。

（2）注意倒平板时防止气泡产生。

（3）凝血酶和纤维蛋白原作用生成交联纤维蛋白。

（4）以尿激酶活力为横坐标，溶圈面积为纵坐标。

（5）每个孔之间距离要均匀。

（6）酶活力与溶解面积成正比，用溶解面积来表示纳豆激酶的溶纤维活性。

实训十六 考马斯亮蓝法测定发酵液中蛋白质含量

一、实验目的

1. 掌握 考马斯亮蓝 G – 250 染色法测定蛋白质的原理和操作。

2. 熟悉 分光光度计的使用。

3. 了解 分光光度法测定蛋白质的方法。

二、实验原理

蛋白质含量测定法是生物化学研究中最常用、最基本的分析方法之一。目前常用的有四种经典方法，即定氮法、双缩脲法（Biure 法）、Folin - 酚试剂法（Lowry 法）和紫外吸收法。另外还有一种近十年才普遍使用起来的新的测定法，即考马斯亮蓝法（Bradford 法）。

考马斯亮蓝染色法的突出优点如下：①灵敏度高，据估计比 Lowry 法约高 4 倍，其最低蛋白质检测量可达 1mg。这是因为蛋白质与染料结合后产生的颜色变化很大，蛋白质 - 染料复合物有更高的消光系数，因而光吸收值随蛋白质浓度的变化比 Lowry 法要大得多。②测定快速、简便，只需加一种试剂。完成一个样品的测定，只需要 5 分钟左右。由于染料与蛋白质结合的过程，大约只要 2 分钟即可完成，其颜色可以在 1 小时内保持稳定，且在 5～20 分钟之间，颜色的稳定性最好。因而完全不用像 Lowry 法那样费时和严格地控制时间。③干扰物质少，如干扰 Lowry 法的 K^+、Na^+、Mg^{2+}、Tris 缓冲液、糖和蔗糖、甘油、巯基乙醇、乙二胺四乙酸（EDTA）等均不干扰此测定法。

目前世界上最常用的蛋白质浓度检测方法蛋白质定量试剂盒，就是根据考马斯亮蓝 G - 250 法研制而成，实现了蛋白浓度测定的快速、稳定和高敏感度，其原理是与考马斯亮蓝 G - 250 在酸性条件下和蛋白质结合，使得染料最大吸收峰从 465nm 变为 595nm，染料主要是与蛋白质中的碱性氨基酸（特别是精氨酸）和芳香族氨基酸残基相结合。在一定的线性范围内，反应液 595nm 处的吸光度的变化量与蛋白量成正比，测出 595nm 处吸光度的增加即可进行蛋白定量。

三、实验器材及材料

1. 试剂 考马斯亮蓝试剂：考马斯亮蓝 G - 250 100mg 溶于 50ml 95% 乙醇中，加入 100ml 85% 磷酸，用蒸馏水稀释至 1000ml。

2. 溶液

（1）标准蛋白质溶液 结晶牛血清蛋白，预先经微量凯氏定氮法测定蛋白氮含量，根据其纯度用 0.15mol/L NaCl 配制成 1mg/ml 蛋白溶液。

（2）磷酸盐缓冲液（PBS） NaCl 8.0g、KCl 0.2g、KH_2PO_4 0.24g、$NaHPO_4 \cdot 12H_2O$ 3.628g，溶于 800ml 蒸馏水中，用盐酸调 pH 为 7.4，蒸馏水定容至 1000ml，高压灭菌，室温保存，待用。

四、实验内容

（1）待测样品处理，沉淀用 PBS 洗涤两次超声波破碎。

（2）将 0、20、40、60、80、100、120μl 牛血清蛋白标准溶液分别加入试管中，加 PBS 补足到 300μl。

（3）将适当体积的样品加入试管中，并用 PBS 补足到 300μl。

（4）向各管中加入考马斯亮蓝染液，5700μl 室温放置 10 分钟。

（5）用分光光度计测定 595nm 处的吸光值，并记下结果，以不含 PBS 的样品的光吸收值为空白对照。

（6）绘制标准曲线，计算样品中的蛋白浓度，如果所得到蛋白浓度不在标准曲线范围内，则稀释样品重新测定。

五、实验结果

绘制标准曲线并查出被测样品的蛋白浓度。

六、重点提示

（1）在试剂加入后的 5～20 分钟内测定光吸收，因为在这段时间内颜色是最稳定的。

（2）测定中，蛋白质－染料复合物会有少部分吸附于比色杯壁上，测定完后可用乙醇将蓝色的比色杯洗干净。

（3）利用考马斯亮蓝法分析蛋白必须要正确使用分光光度计，重复测定吸光度时，比色杯一定要冲洗干净，制作蛋白标准曲线时，蛋白标准品最好是从低浓度到高浓度测定，以防止误差。

目标检测

答案解析

一、单项选择题

1. 发酵下游加工过程不包括（　　）

   A. 发酵目的产物的提取　　　　B. 发酵液固－液分离　　　　C. 发酵目的产物的精制

   D. 发酵微生物细胞纯化　　　　E. 发酵液预处理

2. 分离纯化比较微量的发酵产物，对最初发酵液的处理是（　　）

   A. 分离量小、分辨率高的方法

   B. 分离量大、分辨率低的方法

   C. 分离量小、分辨率低的方法

   D. 按照操作人员经验

   E. 结合实际情况再确定

3. 区别于其他发酵产物的提取，包涵体提取的不同之处在于（　　）

   A. 需要进行固－液分离　　　　B. 需要采取保温方式提取　　　　C. 需要进行复性

   D. 需要进行纯化　　　　E. 需要预处理

4. 能够较好地除去发酵液中金属离子的方法是（　　）

   A. 吸附法　　　　B. 盐析法　　　　C. 超滤法

   D. 离子交换法　　　　E. 代谢法

二、多项选择题

1. 发酵下游加工技术的特点有（　　）

   A. 成分复杂多样

   B. 提取过程费用低

   C. 提取、纯化、精制过程具有一定的灵活性

   D. 发酵目的产品收率低

   E. 产品性质不稳定

2. 常用的细胞破碎的方法有（　　）

   A. 反复冻融法　　　　B. 珠磨法　　　　C. 机械破碎法

   D. 超声波破碎法　　　　E. 压力法

3. 选择提取工艺流程从发酵产物自身性质考虑的有（　　）

   A. 化学结构　　　　B. 极性　　　　C. 反应条件

D. 溶解性　　　　　　　　　E. 稳定性

4. 选择下游加工技术的考虑因素包括（　　　）

　　A. 发酵产物自身性质　　　B. 湿度　　　　　　　C. 获得发酵产物需要的成本

　　D. 环保原则　　　　　　　E. 温度

5. 从发酵液中提取生物活性物质，常采用的保护措施有（　　　）

　　A. 添加防腐剂　　　　　　B. 添加去垢剂　　　　C. 添加保护剂

　　D. 采用缓冲体系　　　　　E. 抑制水解酶

书网融合……

　　　知识回顾　　　　微课　　　　习题

学习引导

发酵工业是我国国民经济的支柱产业，不仅与人民生活息息相关，同时也体现了生物药物、农副产品等的深加工利用技术及资源环境的保护水平。随着发酵工业的迅速发展，我国对发酵工业废物的处理和废物资源的综合利用越来越重视，《"十三五"生态环境保护规划》中把推动循环发展和推进节能环保产业发展列为主题，明确指出实施专项治理，全面推进达标排放与污染减排，《"十四五"规划》中关于生态环境保护规划方面明确提出强化固体废物资源化利用，强化推动绿色低碳发展。

本项目从发酵工艺的生产实际出发，主要介绍发酵工业中废气、废水和废渣的种类以及对应的无害化处理工艺，同时对于废物中可循环利用的产物再次利用的工艺进行介绍，从而为强化发酵工业资源的综合利用，持续推动循环发展提供理论支撑。

学习目标

1. **掌握**　发酵工业废气处理的常用技术分类；衡量污水水质的指标；生物法处理发酵工业污水的种类和原理。

2. **熟悉**　发酵废气、污水和废渣的来源及特点；厌氧生物法和好氧生物法处理发酵工业污水的优缺点；堆肥化技术的概念及特点；沼气化技术的概念及特点。

3. **了解**　发酵工业环境污染的种类及含义；发酵工业三废的危害；大气污染的防治措施。

任务一　发酵工业废气的处理

PPT

各种工业生产及其有关过程中排放的含有污染物质的气体，统称为工业废气。其中包括从生产装置中物料经过化学物理和生物化学过程直接排放的气体，也包括间接与生产过程有关的燃料燃烧、物料储存、装卸等作业中散发的含有污染物质的气体。发酵工业废气是指在发酵工业生产活动中发生的废气，其中一部分来自供气系统燃料燃烧排出的废气，主要含有一定量的粉尘和有毒性气体；另一部分主要是发酵罐排出的废气，其中夹带部分发酵液和微生物。狭义上讲，发酵工业废气是指包含部分发酵液、微生物的废气。

岗位情景模拟 8 – 1

情景描述 味精生产工厂利用淀粉经发酵生产味精后剩余的母液，经浓缩、高温喷浆、干燥造粒生产复混肥，其过程中产生挥发性的异味气体。可采用生物吸收法处理味精生产和制肥过程中的废气，主要选择生物滴滤塔，以沸石为填料，液体从塔顶向下喷淋，经底部回流至贮液槽，完成循环。废气体从塔底通入，上升过程中与填料表面的生物膜接触，经生物净化后的气体从塔顶排出。某次检查中发现废气的脱臭率异常，低于工艺要求标准。

讨　　论 1. 如何分析情景中除臭率异常的现象？

2. 针对异常的现象该如何处理？

答案解析

一、来源和特点

发酵工业废气比较复杂，主要包括发酵罐废气、发酵菌渣干燥废气、提取贮罐废气、发酵液预处理废气和板框过滤的废气、有机溶剂废气、污水站废气。在此类废气中最主要的成分是未被利用的空气、生产菌在初级代谢和次级代谢中的各种中间物和产物，以及发酵过程中的酸碱废气。例如，在青霉素和头孢等药品的生产过程中，废气主要为二氧化碳、水蒸气、乙酸丁酯、正丁醇和苯乙酸等物质；异维生素 C 钠的生产过程中，有机废气主要是甲醇；味精生产过程中，废气主要是硫化氢和二氧化碳；苯丙氨酸生产过程中，废气主要为氨废气。这些废气的产生严重地恶化了生产条件，甚至对生产人员的身心健康造成伤害，对环境造成污染。因此，有效治理发酵工业废气污染具有重要意义。

二、处理技术

一般废气处理技术有吸收法、吸附法、催化法、燃烧法、冷凝法、生物法、膜分离法等。生物法因其投资少、运行费用低、性能可靠、易于管理、处理效果好、二次污染小等特点，成为近年来废气处理的主要方法。

(一) 吸收法

吸收法是指采用适当的液体作为吸收剂，使含有有害物质的废气与吸收剂接触，废气中的有害物质被吸收于吸收剂中，使气体得以净化的方法。吸收剂的选择将直接影响吸收效果，标准如下。

(1) 吸收容量大，即在单位体积的吸收剂中吸收有害气体的数量要大。

(2) 饱和蒸气压低，以减少因挥发而引起的吸收剂的损耗。

(3) 选择性高，即对有害气体吸收能力强。

(4) 沸点要适宜，热稳定性高，黏度及腐蚀性要小。

(5) 价廉易得，对设备无腐蚀。

在实际应用中，任何一种吸收剂都不可能同时达到以上要求，所以要根据实际情况筛选优化合适的吸收剂。

常用的吸收剂类型包括微乳液、油类和表面活性剂的水溶液。油类吸收剂易燃、易挥发，容易造成二次污染，在实际应用中受到限制；微乳液制备方法较复杂，而且依赖于压力、温度和吸收剂种类等因素；水是最廉价、最易获取、最安全、最理想的吸收剂，但是有机废气在水中的溶解度很小，为了增加有机废气在水中的溶解度，可以采用向水中添加表面活性剂的方法，增大有机化合物在水溶液中的分散程度，从而增大溶解度，提高吸收效率。

吸收主体设备为吸收塔，有填料塔、湍球塔、板式塔、喷淋塔等多种形式，吸收塔的主要功能是使废气与吸收剂液体充分接触，废气分子通过扩散进入吸收剂溶液中达到相平衡，废气从气相转化到吸收剂的液相中，从而实现分离的目的。一般采用逆流操作，被吸收的气体由下向上流动，吸收剂由上而下流动，在气、液逆流接触中完成传质过程。

吸收工艺流程有非循环和循环过程两种，前者吸收剂不可再生，后者吸收剂可以封闭循环使用。

吸收法因设备简单、捕集效率高、应用范围广、一次性投资低等特点，已被广泛用于有害气体的治理。但吸收法将气体中的有害物质转移到了液相中，因此必须对吸收液进行处理，否则容易引起二次污染。此外，低温操作下吸收效果好，在处理高温气体时，必须对排气进行降温处理，可以采取直接冷却、间接冷却、预置洗涤器等降温手段。

（二）吸附法

吸附法是指使废气与大表面多孔性固体物质相接触，使废气中的有害组分吸附在固体表面上，与气体混合物分离，从而达到净化目的的一种方法。被吸附的气体组分称为吸附质，具有吸附作用的固体物质称为吸附剂，一般对吸附剂的选择标准如下。

（1）具有大的比表面积和孔隙率。

（2）良好的选择性。

（3）吸附能力强，吸附容量大。

（4）具有一定的颗粒度，较好的机械强度、化学稳定性和热稳定性。

（5）易于再生，耐磨损，寿命长。

（6）价廉易得。

除以上标准外，还应考虑吸附质的性质、分子大小、浓度以及净化要求等因素。

目前常用的吸附剂有活性炭、沸石、分子筛、活性氧化铝、多孔黏土、吸附树脂、矿石和硅胶等，其中活性炭因其更大的吸/脱附容量和更快的吸附动力学性能而应用最广。

即学即练 8 - 1

答案解析 采用吸附法进行发酵工业废气处理时，不适合作为吸附剂的材料是（   ）
A. 活性炭   B. 沸石   C. 油类   D. 活性氧化铝   E. 多孔黏土

吸附法主要适用于低浓度、高通量有机废气，优点是能量消耗比较小，处理效率高，而且可以彻底净化有害有机废气，但吸附过程是可逆的，在吸附质被吸附的同时，部分已被吸附的吸附质分子还能够因分子的热运动而脱离固体表面回到气相中。另外，吸附剂需要重复再生利用，而且容量有限，这使其应用受到一定的限制，如对高浓度废气的净化，一般不宜采用该法，否则需要对吸附剂频繁进行再生，影响吸附剂的使用寿命，同时会增加操作费用及操作上的繁杂程序。

（三）催化法

催化法是指利用催化剂的催化作用，将废气中的有害物质转化为无害物质或易于去除的物质的一种废气治理技术。催化剂具有以下特点。

（1）催化剂只缩短了反应到达平衡的时间，而不能使平衡移动，更不可能使热力学上不可发生的反应进行。

（2）催化剂性具有选择性，即特定的催化剂只能催化特定的反应。

（3）每一种催化剂都有其特定的活性温度范围。低于活性温度，反应速度慢，催化剂不能发挥作用；高于活性温度，催化剂会很快老化甚至被烧坏。

（4）每一种催化剂都有中毒、衰老的特性。

因此，根据活性、选择性、机械强度、热稳定性、化学稳定性及经济性等来筛选催化剂是催化净化有害气体的关键。

常用的催化剂一般为金属盐类或金属，如钒，铂、铅、镉、氧化铜、氧化锰等物质。载在具有巨大表面积的惰性载体上，典型的载体为氧化铝、铁矾土、石棉、陶土和活性炭等。

催化法无须将污染物与主气流分离，可直接将有害物质转变为无害物质，这不仅可避免产生二次污染，而且可简化操作过程。此外，所处理的气体污染物的初始浓度都很低，反应的热效应不大，一般可以不考虑催化床层的传热问题，从而大大简化了催化反应器的结构。但是催化剂价格较高，并且废气在催化反应前需要添加一定的附加能量预热。

（四）燃烧法

燃烧法是指对含有可燃有害组分的混合气体加热到一定温度后，组分与氧气进行燃烧，或在高温下氧化分解，从而使这些有害物质组分转化为无害物质的一种方法。该方法主要应用于碳氢化合物、一氧化碳、沥青烟、黑烟等有害物质的净化治理。

燃烧法可分为直接燃烧、热力燃烧和催化燃烧三种方式。

1. 直接燃烧　将废气中的可燃有害组分当作燃料直接烧掉，此法只适用于净化含可燃性组分浓度较高或有害组分燃烧时热值较高的废气。

2. 热力燃烧　利用辅助燃料燃烧放出的热量将混合气体加热到要求的温度，使可燃的有害物质进行高温分解变为无害物质。

3. 催化燃烧　在催化剂的存在下，废气中可燃组分能在较低的温度下进行燃烧反应，这种方法能节约燃料的预热，提高反应速度，减少反应器的容积，提高一种或几种反应物的相对转化率。

燃烧法工艺简单，操作方便，净化程度高，并可回收热能。但不能回收有害气体，且有时会造成二次污染。

（五）冷凝法

冷凝法是指利用物质在不同温度下具有不同饱和蒸气压这一性质，采用降低废气温度或提高废气压力的方法，使处于蒸气状态的污染物冷凝并从废气中分离出来的过程。特别适用于处理污染物浓度在 $1000cm^3/m^3$ 以上的较高浓度的废气，污染物的去除率与其初始浓度和冷却温度有关。在给定的温度下，污染物的初始浓度越大，污染物的去除率越高。冷凝法在理论上可达到很高的净化程度，但是当处理低浓度废气时，必须采取进一步的冷冻措施，这使运行成本大大提高，所以冷凝法不适宜处理低浓度的废气，但常作为吸附法、燃烧法和吸收法等其他方法净化高浓度废气的前处理，以降低这些方法的负荷。

（六）生物法

生物法是指利用微生物的降解作用将把废气中的污染物去除，转化为低害甚至无害物质的方法。

根据处理过程中微生物的种类不同，生物法又分为需氧生物氧化和厌氧生物氧化两大类。根据处理过程中工艺的不同，生物法可分为生物吸收法和生物过滤法两种。

1. 生物吸收法 是将待处理废气从吸收器底部通入，与吸收剂逆流接触，废气被吸收剂吸收，净化后的气体从顶部排出，含污染物的吸收液从吸收器的底部流出，送入生物反应器经微生物的生物化学作用使之得以再生，然后循环使用。

2. 生物过滤法 是将待处理的废气由湿度控制器进行加湿后通过生物滤床的布气板，沿滤料均匀向上移动，在停留时间内，气相物质通过平流效应、扩散效应、吸附等综合作用，进入包围在滤料表面的活性生物层，与生物层内的微生物发生好氧反应，进行生物降解，最终生成 CO_2 和 H_2O。过滤材料通常是可供微生物生长的培养基，如纤维状泥炭、固体废弃物、麦秸秆、活性污泥等。

生物法因设备简单、运行维护费用低、无二次污染等优点，尤其是在处理低浓度、生物可降解性好的气态污染物时表现出的经济性，使其成为发酵废气处理工艺选择中的一种主要方法。但是，设备体积大和停留时间长是生物法的主要问题，同时该法对成分复杂或难以降解的废气去除效果较差，在实际操作中应当综合考量。

（七）膜分离法

利用有机气体分子与空气透过膜的能力不相同而将二者分开。该技术适合于处理流量小、浓度高和含有较高回收价值的有机溶剂的废气。对废气中有机物质的回收率较高，过程简单，能耗低，不会带来二次污染问题。但是该技术对膜材料的要求很高，用单级膜往往分离程度较低，无法满足工程实际需要，用多级膜则会大大增加投资成本，限制该技术的推广。

任务二 发酵工业污水的处理

PPT

在我国，发酵工业早已成为国民经济的主要支柱产业。众所周知，发酵生产过程的每个环节中都必不可少地需要大量的水，这些水在使用之后其成分变得极其复杂从而丧失了使用价值，最终被废弃排放。发酵工业污水就是指在发酵工业生产活动中产生的不清洁水的总称，主要包括酒精工业、味精工业、淀粉及淀粉糖工业、白酒工业、枸橼酸工业和制糖工业等行业的污水。由于发酵工业自身特点，发酵工业污水中仍然包括相当大一部分可被利用的资源，如果这些污水不经处理直接排放，不但严重污染环境，而且会造成极大浪费。

一、来源和特点

发酵工业是利用微生物生命活动产生的酶对无机或有机原料进行加工获得产品的工业。它的主要原料包括玉米、大米、秸秆、薯干等农副作物，它的主要生产过程包括原料处理、糖化、发酵及分离提纯等步骤。发酵工业污水来自加工和生产过程中的各种冲洗水、洗涤水、冷却水、原料处理后剩下的废渣水、分离与提取主要产品后的废母液与废糟水及厂内生活污水等。

发酵工业行业繁多、原料广泛、产品种类也多，因此，排出的污水水质差异非常大，如抗生素类发酵污水，成分复杂，有机物浓度高，溶解性和胶体性固体浓度高，pH 变化大，温度较高，带有颜色和气味，悬浮物含量高，含有难降解物质和有抑菌作用的抗生素，并且具有生物毒性等；乳品类发酵污水含有大量乳脂肪、酪蛋白等有机物质，并在水中呈可溶性或胶体悬浮状态，pH 接近中性或略显碱性，污水浊度相对较高；味精生产污水中有机物和悬浮物菌丝体含量高、酸度大，氨氮和硫酸盐含量高，对厌氧和好氧生物具有直接和间接毒性作用。

　　发酵工业污水不同行业水质虽然差异大，但也有相同之处，主要是有机物质和悬浮物含量较高、易腐败、重金属含量低、一般无毒，但会导致受纳水体富营养化，造成水体缺氧、水质恶化。

二、水质指标

　　水体污染主要表现为水质在物理、化学、生物学等方面的变化特征。所谓水质指标就是指水中杂质具体衡量的尺度，通常以下列指标来衡量。

　　1. 色度　水的感官性状指标之一。当水中存在着某种物质时，可使水着色，表现出一定的颜色，即色度。规定 1mg/L 以氯铂酸离子形式存在的铂所产生的颜色，称为 1 度。

　　2. 浊度　表示水因含悬浮物而呈浑浊状态，即对光线透过时所发生阻碍的程度。水的浊度大小不仅与颗粒的数量和性状有关，而且同光散射性有关。我国采用 1L 蒸馏水中含 1mg 二氧化硅为一个浊度单位，即 1 度。

　　3. 硬度　水的硬度主要是由水中钙盐和镁盐决定的。硬度分为暂时硬度（碳酸盐）和永久硬度（非碳酸盐），两者之和称为总硬度。水中的硬度以"度"表示，1L 水中钙和镁盐的含量相当于 1mg/L 的氧化钙时，称为 1 度。

　　4. 溶解氧　溶解在水中的分子态氧。在 20 ℃，0.1MPa 条件下，饱和溶解氧含量为 9×10^{-6}。它来自大气和水中化学、生物化学反应生成的分子态氧。

　　5. 化学需氧量（COD）　在一定的条件下，采用一定的强氧化剂处理水样时，所消耗的氧化剂量。它是表示水中还原性物质多少的一个指标，以 mg/L 表示。目前应用最普遍的是酸性高锰酸钾氧化法与重铬酸钾氧化法，但两种氧化剂都不能氧化稳定的苯等有机化合物。它是水质污染程度的重要指标，COD 的数值越大表明水体的污染情况越严重。

　　6. 生化需氧量（BD）　在好氧条件下，微生物分解水中有机物质的生物化学过程中所需要的氧量。用它来间接表示废水中有机物的含量。目前，国内外普遍采用在 20℃ 条件下，五昼夜的生化耗氧量作为指标，即用 BOD_5 表示，单位 mg/L。

　　7. 总有机碳　水体中所含有机物的全部有机碳的数量。其测定方法是将所有有机物全部氧化成 CO_2 和 H_2O，然后测定所生成的 CO_2 量。

　　8. 总需氧量　氧化水体中总的碳、氢、氮和硫等元素所需氧量。测定全部氧化所生成的 CO_2、H_2O、NO 和 SO_2 等的总需氧量。

　　9. 残渣和悬浮物　在一定温度下，将水样蒸干后所留物质称为残渣。它包括过滤性残渣（水中溶解物）和非过滤性物质（沉降物和悬浮物）两大类。悬浮物就是非过滤性残渣。

　　10. pH　指水溶液中，氢离子浓度的负对数，即 $pH = -\lg[H^+]$，为了便于书写，如 pH = 7，实际上是 $[H^+] = 0.0000001 = 10^{-7}$ mol/L，pH 的范围从 0 到 14。pH 等于 7 时表示中性，小于 7 时表示酸性，大于 7 时，则为碱性。天然的水体的 pH 一般在 6~9 之间。

即学即练 8-2

下列不属于衡量污水水质指标的是（　　）

答案解析　　A. 浊度　　　　B. 色度　　　　C. 温度　　　　D. 硬度　　　　E. 总需氧量

三、处理技术

工业污水的处理方法很多，按其处理原理可分为物理法、化学法、物理化学法和生物处理法。工业污水因其富含有机物，可为多种好氧或厌氧微生物提供多种营养源，而多以生物处理法为主。工业污水不论采用何种处理方法，在进入处理流程前端，都会设置一些格栅、沉砂池或调节池等设施，用以去除污水中较大的悬浮物、漂浮物、纤维物质和固体颗粒物质，从而保证后续处理流程的正常运行，减轻后续处理流程的处理负荷。

（一）物理法

物理法是指通过物理作用和机械力分离或回收废水中不溶解悬浮污染物质，并在处理过程中不改变其化学性质的方法。主要包括沉淀、气浮、过滤和离心等技术。

1. 沉淀　指利用重力沉降将比水重的悬浮颗粒从水中去除的操作。沉淀是污水处理中用途最广泛的操作之一。通常在污水处理的不同位置设置相应的沉淀池。

2. 气浮　指在水中通入或产生大量的微细气泡，使其附着在悬浮颗粒上，造成密度小于水的状态，利用浮力原理使它浮在水面，从而获得固、液分离的方法。根据污水水质、处理要求及各种具体条件，可以设计不同形式的气浮池。

3. 过滤　指通过粒状滤料层截留水中悬浮杂质，从而使水获得澄清的工艺过程。过滤能有效去除沉淀技术不能去除的微小粒子和细菌等。

4. 离心　指利用快速旋转所产生的离心力使污水中的悬浮颗粒分离的一种技术。当含悬浮颗粒的污水快速旋转时，质量大的固体颗粒被甩到外围，质量小的留在内圈，从而使废水与悬浮颗粒得到分离。

（二）化学法

化学法是利用化学作用处理废水中的溶解物质或胶体物质，可用来去除废水中的金属离子、细小的胶体有机物、无机物、植物营养素（氮、磷）、乳化油、臭味等，同时调节废水的色度、pH，对于废水的深度处理也有着重要作用。主要包括混凝、中和、氧化还原和电解等技术。

1. 混凝　指通过向污水中投加药剂，使污水中难以沉淀的胶体颗粒能相互聚合，形成大颗粒絮体，从而从水中分离去除的方法。混凝法是废水处理中一种常用的方法，它处理的对象是废水中利用自然沉淀法难以沉淀除去的细小悬浮物及胶体微粒，可以用来降低废水的浊度和色度，去除多种高分子有机物、某些重金属和放射性物质；此外，混凝法还能改善污泥的脱水性能。

2. 中和　指通过向污水中加入或混入中和剂，去除污水中过量的酸或碱，使其pH达到中性范围内。对于中和处理，首先应当考虑"以废治废"的原则，例如将酸性污水与碱性污水相互中和，既简便又经济。

3. 氧化还原　指通过药剂与污染物的氧化还原反应，将废水中有害的污染物转化为无毒或低毒物质的方法。污水处理中常用的氧化剂是空气、臭氧、二氧化氯、氯气、高锰酸钾等。常用的还原剂有硫酸亚铁、亚硫酸盐、氯化亚铁、铁屑、锌粉、硼氢化钠等。

4. 电解　指污水在电流的作用下，发生电化学反应，污水中的有毒物质在阳极失去电子（或在阴极得到电子）而被氧化（或还原）成新的产物。这些新的产物可能沉淀在电极表面，或沉淀到反应槽底部，或者以气态形式逸出，从而降低污水中有毒物质浓度。

（三）物理化学法

物理化学法是指利用物理化学的方法和原理去除污水中有害或有毒物质的过程。主要包括吸附、电渗析、反渗透和超滤等技术。

1. 吸附　利用多孔固体吸附剂的表面活性，吸附废水中的一种或多种污染物，达到废水净化的目的。根据固体表面吸附力的不同，吸附可分为物理吸附、化学吸附和离子交换吸附三种类型。

2. 电渗析　在直流电场的作用下，利用阴、阳离子交换膜对溶液中阴、阳离子选择透过性，而使溶液中的溶质与水分离的一种物理化学过程。离子交换膜的选择透过性是整个过程的关键，离子交换膜的选择透过性主要是膜的结构决定的。电渗析在处理污水方面具有显著的效果，不仅可以大量去除污水中的盐类，还可以将污水中有用的电解质进行回收再利用。在采用该法处理污水时，除了应注意选择合适的膜外，还应对污水进行必要的预处理。

3. 反渗透　利用半渗透膜进行分子过滤来处理废水的一种新的方法，又称膜分离技术。因为在较高的压力作用下，膜可以使水分子通过，而不能使水中溶质通过，所以这种膜称为半渗透膜。利用它可以除去污水中比水分子大的溶解固体、溶解性有机物和胶状物质。因具有无相变、能耗低、工艺简单、不污染环境等优点，近年来该技术快速发展，应用领域不断扩大。

4. 超滤　在压力的推动下利用半透膜对溶质分子大小的选择透过性而进行的膜分离过程。超滤法所需的压力较低，一般为 $0.1 \sim 0.5MPa$，而反渗透的操作压力则为 $2 \sim 10MPa$。因工业污水中含有各种各样的溶质物质，所以只采用单一的超滤方法，不可能去除不同分子量的各类溶质，一般多与反渗透法或者与其他处理法联合使用。

（四）生物处理法　🅔 微课

生物处理法是利用微生物的代谢作用，使废水中呈溶解、胶体状态的有机物转变为稳定、无害的物质；使一些有毒物质转化分解或者吸附沉淀从而达到净化污水的目的。按起作用的微生物对氧的要求不同，可分为好氧生物处理、厌氧生物处理和厌氧－好氧生物处理。

1. 好氧生物处理　主要利用好氧菌的生化作用处理废水的一类方法。该法又分为活性污泥法和生物膜法两种。

（1）活性污泥法　向富含有机物并有微生物的污水中不断打入空气，使其中的微生物生长繁殖，一定时间之后就会出现絮状泥粒，它具有很强的分解有机物的能力，称为活性污泥。利用活性污泥处理污水的方法就是活性污泥法。发生好氧生物氧化过程的反应器称为曝气池，这是活性污泥法的核心部分；污水经曝气池后的混合液进入二次沉淀池，分成沉淀的生物固体和经处理后的废水两部分；沉淀的生物固体经污泥回流系统重新进入曝气池。活性污泥法工艺的基本流程如图 8-1 所示。

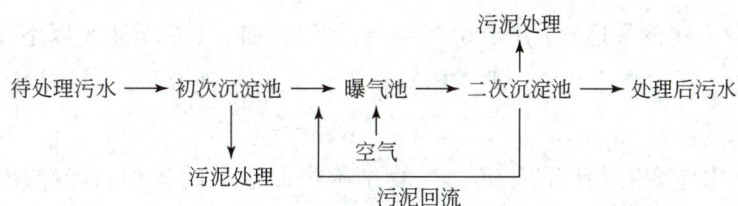

图 8-1　活性污泥法工艺流程

活性污泥是曝气池的净化主体，通常为黄褐色絮绒状颗粒，也称为菌胶团或生物絮凝体，其直径一般为 $0.02 \sim 2mm$，含水率一般为 $99.2\% \sim 99.8\%$，密度因含水率不同而异，一般为 $1.002 \sim 1.006 g/cm^3$，活性污泥具有较大的比表面积，一般为 $20 \sim 100 cm^2/ml$。

活性污泥中有机成分主要由生长在其中的微生物组成，这些微生物群体构成了一个相对稳定的生态系统和食物链，其中以各种细菌及原生动物为主，也包括真菌和轮虫。细菌起同化污水中绝大部分有机物的作用，即把有机物转化成细胞物质的作用，而原生动物及轮虫则吞食分散的细菌，使它们不在二次沉淀池水中出现。

1）评价指标　对于活性污泥来说，通常采用污泥浓度指标和污泥沉降性能指标来评价其性能。

①污泥浓度指标　混合液悬浮固体浓度（MLSS），也称混合液污泥浓度，表示活性污泥在曝气池混合液中的浓度，单位为 mg/L。混合液挥发性悬浮固体浓度（MLVSS），表示有机悬浮固体的浓度，其单位为 mg/L。在一定条件时，MLVSS/MLSS 比值是比较稳定的，但不同污水的 MLVSS/MLSS 值有差异。

②污泥沉降性能指标　该指标包括污泥沉降比（SV）和污泥体积指数（SVI）。污泥沉降比是指从曝气池中取出 100ml 混合液于量筒中静置 30 分钟后，立即测得的污泥沉淀体积与原混合液体积的比值，一般以% 表示。SV 值能相对反映出污泥浓度、污泥的凝聚和沉降性能，是评定活性污泥质量的重要指标之一；污泥体积指数是指曝气池出口处的混合液经 30 分钟静置沉淀后，1g 干污泥所形成的沉淀污泥体积，单位是 ml/g。计算式：SVI = SV/MLSS，SVI 值一般为 $50 \sim 150 ml/g$。

SVI 值比 SV 值更能准确地评价污泥的凝聚性能及沉降性能。一般来说，若 SVI 值过低，表明污泥粒径小、密实、无机成分含量高；若 SV 值过高，则表明污泥沉降性能不好。

2）净化能力的影响因素　为了强化和提高活性污泥处理系统的净化效果，必须考虑影响活性污泥反应的各项影响因素，充分发挥活性污泥微生物的代谢作用，影响活性污泥净化污水的因素主要如下。

①BOD 负荷率　也称有机负荷率，是影响活性污泥增长、有机基质降解的重要因素。它表示曝气池里单位质量的活性污泥（MLSS）在单位时间里承受的有机物（BOD_5）的量，单位是 $kg/(kg \cdot d)$。

提高该值可加快活性污泥增长速率及有机基质的降解速率，缩小曝气池容积，有利于减少基建投资；但过高难以达到排放标准的要求。若过低，则有机质的降解速率过低，从而处理能力下降，曝气池的容积加大，导致基建费用升高。因此，应控制在合理的范围内，一般取 $0.15 \sim 0.40 kg/(kg \cdot d)$。

②溶解氧　在用活性污泥法处理污水的过程中应保持一定浓度的溶解氧，溶解氧浓度过低，就会使活性污泥微生物正常的新陈代谢活动受到影响，净化能力降低，且易于滋生丝状菌，产生污泥膨胀。根据经验，在曝气池出口处的混合液中的溶解氧浓度保持在 2mg/L 左右，即能够使活性污泥保持良好的净化功能。

③水温　污水进入处理系统前，应考虑调温措施。水温上升有利于混合、搅拌、沉淀等物理过程，但不利于氧的传递，活性污泥中微生物的最适温度范围是 $15 \sim 30℃$。水温过高应采取降温措施。一般水温低于 10℃，即可对活性污泥功能产生不利影响。

④pH　活性污泥微生物的最适 pH 介于 $6.5 \sim 8.5$ 之间。如 pH 降至 4.5 以下，原生动物全部消失，真菌将占优势，易于产生污泥膨胀现象，严重影响活性污泥的处理效果。当 pH 大于 9.0 时，微生物代谢将受到影响。

⑤营养物质　污水中应含有足够的维持微生物细胞生命活动的各种营养物质，如碳、氧、氮、磷等，并保持一定的比例关系。如果没有或不够，必须考虑投加适量的氮、磷等物质，保持营养平衡。微生物对氮、磷的需要量可按 BOD：N：P = 100：5：1 来计算。但实际上微生物对氮、磷的需要量还与剩余污泥量有关，即与污泥龄和微生物的增殖速度有关。

⑥有毒物质　有些化学物质肯定对微生物生理功能有毒害作用，如：重金属及其盐类均可对蛋白质

变性或使酶失活；某些醇、醛、酚可使微生物致死；残留抗生素可影响微生物的生长繁殖等。

（2）生物膜法　靠生物膜反应器实现，如生物滤池、生物转盘和生物流化床等。普通生物滤池的工作原理是污水通过布水器均匀地分布在滤池表面，滤池中装满滤料，污水沿滤料向下流动，到池底进入集水沟、排水渠并流出池外。在滤料表面覆盖着一层黏膜，在黏膜上长着各种各样的微生物，这层膜被称为生物膜。生物滤池的工作实质，主要靠滤料表面的生物膜对污水中有机物的吸附氧化作用。

生物膜法的基本流程：污水经初次沉淀池进入生物膜反应器，污水在生物膜反应器中经好氧生物氧化去除有机物后，再通过二次沉淀池出水。初次沉淀池的作用是防止生物膜反应器受大块物质的堵塞，对空隙小的填料是必要的，但对空隙大的填料也可以省略。

二次沉淀池的作用是去除从填料上脱落入污水的生物膜。生物膜法系统中的回流并不是必不可少的，但回流可稀释进入水中的有机物浓度，提高生物膜反应器中水力负荷。

生物膜法与活性污泥法的主要区别在于生物膜法是微生物以膜的形式或固定或附着生长于固体填料的表面，而活性污泥法则是活性污泥以絮状体方式悬浮生长于处理构筑物中，与传统活性污泥法相比，生物膜法运行稳定，抗冲击力强，更为经济节能，无污泥膨胀问题，能处理低浓度污水等。但也存在需要较多填料和支撑结构，出水常常携带较大的脱落生物膜片及细小的悬浮物，启动时间长等缺点。

岗位情景模拟 8-2

情景描述　啤酒废水具有良好的可生化降解性，处理方法主要是生物氧化法。啤酒废水含有大量的有机碳，而氮源含量较少。在进行传统生物氧化法处理时，因含氮量远远低于质量比的要求，致使有些啤酒厂在采用活性污泥法处理时，如不补充氮源，则处理效果很差，甚至无法进行。在生物氧化过程中，有些微生物如球衣细菌、酵母菌等，虽能适应高有机碳低氮量的环境，但由于体积大、密度小，菌胶团不能在活性污泥法的处理构筑物中正常生长，这也是活性污泥法处理啤酒废水不理想的主要原因之一。因此，啤酒废水在进行生物氧化处理时，通常采用生物膜法，利用池内填料聚集球衣细菌等微生物，使处理取得理想的效果。

某企业在某次处理啤酒废水时，啤酒废水自然存放 6 个多小时后进行处理，但是处理的效果并不理想。

讨　论　1. 分析处理效果并不理想的原因。

2. 根据原因的分析，你将采取什么措施来防止此次异常结果的发生？

答案解析

2. 厌氧生物处理　主要利用厌氧菌的生化作用处理废水。它是一种有效去除有机污染物并使其矿化的技术，能将有机化合物转变为甲烷和二氧化碳。

与好氧生物处理相比，厌氧生物处理有许多优点：对于高、中浓度污水，厌氧不仅运转费用要低很多，而且可以回收沼气，是一种产能工艺；采用现代高负荷厌氧反应器，处理污水所需反应器的体积更小；厌氧处理能耗低，为好氧处理工艺的 10% ~ 15%；厌氧处理污泥产量小，为好氧处理工艺的 10% ~ 15%；厌氧处理对营养物质的需求低，尤其是处理过程不需要氧，不受传氧限制。但厌氧处理后的出水 COD、BOD 值较高，只能视其为一种预处理工艺，一般还需要后处理以去除水中残留的有机物，另外，其处理周期较长并会产生恶臭。

有机物在厌氧条件下的降解过程可分成三个反应阶段：第一阶段是废水中的可溶性大分子有机物和不溶性有机物水解为可溶性小分子有机物；第二阶段为产酸和脱氢阶段；第三阶段为产甲烷阶段。在厌氧生物处理过程中，尽管反应是按三个阶段进行的，但在厌氧反应器中，它们应该是瞬时连续发生的。其中，产甲烷阶段一般是厌氧处理过程中的限速阶段，在较低温度下，第一阶段的水解也可能是限制阶段。此外，工程上将水解和产酸、脱氢阶段合并统称为酸性发酵阶段，将产甲烷阶段称为甲烷发酵阶段。厌氧降解的三个阶段和 COD 的转化率如图 8 - 2 所示。

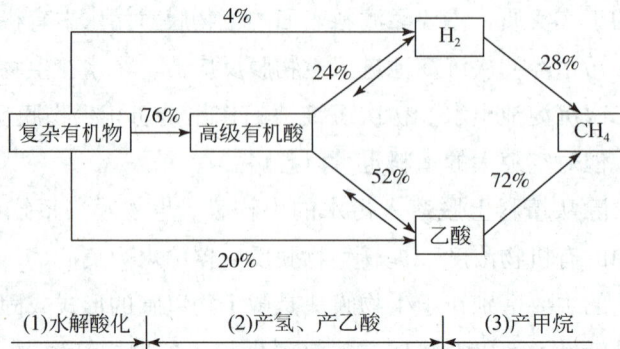

图 8 - 2　厌氧降解的三个阶段和 COD 转化率

厌氧生物处理像其他生物处理工艺一样受温度影响很大，当温度低于最优下限温度时，每下降 1℃ 消化速率下降 1%；厌氧反应器中 pH 和其稳定性是非常重要的，产甲烷菌 pH 范围为 6.5 ~ 8.0，最适 pH 范围为 6.8 ~ 7.2。如果 pH 低于 6.3 或高于 7.8，甲烷化速率都降低。产酸菌的 pH 范围为 4.0 ~ 7.0，在超出甲烷菌的最佳 pH 范围时，酸性发酵可能超过甲烷发酵，结果反应器内将发生"酸化"；除氢离子浓度外，其他多种化合物都可能影响厌氧处理的速率，例如重金属、氯代有机物即使在很低的浓度下也影响消化速率，硫酸盐和硫化氢在较高浓度时也会产生对厌氧菌的抑制；毫无疑问，各种微生物所需的营养物和微量元素也应该以足够的浓度和可利用的形式存在于污水中。

3. 厌氧 - 好氧生物处理　作为传统活性污泥工艺的替代工艺，具有能耗低、运转费用低、停留时间短和污泥产量少的特点。特别是厌氧消化池具有改善污水可生化性的特点，使得本工艺更加适合处理不易生物降解的某些工业污水。厌氧 - 好氧生物处理法的工艺流程如图 8 - 3 所示。

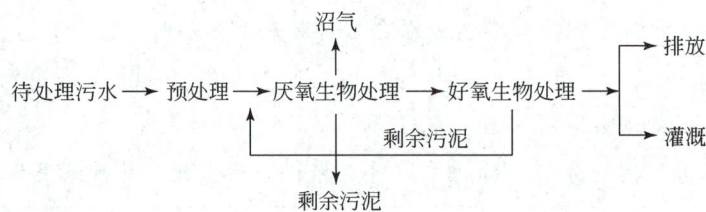

图 8 - 3　典型厌氧 - 好氧生物处理法工艺流程

📱 **知识链接**

酿酒企业污水处理工艺介绍

酿酒企业对生产过程中产生的废水处理方式对其发展起到关键作用。

酿酒企业废水处理主要工艺主要如下。

（1）在酿酒过程中产生的高浓度有机废水呈酸性，pH 通常为 3.5 ~ 4.5。对于废水的初步处理，有必要添加碱性污水中和剂。

（2）高浓度废水不能连续均匀地排放，并且水量会有波动。因此，要设置调节罐以均匀地调节水量，可有效提高处理效率。

（3）排放的高浓度废水的温度高达98℃。温度过高不利于微生物的生长，甚至会造成破坏，进而造成废水无法进行生化处理。因此使用专门的高温冷却塔设备，可将温度降低至厌氧反应所需的适宜温度。

（4）根据《工业饮用水处理技术规范》的有关规定，对于饮用水行业中高浓度有机废水的处理，应采用厌氧反应系统（CSTR）。可以长时间混合活性微生物和发酵原料。同时产生的沼气可用于沼气锅炉的能源生产，这在一定程度上增加了经济效益，有效地利用了资源。

任务三 发酵工业废渣的处理

PPT

发酵工业生产过程中，会有多种固体、半固体废弃物产生，其种类繁多、成分复杂，因在一定时间和地点无法被利用而被丢弃，这些物质统称为发酵工业废渣。随着发酵工业的发展，必然会带来更多的发酵工业废渣，如果采用堆存的方法处理，可能会造成二次污染，因此发酵工业废渣的处理应首先考虑其再资源化，开展综合利用或回收循环利用。

一、来源和特点

发酵工业是以农副产品为主要原料的生产活动，它对原料的需求用量大、种类多。生产活动结束之后产生的废渣含有一定量未被分解利用的淀粉、糖、蛋白质、脂肪、维生素、纤维素、钙、磷等营养物质及残留的代谢产物，它们是一种安全性高的可利用的宝贵再生资源。

发酵工业废渣的主要表现形式为污泥和废菌渣，污泥主要来源于沉砂池、初次沉淀池排出的沉渣及隔油池、气浮池排出的油渣等，均是直接从污水中分离出来的，有的则是在污水处理过程中产生的，如生物处理法产生的活性污泥和生物膜等。污泥的特点是有机物含量高，容易腐化发臭，较细，相对密度较小，含水率高而不易脱水，呈胶状结构的亲水性物质，便于管道输送。废菌渣主要来自发酵液过滤或提取产品后所产生的菌。菌渣含水量一般为80%～90%，干燥后的菌丝粉中含多种营养物质，可被植物、动物和微生物再次利用。

二、处理技术

（一）堆肥化技术

堆肥化技术是一种最常用的有机废渣生物转化技术，是对固体、半固体废渣进行稳定化、无害化处理的重要方式之一，也是实现发酵工业废渣资源化、能源化的系统技术之一。

依靠自然界广泛分布的细菌、放线菌、真菌等微生物，人为地促进可生物降解的有机物向稳定的腐殖质生化转化的微生物学过程叫堆肥化。堆肥化的产物叫堆肥。利用这种处理工业废渣的技术叫堆肥化技术。由于发酵工业废渣具有堆肥化微生物赖以生存、繁殖的物质条件，所以堆肥化技术是有效处理发酵工业废渣的手段之一。

根据处理过程中起作用的微生物对氧气要求不同，可以把堆肥化分为好氧堆肥化和厌氧堆肥化。前者是在通风条件下，有游离氧存在时进行的分解发酵过程，后者是利用厌氧微生物发酵造肥。由于好氧堆肥化具有发酵周期短、无害化程度高、卫生条件好、易于机械化操作等优点，故国内外利用堆肥化技术处理发酵工业废渣制造堆肥时，均采用好氧堆肥化。

好氧堆肥化是在有氧条件下，依靠好氧微生物的作用进行的。在堆肥化过程中，有机废渣中的可溶性有机物质可透过微生物的细胞壁和细胞膜被微生物直接吸收；而不溶性的胶体有机物质，先被吸附在微生物体外，依靠微生物分泌的胞外酶分解为可溶性物质，再渗入细胞。微生物通过自身的生命代谢活动分解代谢废渣和合成代谢堆肥。

对于发酵工业废渣的堆肥化处理工艺来说，影响因素很多，其中通风供氧、堆料含水率和温度是最主要的处理条件。通风供氧是好氧堆肥化处理的基本条件之一，在机械堆肥生产系统里，要求至少有50%的氧渗入堆料各部分，以满足微生物氧化分解有机物的需要；微生物需要从周围环境中不断吸收水分以维持其生长代谢活动，微生物体内水及流动状态水是进行生化反应的介质，微生物只能摄取溶解性养料，水分是否适量直接影响堆肥发酵速度和腐熟程度，所以含水率是好氧堆肥化的关键因素之一，一般以30%～60%为宜；温度是影响微生物活动和堆肥工艺过程的重要因素，同时为了满足无害化要求，一般最适温度控制在50～60℃。温度过低，分解反应速率变慢，也无法杀灭堆放过程中产生的病原菌、寄生虫和孢子等有害菌。但温度过高也不利，放线菌等有益菌也将全部被杀死，分解速度也相应变慢。

即学即练 8 - 3

在发酵工业废渣的堆肥化处理工艺中，影响处理效果的主要因素有（　　　　）

答案解析
A. 堆料含水率　　　　B. 温度　　　　C. pH　　　　D. 通风供氧　　　　E. 厌氧环境

（二）沼气化技术

沼气化技术又称有机废渣厌氧发酵技术，是另一种成熟的生物转换技术。它是将有机废渣在隔绝空气和保持一定水分、温度、酸碱度条件下，经过多种微生物的发酵分解作用产生以甲烷为主的气体混合物（沼气）的一种方法。沼气是一种比较清洁且热值较高的气体燃料，发酵工业废渣的沼气化对节约能源、增加有机肥料、改善环境卫生都有重要作用，因而是一种经济而理想的处理技术。

在沼气发酵过程中，不直接参与甲烷形成的微生物统称为不产甲烷菌，主要为细菌，还有部分真菌和原生动物；直接参与甲烷形成的微生物称为甲烷菌，它是因能厌氧代谢产生甲烷而得名的一个独特类群。发酵工业废渣在厌氧条件下，经过这两大类细菌的协同作用，首先分解成简单稳定的物质，继续作用，最后生成甲烷和二氧化碳等沼气的主要成分。在排出的残渣中存在腐殖酸，可作农业生产的肥料。

为了能有效地利用沼气化技术处理发酵工业废渣，必须控制好以下条件。

1. 厌氧条件　沼气化技术的一个显著特点就是产气阶段的产甲烷菌是专性厌氧菌，不仅不需要氧，氧对产甲烷菌反而有毒害作用，因此必须创造厌氧的环境条件。

2. 温度　沼气发酵与温度有密切的关系。一般来讲，在其他条件适合的条件下，温度高于10℃就可以开始发酵，产生沼气。但甲烷菌对温度的急剧变化非常敏感，即使温度只降低2℃，也能产生不良影响，产气下降。因此，厌氧发酵过程要求温度相对稳定。

3. pH　对于产甲烷细菌来说，维持弱碱性环境是非常必要的，当体系的 pH 小于6.2时，产甲烷菌就会失去活性。在产酸菌和产甲烷细菌共存的厌氧消化体系中，系统的 pH 应控制在6.5～7.5之间，最佳的 pH 范围是7.0～7.2，可向体系中投加石灰或含氮物料来调节体系 pH。

4. 营养和原料　充足的发酵原料是产生沼气的物质基础。在废渣处理中，要求必须有适于微生物生长的营养成分，比例要均衡，如氮素太少，则构成菌体的量少，同时，发酵液缓冲力减少，pH 下降，抑制发酵；相反，氮素太多，氨量生成增多，pH 上升到 8 以上，会抑制气体化过程。

5. 添加剂和有毒物质　在发酵液中添加少量有益的化学物质，如硫酸锌、碳酸钙、炉灰等，有助于促进厌氧发酵，提高产气量和原料利用率；相反，有许多化学物质能抑制发酵微生物的生命活力，使沼气发酵受阻，如抗生素类、过量的汽油、氟化钠、硫化氢等。

6. 接种物　厌氧发酵中菌种数量的多少和质量的好坏直接影响废渣处理和沼气的产生。由于处理开始时，沼气菌数量比较少，所以开始时必须接种，添加接种物可促进早产气，提高产气量。一般开始发酵时，要求菌种量达到发酵液量的 5% 以上。

（三）焚烧处理技术

焚烧法是一种高温处理技术，即以一定的过量空气与被处理的有机废物在焚烧炉内进行氧化燃烧反应，废物中的有害有毒物质在高温下氧化、热解而被破坏，是一种可同时实现废物无害化、减量化、资源化的处理技术。

发酵工业废渣含有多种未被利用的营养物质和残留代谢物等，它们大部分属于有机物质，经过焚烧处理后，最终会生产大量的气态产物和少量灰分并释放大量热能。生成的气态产物成分相当复杂，除了无害的二氧化碳及水蒸气外，还含有许多污染物质，必须加以适当处理，将污染物的含量降至安全标准以下，方可排放，以免造成二次污染；产生的灰渣与废气处理系统收集的飞灰合并后可送灰渣掩埋场处置；焚烧过程中释放的热能则可通过废热回收装置回收利用。

（四）污泥的处理

污泥因成分和性质上有别于废菌渣，故一般要进行浓缩和脱水处理。为了合理地处理和利用污泥，必须先摸清污泥的成分和性质，通常要对污泥的以下指标进行分析鉴定。

1. 含水率、固体含量和体积　污泥中所含水分的质量与污泥总质量之比称为污泥含水率，相应地，固体物质在污泥中的质量比例称为固体含量。污泥的含水率一般都很大，相对密度接近 1。通常固体颗粒越细小，所含有机物越多，污泥的含水率就越高。而含水率越高，污泥体积就会越大，整个污泥处理系统的负荷就越高。

2. 挥发性固体和灰分　挥发性固体能近似地表示污泥中有机物含量，灰分则表示无机物含量。有时需要对污泥中的有机物和无机物成分做进一步的分析，例如有机物质中蛋白质、脂肪及腐殖质各占的比值，污泥中的氮、磷、钾含量等。污泥中的有机物、腐殖质、氮、磷、钾等可以改善土壤结构，提高保水性能和保肥能力，是良好的土壤改良剂。

3. 可消化性　污泥中的有机物是消化处理的对象，其中一部分是能被消化分解的，另一部分是不易或不能被消化分解的。常用可消化程度来表示污泥中可被消化分解的有机物数量。

4. 脱水性能　为了降低污泥的含水率，减少体积，以利于污泥的输送和处理，都必须对污泥进行脱水处理。不同性质的污泥，脱水的难易程度不同，可用脱水性能表示。

含有大量水分的污泥，通过沉淀、压密或其他方法降到某一限度的过程，称为浓缩。如果去除水分达到能用手一捏就紧的程度则称为脱水。

污泥处理指的就是污泥进行浓缩、消化、脱水、稳定、干燥或焚烧的加工过程。目前国内外常用的成熟的处理方法包括土地利用、焚烧、填埋、堆肥和投海等。例如，污泥经焚烧处理后，其体积可以减少 85%～95%，质量减少 70%～80%。焚烧还可以消灭污泥中的有害病菌和有害物质，根据对污泥焚烧的处理过程不同，焚烧有两种途径：①将脱水污泥直接用焚烧炉焚烧；②将脱水污泥先干化，再焚烧。焚烧要求污泥有较高的热值，因此污泥一般不进行消化处理。当污泥不符合卫生要求，有毒物质含量高，不能作为农副业利用时，或污泥自身的燃烧热值高，可以自燃并可利用燃烧热量发电时，可考虑采用污泥焚烧。焚烧所需热量，主要靠污泥含有的有机物燃烧产生的热量提供。焚烧最大的优点是可以迅速和较大程度地使污泥减容，并且在恶劣的天气条件下无须存储设备，能够满足越来越严格的环境要求，充分地处理不适宜于资源化利用的部分污泥。污泥的焚烧处置是一种有效降低污泥体积的方法，设计良好的焚烧炉不但能够自动运行，还能够提供多余的能量和电力，现阶段已成为污泥处理领域的热点研究方向。

目标检测

答案解析

一、单项选择题

1. 吸收法处理发酵工业废气时，为了增大有机化合物在水中的溶解度、提高吸收效率，可向水中添加（ ）

    A. 表面活性剂　　　　　　B. 无机盐类　　　　　　C. 增稠剂

    D. 有机溶剂　　　　　　　E. 微乳液

2. SVI 值能准确地评价污泥的凝聚性及沉降性能。一般来说，SVI 值过低表明（ ）

    A. 污泥粒径小、密实、无机成分含量低

    B. 污泥粒径小、密实、无机成分含量高

    C. 污泥粒径大、疏松、无机成分含量高

    D. 污泥粒径大、疏松、无机成分含量低

    E. 污泥粒径大、密实、无机成分含量低

3. 厌氧生物处理污水过程中，（ ）阶段是限阶段

    A. 水解　　　　　　　　　B. 产酸　　　　　　　　C. 脱氢

    D. 产甲烷　　　　　　　　E. 降温

4. （ ）是一种可同时实现废物无害化、减量化、资源化的处理技术

    A. 堆肥化技术　　　　　　B. 沼气化技术　　　　　　C. 焚烧处理技术

    D. 土地填埋技术　　　　　E. 污泥处理技术

5. 污泥中可被消化分解的有机物数量常用（ ）表示

    A. BOD_5　　　　　　　　B. COD　　　　　　　　C. BOD

    D. 有机负荷率　　　　　　E. 可消化程度

二、多项选择题

1. 为了使处于蒸气状态的污染物冷凝并从废气中分离出来的，可采用的方法包括（ ）

    A. 降低废气温度　　　　　B. 提升废气温度　　　　　C. 降低废气压力

    D. 提高废气压力　　　　　E. 降低废气浓度

2. 活性污泥中有机成分主要由生长在其中的微生物组成，这些微生物群体构成了一个相对稳定的生态系统和食物链，包括（ ）

    A. 细菌　　　　　　　　　B. 原生动物　　　　　　　C. 真菌

D. 轮虫　　　　　　　　　E. 病毒

3. 以下属于厌氧生物法处理发酵工业污水特点的是（　　　）

A. 可生产沼气

B. 处理周期长

C. 出水 BOD 值低

D. 可作为一种独立的工艺处理污水

E. 出水 COD 值高

4. 发酵工业废渣堆肥化处理过程中应满足的处理条件有（　　　）

A. 通风供氧　　　　　B. 控制含水率在30% ~60%　C. 控制温度在50 ~60℃

D. 隔绝空气　　　　　E. 控制 pH 在 8 ~10 之间

5. 沼气化技术处理发酵工业废渣时应控制（　　　）

A. 厌氧环境　　　　　B. 相对稳定的温度　　　　C. 过碱环境

D. 营养和原料　　　　E. 添加接种物

书网融合……

知识回顾　　　微课　　　习题

学习引导

从 2015 年的 2426 万吨增加到 2019 年 3064.7 万吨，我国生物发酵产品产量年均增幅达到 5.9%，其中，氨基酸、有机酸、淀粉糖及多元醇等产能及产量多年稳居世界第一位。生物发酵产品出口量从 2015 年的 344 万吨增加到 2019 年的 526.8 万吨，年均增幅 11.7%，出口额从 2015 年的 45 亿美元增加到 2019 年的 54.45 亿美元，年均增幅 6.2%。这些数据都说明我国已成为世界生物发酵产业大国。

本项目主要介绍青霉素、谷氨酸、尿激酶、维生素 B_2、干扰素、血红蛋白的制备原理和生产工艺、工艺控制要点，讲述发酵工业的发展历程，通过发酵实例讲解发酵工业及其类别。

学习目标

1. **掌握**　青霉素、谷氨酸、尿激酶、维生素 B_2、干扰素、血红蛋白的制备原理；青霉素、谷氨酸的工艺控制要点。

2. **熟悉**　青霉素、谷氨酸、尿激酶、维生素 B_2、干扰素、血红蛋白的生产工艺；尿激酶、维生素 B_2 的工艺控制要点。

3. **了解**　发酵工业中抗生素、氨基酸、酶制剂、维生素、基因工程药物、生物制品的发展历程。

发酵工业是传统发酵技术和现代 DNA 重组、细胞融合等新技术相结合并发展起来的现代生物技术，并通过现代化学工程技术生产有用物质或直接用于工业化生产的一种大工业体系。

1. 发酵工业的分类　按照发酵的特点，可以对发酵工业进行如下分类。

（1）根据微生物种类分类　分为好氧性发酵和厌氧性发酵，其中通过厌氧性发酵获得食品称为酿造工业。

（2）根据培养基状态分类　分为固体发酵和液体发酵。

（3）根据发酵设备分类　分为敞口发酵、密闭发酵、浅盘发酵和深层发酵。

（4）根据微生物发酵操作方式分类　分为分批发酵、连续发酵和补料分批发酵。

（5）根据微生物发酵产物分类　分为微生物菌体发酵、微生物酶发酵、微生物代谢产物发酵、微生物的转化发酵和生物工程细胞发酵。

2. 发酵工厂发酵类型　发酵产物决定发酵工艺，工艺决定设备，所以发酵工厂基本对应以下五种类型。

（1）微生物菌体发酵　这是以获得具有某种用途的菌体为目的的发酵。传统的菌体发酵工业包括用于制作面包的酵母发酵及用于人或动物食品的微生物菌体蛋白（单细胞蛋白）的生产。新的菌体发酵可用来生产一些药用真菌，如香菇类、冬虫夏草及灵芝等。有的微生物菌体还可以用作生物防治剂，如苏云金杆菌、白僵菌。

（2）微生物酶发酵　微生物具有种类多、产酶的品种多、生产容易和成本低等特点，因而工业应用的酶大多来自微生物发酵。微生物酶制剂在食品、轻工业、医药、农业中有广泛的用途。主要包括糖化酶、淀粉酶、蛋白酶、纤维素酶等。

（3）微生物代谢产物发酵　微生物代谢产物的种类很多，已知的有 37 个大类，其中 16 类属于药物。根据菌体生长与产物形成时期之间的关系，可以将发酵产物分为两类。在微生物对数生长期所产生的产物，如氨基酸、核苷酸、蛋白质、核酸、糖类等，是菌体生长繁殖所必需的。这些产物叫初级代谢产物。在菌体生长静止期，某些菌体能合成在生长期中不能合成的、具有一些特定功能的产物，如抗生素、生物碱、细菌毒素、植物生长因子等。这些产物与菌体生长繁殖无明显关系，称为次级代谢产物。

（4）微生物转化发酵　微生物转化就是利用微生物细胞的一种或多种酶，把一种化合物转变成结构相关的更有经济价值的产物。可进行的转化反应包括脱氢反应、氧化反应、脱水反应、缩合反应、脱羧反应、氨化反应、脱氨反应和异构化反应等。最突出的微生物转化是甾类转化，甾类激素包括醋酸可的松等皮质激素和黄体酮等性激素，是用途很广的一大类药物。

（5）生物工程细胞的发酵　这是指利用生物工程技术所获得的细胞，如 DNA 重组的"工程菌"，细胞融合所得的"杂交"细胞等进行培养的新型发酵，其产物多种多样。如用基因工程菌产胰岛素、干扰素、青霉素酰化酶等，用杂交瘤细胞生产用于治疗和诊断的各种单克隆抗体。

即学即练 9-1

答案解析

生产类似于醋酸可的松等甾类激素的发酵工业是（　　　）

A. 微生物菌体发酵　　　　B. 微生物酶发酵　　　　C. 微生物代谢产物发酵

D. 微生物转化发酵　　　　E. 生物工程细胞的发酵

3. 发酵的应用　我国发酵工业目前已发展形成具有一定规模和技术水平门类比较齐全的独立工业体系。一部分产品的发酵生产工艺及技术已接近或达到世界先进水平，并且掌握了核心工艺技术拥有知识产权。目前，发酵工业已经广泛渗透到食品、饲料、日化、纺织、医药、造纸、皮革、能源、环保等诸多领域，部分产品甚至替代了化工产品，取得了巨大的经济效益和社会效益。

（1）在医药工业上的应用　传统发酵产品包括抗生素、维生素、动物激素、药用氨基酸、核苷酸（如肌苷）等。常用的抗生素已达 100 多种，如青霉素类、头孢菌素类、红霉素类和四环素类。另外，应用发酵工程大量生产的基因工程药品有人生长激素、重组乙肝疫苗、某些种类的单克隆抗体、白细胞介素-2、抗血友病因子等。

（2）在食品工业上的应用　主要包括生产传统的发酵产品，如白酒、啤酒、黄酒、果酒、食醋和酱油等；生产食品添加剂、防腐剂、色素、香料和营养强化剂等，如 L-苹果酸、枸橼酸、谷氨酸、红曲素、高果糖浆、黄原胶、结冷胶、赤藓糖醇等。

（3）在化工能源领域的应用　主要包括各种有机酸、长链二元酸、聚合有机物、生物材料、生物塑料、生物多糖、生物氢、燃料乙醇、酒精、丙酮、丁醇、总溶剂。

（4）在农业领域的应用　主要包括各种农用、兽用抗生素、维生素、激素、氨基酸、食用菌、酶制剂、微生态制剂和微生物肥料等。

（5）在酶制剂领域的应用　主要包括糖化酶、淀粉酶、蛋白酶、纤维素酶、脂肪酶、植酸酶、葡萄糖异构酶、葡聚糖酶、转苷酶等。

（6）在环境科学领域的应用　主要包括污水处理用微生物。

任务一　抗生素生产工艺

PPT

抗生素是生物在其生命活动过程中产生的、在低微浓度下能够选择性地抑制或影响其他生物功能的相对低分子量的化学物质。

抗生素的主要来源是土壤微生物，包括各种细菌、放线菌和丝状真菌等。目前，工业生产的抗生素，大多是利用微生物发酵，通过生物合成获得的天然代谢产物。将生物合成法制得的天然代谢产物再经化学、生物或生物化学方法进行分子结构改造，制成各种衍生物，称为半合成抗生素。根据天然抗生素的结构，完全采用化学合成方法制造的化合物，则称为全合成抗生素。

在中国，抗生素的研究历史可概括为以下几个阶段：①1949年前，就已经开始研究青霉素的发酵、提炼和检定。中华人民共和国成立后，该处发展为抗生素研究所，现改名为医药生物技术研究所；②1950年，在上海成立了青霉素实验所。利用联合国救济总署提供的2个200加仑发酵罐和我国自行设计制造的2个200加仑发酵罐对青霉素生产进行开发，获得成功；③1953年，我国设计制造了4个5t发酵罐，建立了上海第三制药厂，开始生产青霉素；④1957年，建立了规模较大的石家庄华北制药厂；⑤1958年后，在全国多处建立了抗生素生产厂。

在20世纪40年代末到50年代初，我国工业尚不发达，在许多原料和设备缺乏的情况下，从青霉素试制到生产的过程中，主要解决了以下几个问题：①成功地设计和制造了发酵罐，并建立了进罐无菌空气的处理方法，掌握了避免发酵染菌的技术；②用不产色素的产黄青霉133菌种代替了产黄色色素的菌种176；③用棉籽饼粉代替了当时中国尚不能生产的玉米浆；④采用乙酸丁酯提炼青霉素，在提取液中加乙酸钾制取青霉素钾盐结晶；⑤采取微粒结晶工艺和气流粉碎技术生产普鲁卡因青霉素。

在进行大规模生产时解决了以下问题：①用紫外光和亚硝基胍等物理化学方法处理菌种获得高产菌种；②用黄豆饼粉代替棉籽饼粉，消除了后者对发酵波动的影响，并提高了产量；③用葡萄糖连续滴加的工艺代替乳糖发酵，解决了乳糖的供应不足并提高了发酵效价；④用共沸蒸馏的结晶方法得到质量较好的青霉素钾盐成品。

表9-1　我国生产的放线菌产生的抗生素

类别	品名
四环类	金霉素、土霉素、四环素
氨基糖苷类	链霉素、新霉素、卡那霉素、庆大霉素、巴龙霉素、核糖霉素、小诺米星、西索米星、妥布霉素、大观霉素
大环内酯类	红霉素、乙酰螺旋霉素、麦白霉素（meleumycin）、柱晶白霉素
安莎类	利福霉素
多烯类抗真菌	制霉素、两性霉素、克念菌素
其他	林可霉素

在放线菌产生的各类抗生素的研究开发当中，主要解决了以下技术关键：①天然孢子培养基的选择及菌种保存；②放线菌噬菌体的分离鉴定及克服噬菌体污染；③用紫外光、亚硝基胍等处理及细胞融合

法筛选菌种，提高发酵效价和稳定菌种；④解决培养基的碳源（葡萄糖）、氮源（硝酸盐）的反馈作用；⑤抗生素生物合成的调控及发酵条件的控制；⑥根据抗生素物理化学性质的不同，采用最适合的提炼方法和成品干燥方法；⑦去除与目的抗生素结构相近的微量类似物。

一、抗生素的分类

20世纪70年代以来，抗生素工业飞速发展，新品种不断出现。到目前为止，已经用于临床的抗生素品种有120多种。如果把半合成抗生素衍生物及其盐类计算在内，估计不少于350种。其中以青霉素类、头孢菌素类、四环素类、氨基糖苷及大环内酯类最为常用。

抗生素的分类方法很多，可以根据其生物学来源分类、根据化学结构分类、根据其作用机制分类和根据其生物合成途径分类。一般来说，从事发酵工程的人员习惯用前两种方法。

1. 根据抗生素的生物学来源分类　见表9－2。

表9－2　根据抗生素的生物学来源分类

抗生素的生物学来源	抗生素种类
放线菌	链霉素、四环素、红霉素、庆大霉素和利福霉素
真菌	青霉素、头孢菌素等
细菌	多黏菌素、枯草菌素、短杆菌素等
植物和动物	蒜素和鱼素等

2. 根据抗生素的化学结构分类　见表9－3。

表9－3　根据抗生素的化学结构分类

抗生素的化学结构	抗生素种类
β－内酰胺类抗生素	青霉素类、头孢菌素类等
氨基糖苷类抗生素	链霉素、庆大霉素等
大环内酯类抗生素	红霉素、螺旋霉素等
四环类抗生素	四环素、金霉素和土霉素等
多肽类抗生素	多黏菌素、杆菌肽等
蒽环类抗生素	阿霉素、柔红霉素等
喹诺酮类抗生素	环丙沙星、诺氟沙星等

📱 **知识链接** ────────────────────────────────

抗生素耐药的影响

2016年5月19日，英国的Jim ONeill爵士在发表的《全球抗生素耐药回顾：报告及建议》中指出，到2050年，抗生素耐药每年会导致1000万人死亡。如果任其发展，可累计造成100万亿美元的经济损失。报告中提到，目前每年已有70万人死于抗生素耐药。抗生素是现代医学的重要发现，当抗生素失去效用，很多重要的医疗手段（如肠道手术、剖腹产、关节置换、癌症化疗）都无法安全实施。报告中指出，要通过减少抗生素在农业、畜牧业的使用，在医疗行业积极寻找可替代疗法、提倡疫苗使用、精确诊断和早期治疗、改善卫生保健条件等方式来降低对抗菌药物的需求，避免不必要的使用。在畜牧业一项，中美两国对于抗菌药物的使用就占据全球使用的40%。抗生素的长期使用和滥用除了会直接降低动物免疫机能外，还会威胁人类的健康。通过食用含有残留抗生素的动物产品，人类也会产生耐药菌。5月21日，世界卫生组织发文呼吁全球关注抗生素耐药问题。针对中国目前的抗生素用量，该文指出中国目前抗生素用量约占世界的一半，其中48%为人用，其余主要用于农牧业。据估计，如不采取有效措施，到2050年，抗生素耐药每年将导致100万中国人早死，累计给中国造成20万亿美元的损失。

即学即练 9-2

按抗生素的化学结构分类，以下化学结构属于大环内酯类的抗生素的是（　　　　）

A. 青霉素类、头孢菌素类 　　　　B. 链霉素、庆大霉素

C. 红霉素、螺旋霉素 　　　　　　D. 四环素、金霉素和土霉素

E. 多黏菌素、杆菌肽

答案解析

二、青霉素的生产工艺

1929年，英国细菌学家 Fleming 在培养葡萄球菌的培养皿中，观察到污染的霉菌菌落周围出现透明的抑菌圈，从而导致世界上第一种抗生素——青霉素的发现，其产生菌被命名为点青霉。由于当时微生物大规模培养技术尚未出现，青霉素的化学性质不稳定，难于提纯，加上当时磺胺类抗菌药物的兴起，使青霉素在发现后的相当长一段时间内未能引起足够重视。直到1940年，Florey 和 Chain 等人自青霉素发酵液中提取得到青霉素结晶，才证明其能够控制严重的革兰阳性细菌感染并对机体没有毒性，青霉素在临床上才开始广泛应用，从而开创了抗生素用于抗感染治疗的新时代。

知识链接

青霉素类抗生素的作用机制

已有的研究认为，青霉素的抗菌作用与抑制细胞壁的合成有关。细菌的细胞壁是一层坚韧的厚膜，以抵抗外界的压力，维持细胞的形状。细胞壁的里面是细胞膜，膜内裹着细胞质。细菌的细胞壁主要由多糖组成，也含有蛋白质和脂质。革兰阳性菌细胞壁的组成是肽聚糖（占细胞壁干重的50%~80%，革兰阴性菌为1%~10%）、磷壁酸质、脂蛋白、多糖和蛋白质。其中肽聚糖是一种含有乙酰基葡萄糖胺和短肽单元的网状生物大分子，在它的生物合成中需要一种关键的酶即转肽酶。青霉素作用的部位就是这个转肽酶。现已证明青霉素内酰胺环上的高反应性肽键受到转肽酶活性部位上丝氨酸残基的羟基的亲核进攻形成了共价键，生成青霉噻唑酰基－酶复合物，从而不可逆地抑制了该酶的催化活性。通过抑制转肽酶，青霉素使细胞壁的合成受到抑制，细菌的抗渗透压能力降低，引起菌体变形、破裂而死亡。

（一）结构与性质

青霉素具有各种不同的类型，其基本结构是由 β－内酰胺环和噻唑环并联组成的，不同类型的青霉素有不同的侧链。目前，已知的天然青霉素有8种，称为青霉素族抗生素。其中，只有青霉素 G 和青霉素 V 在临床上使用，它们的抗菌谱相同，均为革兰阳性细菌。青霉素 G 疗效最好，应用很广，但是对酸不稳定，只能通过非肠道给药。青霉素 V 对酸稳定，在胃酸中不会被破坏，可口服给药。

1. 溶解度　青霉素作为一种游离酸，可以跟碱金属或碱土金属及其有机氨类结合成盐类。青霉素

的游离酸可以在醇类、酮类及酯类适当溶解，在水中的溶解度很小；青霉素的钾盐、钠盐易溶于水和甲醇，微溶于乙醇、丙醇、乙醚、氯仿，在乙酸丁酯或戊酯中难溶。当有机溶剂中含有少量水分时，青霉素 G 或碱金属盐在其中的溶解度则会增加。

2. 吸收性 青霉素的纯度越高，其吸湿性就会越小，并且容易存放。制成晶体的青霉素比无定型粉末的吸湿性小，各类盐的吸湿性也有所不同，另外，吸湿性随着湿度的增加而增大。青霉素的钠盐比钾盐更不容易保存，因此分包装车间的湿度和成品的包装条件要求更高，以免产品变质。

3. 稳定性 纯度、吸湿性、温度、湿度和酸碱度都对青霉素的稳定性产生很大的影响。①青霉素游离酸的无定型粉末吸湿性很强，水分会造成青霉素的快速变质。然而青霉素晶体吸湿性较小，制备一定晶型的青霉素盐可提高其稳定性；②青霉素在 15℃ 以下和 pH 5 ~ 7 范围内较稳定，最稳定的 pH 为 6 左右。一些缓冲液，如磷酸盐和枸橼酸盐对青霉素有稳定作用；③乙酸钾有较强的吸湿性，成品中要将残留的乙酸钾除尽，以免因为吸潮变质而影响使用。

4. 酸碱性 苄基青霉素在水中的解离常数 pK_a 值为 2.7，即 $K_a = 2.0 \times 10^{-3}$。因此酸化 pH 为 2 时萃取，可以把青霉素解离成游离酸，从水相中转移到有机溶剂中。

（二）制备原理

青霉素是产黄青霉菌在一定的培养条件下产生的。生产菌种经孢子培养，将孢子悬浮液接入种子罐，经一级或二级扩大培养后，移入发酵罐培养。在适当的培养基、温度、pH、通气及搅拌条件下培养 6 ~ 7 天，培养时根据需要补加营养成分、前体物质和消沫剂等，发酵结束时发酵液中含有高单位的青霉素。

1. 产生菌培养

（1）菌体生长发育 产黄青霉在液体深层发酵培养当中，菌丝可以发育为两种形态：球状菌和丝状菌。在菌丝生长期当中，菌丝浓度明显增多，但青霉素产生较少，处于该时期的菌丝体适用于发酵种子。在青霉素分泌期，菌丝体生长缓慢，并产生大量的青霉素。最后会进入菌丝体的自溶期。

（2）菌种培养 种子培养阶段以产生丰富的孢子（斜面和米孢子培养基）或大量健壮菌丝体（种子罐培养）为主要目的。因此，在培养基中应加入比较丰富的容易利用的碳源、氮源、作为缓冲剂的碳酸钙以及生长所必需的无机盐，另外保持 25 ~ 26℃ 的最适生长温度以及通气搅拌，以使菌体量增长速度达到对数生长期，在此期间需要控制培养条件和保持种子质量的稳定性。

2. 生物合成 产黄青霉菌在发酵过程中会先合成青霉素的前体，即 α - 氨基己二酸、半胱氨酸、缬氨酸，然后在三肽合成酶的催化作用下，L - α - 氨基己二酸和 L - 半胱氨酸形成二肽，之后和 L - 缬氨酸形成三肽化合物，得到 α - 氨基己二酸 - 半胱氨酸 - 缬氨酸。

在这个三肽形成的过程中，三肽化合物必须在环化酶的作用下形成异青霉素 N，异青霉素 N 当中的氨基侧链在酰基转移酶的作用下转换成为其他侧链，形成青霉素类抗生素。

3. 发酵过程 青霉素发酵属于好氧发酵，在发酵过程中需要不断通入空气并搅拌，以维持一定的罐压和溶氧。整个发酵分为生长和产物合成两个阶段。发酵过程中要严格控制发酵温度、发酵液中的残糖量、pH、CO_2 和氧气量等。发酵液中的残糖量可以通过氮源的补加来控制；pH 可通过补加葡萄糖量、酸量和碱量来控制；另外，通过调节通气速度、搅拌速度来控制发酵液中的溶氧量。

4. 发酵液的预处理 发酵液经适当的预处理，过滤得到滤液，再经溶剂萃取法提取。发酵液中杂质较多，其中对青霉素的提取影响较大的有 Ca^{2+}、Mg^{2+}、Fe^{3+} 和蛋白质。除去 Ca^{2+} 一般加入草酸，因为草酸的溶解度小，在用量较大时，可以用它溶解盐类如草酸钠，反应生成的草酸钙还能促进蛋白质凝固。除去 Mg^{2+} 可以加入磷酸盐，它和 Mg^{2+} 形成不溶性的络合物。除去 Fe^{3+} 可以加入黄血盐，形成铁蓝沉淀。除去蛋白质的方法有等电点法、加明矾或絮凝法。在青霉素的发酵液预处理当中采用的是加入酸调节 pH 至蛋白质的等电点，然后加入絮凝剂除去蛋白质。

5. 青霉素的提取 青霉素与碱金属所生成的盐类在水中溶解度很大，而青霉素游离酸易溶解于有机溶剂中。溶剂萃取法提取即利用青霉素这一性质，将青霉素在酸性溶液中转入乙酸丁酯，然后在 pH 中性条件下转入水相。经过这样反复几次萃取，就能达到提纯和浓缩的目的。

青霉素提取液经脱色、脱水、无菌过滤、结晶等步骤，得到青霉素晶体。根据需求，可以制成青霉素钾盐、青霉素钠盐、青霉素普鲁卡因盐。晶体经洗涤、过筛、干燥，得到青霉素成品。

由于青霉素的性质不稳定，整个提取和精制过程应在低温下快速进行，并应注意环境清洁，保持在稳定的 pH 范围。

（三）工艺路线

1. 丝状菌培养 如图 9 - 1 所示。

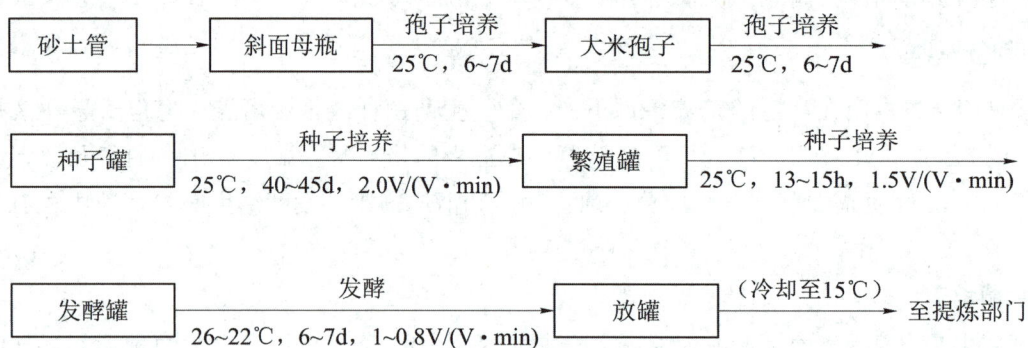

图 9 - 1 丝状菌培养的工艺路线

2. 球状菌培养 如图 9 - 2 所示。

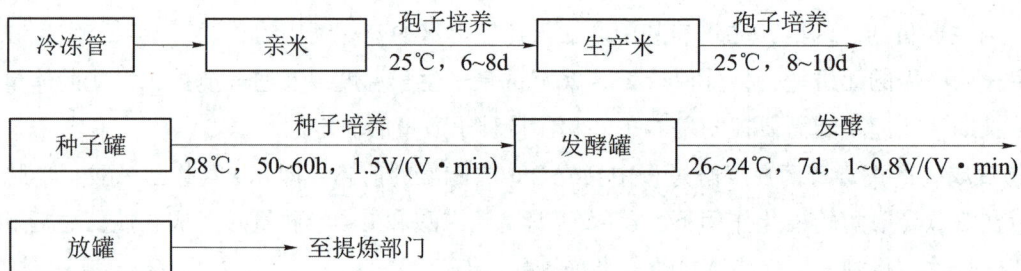

图 9 - 2 球状菌培养的工艺路线

（四）工艺过程

1. 菌种

（1）生产菌株 一般为产黄青霉菌。国内青霉素的生产菌种按菌丝的形态分为丝状菌和球状菌。丝状菌根据孢子颜色又分为黄孢子丝状菌和绿孢子丝状菌。

（2）菌丝形态 在长期的菌丝改良中，青霉素产生菌在培养基中分化为丝状生长和结球生长两种形态。前者由于所有丝状体都能够充分与发酵液中的基质接触，因此生长速率较高；后者由于发酵液的黏度显著降低，氧传递速率大大提高，允许更多的菌丝生长，发酵罐的体积产率反而高于前者。

在丝状菌发酵过程中，要控制菌丝形态使其保持适当的分支和长度，并避免结球，是获得高产的关键因素之一。另外，在球状菌发酵中，要使菌丝球保持适当的大小和松紧，并尽量减少游离菌丝含量。

（3）菌种保存　青霉素生产菌种一般在真空冷冻干燥状态下保存其分生孢子，也可以用甘油或乳糖溶液作悬浮剂，在 -70℃冰箱或液氮中保存孢子悬浮液或营养菌丝体。

2. 孢子制备和种子培养

（1）孢子培养　以产生丰富的孢子为目的，种子培养以繁殖大量健壮的菌丝体为目的。丝状菌的生产菌种保藏在砂土管内。球状菌的生产种子保藏在冷冻管内。青霉素在固体培养基上具有一定的形态特征。开始生长时，孢子先膨胀，长出芽管并急速伸长，形成隔膜，繁殖成菌丝，产生复杂的分枝，交织为网状而成菌落。菌落外观有的平坦，有的褶皱。在营养物质分布均匀的培养基中，菌落一般都是圆形，其边缘或整齐，或为锯齿状，整个形状好似毛笔，称为青霉穗。分生孢子有椭球形、圆柱形和球形等几种形状。分生孢子为黄绿色、绿色或蓝绿色，衰老后变为黄棕色、红棕色以至灰色等。

（2）种子质量控制　丝状菌的生产种子由低温保存的孢子移植到小米固体上，25℃培养7天，真空干燥并以这种形式保存备用。生产时按照一定的接种量移种到含葡萄糖、玉米浆、尿素的种子罐内，26℃培养56小时左右，菌丝浓度达到6%～8%，菌丝形态正常，按照10%～15%的接种量移入含有花生饼粉、葡萄糖的二级种子罐内，27℃培养24小时，菌丝体积10%～12%，形态正常，效价在700U/ml左右便可作为发酵种子。

工艺要求将新鲜的生产米（收获后的孢子瓶在10天以内使用）接入含有花生饼粉、玉米胚芽粉、葡萄糖及饴糖的种子罐内，28℃培养50～60小时，当pH由6.0～6.5下降至5.5～5.0，菌丝呈菊花团状，平均直径在100～130μm，每毫升的球数为6万～8万只，沉降率在85%以上时，即可根据发酵罐将球数控制在8000～11000只/ml范围的要求，计算移种体积，然后接入发酵罐，多余的种子液弃去。球状菌以新鲜孢子为佳，其生产水平优于真空干燥的孢子，能使青霉素发酵单位的罐批差异减少。

3. 发酵培养

在沉没培养条件下，青霉素产生菌细胞的生长发育过程发生明显的变化，按其生长特征可以划分为6个生长期，具体情况见表9-4。

表9-4　青霉素产生菌细胞的生长发育过程状态及特征

青霉素产生菌细胞生长阶段	青霉素产生菌细胞生长状态	青霉素产生菌细胞生长特征
第一期	分生孢子发芽	孢子先膨胀，再形成小的芽管
第二期	菌丝增殖	末期出现类脂肪小颗粒
第三期	形成脂肪粒	原生质嗜碱性强，形成脂肪粒
第四期	形成中小空胞	原生质嗜碱性减弱，脂肪粒减少
第五期	形成大空胞	脂肪粒消失
第六期	个别细胞自溶	细胞内看不到颗粒

（1）准备好培养基　以葡萄糖、花生饼、麸质粉、尿素、硝酸铵、硫代硫酸钠、苯乙酰胺和碳酸钙为主要成分。

1）碳源　青霉素能利用多种碳源，如乳糖、蔗糖、葡萄糖等。乳糖能被产生菌缓慢利用而长时间维持青霉素的分泌，故为青霉素生物合成最好的碳源。但是，乳糖成本较高，普遍使用有一定困难。葡萄糖次之，但必须控制其加入浓度。目前，工业上用的碳源是葡萄糖母液和工业用葡萄糖，普遍采用淀粉经酶水解的葡萄糖化液进行流加。加糖一定要控制好残糖量。前期和中期在0.3%～0.6%之间。

2）氮源　以玉米浆为好。玉米浆是淀粉产生的副产物，含有多种氨基酸。常用的有机氮源还有花生饼粉和除去棉酚的棉籽饼粉等。无机氮源有硫酸铵等。因为国内玉米浆产量较少，生产上常用花生饼粉、麸质粉、玉米胚芽粉及尿素等作为氮源。

3）前体　生产青霉素 G 时，应加入含有苄基基团的物质，如苯乙酸或苯乙酰胺等。这些前体对青霉菌有一定毒性，加入量不能大于 0.1%，加入硫代硫酸钠可减少毒性。

4）无机盐　青霉菌的生长和青霉素的合成需要硫、磷、钙、镁和钾等盐类。铁离子对青霉菌有毒害作用，需要严格控制铁离子的浓度，一般在 $30\mu g/ml$。

（2）控制好发酵条件

1）pH 控制　丝状菌发酵，pH 为 6.2~6.4，球状菌发酵 pH 为 6.7~7.0。应尽量避免超过 7.0，因为青霉素在碱性条件下不稳定，容易加速水解。在青霉素的发酵过程中，如果 pH 过高，可以加入糖、硫酸或无机氮源；pH 过低，可加入碳酸钙、氢氧化钠、氨或尿素，或者提高通气量。

2）温度控制　青霉菌生长最适温度一般高于青霉素分泌的最适温度，一般生长的适宜温度为 27℃，而分泌青霉素的适宜温度为 20℃ 左右。生产上，一般采用变温控制法，保证前期罐温度高于后期，以适合不同发酵阶段的需要。丝状菌发酵温度要求 26℃－24℃－23℃－22℃，球状菌为 26℃－25℃－24℃。逐渐降低发酵温度，可延缓菌丝衰老，增加培养液中的溶解氧，延长发酵周期。

3）进气控制　青霉菌深层培养需要通入空气并搅拌，以保证发酵液中溶解氧的浓度，通气量通常为 0.8－1.0V/（V·min）。

4. 发酵液预处理和过滤　因为青霉素在低温时比较稳定，细菌繁殖也较慢，从而减少了青霉素的损失。发酵液放罐后要立即冷却。目前，主要采用鼓式过滤及板框式过滤。从鼓式过滤机得到的滤液多为棕黄色或棕绿色。除去滤液中蛋白质，通过板框式过滤机过滤，得二次滤液，二次滤液一般澄清透明。发酵液和滤液一般在 10℃ 以下保存。

5. 萃取　目前，工业生产上萃取青霉素所采用的溶剂多为乙酸丁酯和乙酸戊酯。整个萃取过程在低温下进行（低于 10℃），提取设备要用冷盐水通过夹层或蛇形管进行冷却，特别是酸化步骤，温度要求更低些。

萃取方式一般采用多级逆流萃取（常为二级）。浓缩比的选择很重要，因为乙酸丁酯的用量与青霉素的收率和质量都有关系。乙酸丁酯用量太多，萃取较完全、收率高，但浓度较低，达不到结晶的要求，反而增加溶剂的用量；乙酸丁酯用量太少，则萃取不完全，降低收率。

6. 精制　在二次丁酯萃取液中加入活性炭进行脱色。结晶时要求水分含量低于 0.9%。因为青霉素钾盐或钠盐在水中溶解度较大，降低二次丁酯萃取液的水分可使结晶后母液中的单位降低，提高结晶效率。

7. 结晶　青霉素游离酸在有机溶剂中的溶解度很大，当它与有些金属或有机胺结合成盐之后溶解度减小，于是从溶剂中结晶。在青霉素游离酸的乙酸丁酯提取液中加入乙酸钾、乙酸钠，则分别生成青霉素钾盐、钠盐的结晶。还可以采用共沸蒸馏结晶，水和有机溶剂形成共沸物被蒸出，青霉素达到饱和，结晶析出。

（五）工艺控制要点

1. 培养基成分的控制

（1）碳源　产黄青霉菌可利用的碳源有乳糖、蔗糖及葡萄糖等。目前生产上普遍采用淀粉水解糖、糖化液（DE 值 50% 以上）进行流加。

（2）氮源　常选用玉米浆、精制棉籽饼粉、麸皮，并补加无机氮源（硫酸胺、氨水或尿素）。

（3）前体　生物合成含有苄基基团的青霉素 G，需在发酵液中加入前体。前体可用苯乙酸、苯乙酰胺，一次加入量不大于 0.1%，并采用多次加入，以防止前体对青霉素的毒害。

（4）无机盐　加入的无机盐包括硫、磷、钙、镁、钾等，且用量要适度。另外，由于铁离子对青霉菌有毒害作用，必须严格控制铁离子的浓度，一般控制在 30μg/ml。

2. 发酵培养的控制

（1）加糖控制　根据残糖量及发酵过程中的 pH 确定，最好是根据排气中 CO_2 量及 O_2 量来控制，一般在残糖降至 0.6% 左右，pH 上升时开始加糖。

（2）补氮及加前体　补氮是指加硫酸铵、氨水或尿素，使发酵液氨氮控制在 0.01% ~ 0.05%，补前体以使发酵液中残存苯乙酰胺浓度为 0.05% ~ 0.08%。

（3）pH 控制　对 pH 的要求视不同菌种而异，一般为 pH 6.4 ~ 6.8，可以补加葡萄糖来控制。目前一般采用加酸或加碱控制 pH。

（4）温度控制　前期 25 ~ 26℃，后期 23℃，以减少后期发酵液中青霉素被降解破坏。

（5）溶解氧的控制　一般要求发酵中溶解氧量不低于饱和溶解氧的 30%。通风比一般为 1 : 0.8L/（L·min），搅拌转速在发酵各阶段应根据需要而调整。

（6）泡沫的控制　在发酵过程中产生大量泡沫，可以用天然油脂，如豆油、玉米油或用化学合成消泡剂 "泡敌" 等来消泡，应当控制其用量并要少量多次加入，尤其在发酵前期不宜多用，否则会影响菌体的呼吸代谢。

（7）发酵液质量控制　生产上按规定时间从发酵罐中取样，用显微镜观察菌丝形态变化来控制发酵。生产上惯称 "镜检"，根据 "镜检" 中菌丝形态变化和代谢变化的其他指标调节发酵温度，通过追加糖或补加前体等各种措施来延长发酵时间，以获得最多的青霉素。当菌丝中空泡扩大、增多及延伸，并出现个别自溶细胞，则表示菌丝趋向衰老，青霉素分泌逐渐停止，菌丝形态上即将进入自溶期，在此时期由于菌丝自溶，游离氨释放，pH 上升，导致青霉素产量下降，使色素、溶解和胶状杂质增多，并使发酵液变黏稠，增加下一步提纯时过滤的困难。因此，生产上根据 "镜检" 判断，在自溶期即将来临之际，迅速停止发酵，立刻放罐，将发酵液迅速送往提炼工段。

3. 染菌的控制

青霉素发酵，要特别注意严格操作防止污染杂菌。在接种前后、种子培养过程及发酵过程中，应随时进行无菌检查，以便及时发现染菌，并在染菌后进行必要处理。

即学即练 9 - 3

将青霉素在酸性溶液中转入（　　　），然后在 pH 中性条件下转入水相。经过这样反复几次萃取，就能达到提纯和浓缩的目的

A. 二甲苯　　　B. 乙酸　　　C. 丙酮　　　D. 乙酸丁酯　　　E. 异丙醚

答案解析

任务二　氨基酸生产工艺

PPT

知识链接

味　精

味精，对每个人来说再熟悉不过了，是烹饪过程中必不可少的调味品之一，有很好的提鲜效果。每

当你在炒菜的过程中，添加一点点的味精，顿时鲜味十足。正因为如此，味精自从被发现开始就风靡全球，成为家庭必备的产品。味精主要通过刺激舌头味蕾上特定的味觉受体，比如氨基酸受体或谷氨酸受体，以带给人味觉感受。这种味觉被定义为"鲜味"。

然而，近年来，味精这种家庭必备的产品，不断地受到人们的"质疑"。不断有人提出在烹饪过程中添加味精对人体有很大的危害作用，如味精饮食过多会导致掉头发、视力减退、缺锌，甚至有人提出可能会导致癌症或者其他内脏疾病。然而，事实真的是这样吗？

根据相关的研究表明，在菜肴或者食品中添加适量的味精是安全的。FDA、美国医学协会、联合国粮农组织和世界卫生组织食品添加剂联合专家组等权威部门的评审表示：味精在食品中的使用没有一定的限制，无须担心其安全性。因为味精的主要成分是谷氨酸钠盐，进入人体后可转化为谷氨酸、谷氨酰胺和酪氨酸，而这些氨基酸是人体蛋白质的重要组成单元之一，有着重要的功能。

氨基酸是构成蛋白质的基本单位。在生命活动中蛋白质之所以表现出各种各样的生理功能，主要是因为不同蛋白质分子中氨基酸残基的组成、排列顺序以及形成的特定三维空间结构各异。蛋白质、多肽在体内不断地被分解为氨基酸，体内的氨基酸又不断地合成各种蛋白质、多肽，蛋白质、多肽的合成与分解在机体内形成一个动态平衡体系。因此，氨基酸具有重要的生理作用，具体如下。

1. 作为药物 用于治疗蛋白质代谢紊乱和缺乏引起的一系列疾病，不仅是重要的营养补充剂，而且有些氨基酸具有特殊的生理作用和临床疗效。氨基酸缺乏可导致机体生长迟缓、自身蛋白质消耗、生理功能衰退、抵抗力下降等临床症状。直接输入复方氨基酸制剂可改善患者营养状况，增加血浆蛋白和组织蛋白，纠正负氮平衡，促进酶、抗体和激素等活性蛋白的生物合成。

2. 作为营养补充剂 重度营养不良是导致急慢性感染及消耗性疾病病情加重甚至死亡的直接原因，因此，补充氨基酸，特别是缬氨酸、甲硫氨酸、异亮氨酸、苯丙氨酸、亮氨酸、色氨酸、苏氨酸和赖氨酸等8种必需氨基酸可纠正负氮平衡，是实施支持疗法的基础。

3. 可降血氨 谷氨酸、谷氨酰胺、精氨酸、天冬氨酸、鸟氨酸等是体内以氨为原料合成尿素过程的成员，补充这些氨基酸可加速鸟氨酸循环，促进尿素合成，利于降低血氨水平，减少其毒害作用。

4. 具有保护作用 半胱氨酸及其参与组成的谷胱甘肽因含有游离的巯基而具有抗氧化性质，是体内氧化还原体系的重要组成，可防止电离辐射、自由基、氧化剂等对生物大分子的损伤，从而起到保护巯基酶类和巯基蛋白质并延缓衰老的作用。

5. 作为离子载体可促进离子进入细胞 天冬氨酸是钾、镁离子载体，能够促进钾、镁离子进入心肌细胞，有助于改善心肌收缩功能，降低心肌耗氧量。甘氨酸是铁离子载体，以硫酸甘氨酸铁的形式发挥作用，使细胞膜有良好的通透性，并可防止铁在胃中的氧化，有利于吸收。

6. 可转变成重要的生物活性物质 谷氨酸在体内经氧化脱羧可转变成γ-氨基丁酸，γ-氨基丁酸是抑制性神经递质，谷氨酸和维生素 B_6 协同作用可用于妊娠呕吐的辅助治疗。

自20世纪50年代以来，氨基酸类药物的应用不断扩大，形成了一个新兴的工业体系，称为氨基酸工业。随着生产技术的不断完善，氨基酸品种和产量不断增加，其品种由20多种氨基酸发展到100多种氨基酸及其衍生物，在医药工业中占有重要地位。目前，谷氨酸、甘氨酸、精氨酸、赖氨酸等已形成一定的工业生产规模。近年来，氨基酸产生菌的育种工程开始运用 DNA 重组技术，提高了氨基酸基因育种的效率和新菌株的产酸水平。如三井化学公司利用重组 DNA 技术改造的 L-色氨酸发酵菌种可使产量提高1倍以上。利用生物工程技术改造过的菌种，已用于包括谷氨酸在内的6种以上氨基酸的生产。

一、氨基酸的生产方法

（一）氨基酸的制备

氨基酸的生产方法有水解法、微生物发酵法、化学合成法、酶促合成法。

1. 水解法 是以富含蛋白质的物质为原料，通过酸、碱或蛋白质水解酶水解成氨基酸混合物，经分离纯化获得各种氨基酸的方法。

（1）优点 原料来源丰富、反应条件温和、氨基酸不被破坏、设备要求低。

（2）缺点 中间产物多、水解时间长、单一氨基酸在水解液中含量低、生产成本较高。

（3）生产的品种 胱氨酸、亮氨酸、酪氨酸。

2. 微生物发酵法 是以糖为碳源、以氨或尿素为氮源，通过微生物的发酵直接生产氨基酸，或利用菌体的酶系通过转化前体物质合成氨基酸的方法。包括菌种培养、接种发酵、产品提取及分离纯化等。所用菌种主要为细菌、酵母菌，早期多为野生型菌株，20 世纪 60 年代后，多用人工诱变选育的营养缺陷型和抗代谢类似物突变菌株。自 20 世纪 80 年代开始，采用细胞融合技术和基因重组技术改造微生物细胞，已经获得多种高产氨基酸重组菌株和基因工程菌。

（1）优点 能够直接生产 L 型氨基酸、原料丰富且廉价、环境污染较轻。

（2）缺点 产物浓度低、生长周期长、设备投资大、有副产物反应、氨基酸的分离纯化技术要求复杂。

（3）生产的品种 谷氨酸、谷氨酰胺、丝氨酸、酪氨酸、组氨酸。

3. 化学合成法 以 α - 卤代羧酸、醛类、甘氨酸衍生物、异氰酸盐、卤代烃、α - 酮酸及某些氨基酸为原料，经氨解、水解、缩合、取代、加氢等化学反应合成 α - 氨基酸。化学合成法是制备氨基酸的重要途径之一，但是氨基酸种类较多，结构各异，故不同氨基酸的合成方法不尽相同。

（1）优点 可采用多种原料和多种工艺路线，特别是以石油化工为原料时，成本较低、生产规模大、适合工业化生产、产品易分离纯化。

（2）缺点 有些氨基酸的合成工艺复杂，生产的氨基酸皆为 D 型、L 型。

（3）生产的品种 甲硫氨酸、甘氨酸、色氨酸、苏氨酸、苯丙氨酸、丙氨酸和脯氨酸。

4. 酶促合成法 也称酶工程技术法、酶转化法，是在特定酶作用下使有些化合物转化成相应氨基酸的技术。基本原理是以化学合成的、生物合成的或天然存在的氨基酸前体为原料，用经固定化处理的含特定酶的微生物、植物或动物细胞，通过酶促反应制备氨基酸。

（1）优点 产物浓度高、副产物少、成本低、周期短、收率高。

（2）缺点 酶反应时间长、生产周期长。

（3）生产的品种 天冬氨酸、丙氨酸、苏氨酸、赖氨酸、色氨酸、异亮氨酸。

（二）氨基酸的分离

基于溶解度或等电点不同分离。不同氨基酸在水或含有一定浓度的有机溶剂的介质中溶解度不同，利用这一性质可将氨基酸彼此分离。如胱氨酸和酪氨酸均难溶于水，但酪氨酸在热水中的溶解度较大，而胱氨酸在热水中的溶解度则与在冷水中的无多大差别，故可将混合物中的胱氨酸、酪氨酸首先与其他氨基酸分离，再通过加热，将二者分离。因为氨基酸在等电点环境中溶解度最小，易于析出，在利用溶解度不同分离氨基酸时，可将溶液 pH 调整到被分离氨基酸的等电点附近。

1. 加入沉淀剂分离 某些氨基酸可以与有机化合物或无机化合物生成具有特殊性质的结晶性衍生物。精氨酸与苯甲醛可生成不溶于水的苯亚甲基精氨酸沉淀物，经盐酸水解除去苯甲醛即可得纯净的精氨酸盐；亮氨酸与邻二甲苯－4－磺酸反应，可生成亮氨酸磺酸盐沉淀物。该方法操作简单，针对性强，但沉淀剂难以除去。

2. 离子交换剂分离 氨基酸为两性电解质，在一定条件下，不同氨基酸的带电性质及解离状态不同，对同一种离子交换剂的吸附力不同，故可对氨基酸混合物进行分组或单一成分分离。

二、谷氨酸的生产工艺

谷氨酸是一种酸性氨基酸，分子内含有两个羧基。L－谷氨酸的用途很广泛。谷氨酸被人体吸收后，容易与血氨形成谷氨酰胺，能够解除代谢过程中氨可能引起的毒性。

谷氨酸发酵行业现存工艺可分为两大类，传统工艺为生物素亚适量菌种发酵，利用单罐等电、离子交换提取谷氨酸的工艺，简称"亚适量等电离交"工艺；另一种为温度敏感型菌种发酵，利用浓缩等电、连续提取谷氨酸的工艺，简称"温敏浓缩等电"工艺。由于大部分厂家初建厂时是按照"亚适量等电离交"设计的工艺路线，针对传统工艺的弊端，部分企业独辟蹊径，创造了"超亚适量转晶等电离交"工艺。

（一）发酵工艺过程

1. 发酵菌种 按菌种的类型分类，可分为两类菌种。

（1）生物素亚适量菌种 亚适量菌种属于生物素营养缺陷型菌种，生物素是菌种生长的关键因子，影响菌体细胞的生长代谢和细胞膜的通透性。但是生物素除了控制菌体细胞膜的渗透性外，还有一个重要作用，就是生物素作为三羧酸循环中丙酮酸羧化酶的辅酶，参与三羧酸的循环中 CO_2 固定反应，最终促进了谷氨酸代谢流速度提高，对菌体产酸有关键性作用。所以说生物素在培养基中控制亚适量添加是谷氨酸发酵生产的关键。

（2）温度敏感型菌种 典型的温度敏感型菌种属于短杆菌的变种，多为基因突变型菌株。在正常培养温度下，菌体生长良好，当温度提高到一定程度时，停止生长只产酸，具有这种特性的菌株就称为温度敏感型突变株。温度敏感型菌种巧妙地解决了生物素对细胞膜转型与生物素促进糖酵解反应之间的矛盾。这样既能大量促进谷氨酸产生途径的代谢流，又能通过提高温度解除细胞膜的渗透机制。由于解除了对生物素的限制，使得温敏型菌种的产酸水平大大提高，产酸能达到15%～18%。

同为谷氨酸菌种，二者抗杂菌污染能力是不同的，亚适量菌种在谷氨酸发酵行业最初也遇到过污染杂菌的问题，主要是由于工人无菌操作技术不熟练、设备装备水平不高造成的。因亚适量工艺中菌种少，染菌后可以通过"重消"再接种，损失较小，所以生产较稳定。而温敏型菌种则不然，几乎所有刚开始使用温敏型菌种的企业，都在最初使用的几年里遇到了染菌倒罐问题。导致温敏型菌种容易染菌的因素有以下几点：①温敏型菌种培养周期长，为杂菌的繁殖提供了基础，更容易使杂菌生长；②温敏型菌种所需培养基营养成分特别丰富，杂菌很容易在温敏型菌种大量繁殖之前迅速蔓延，最终导致发酵染菌；③温敏型菌种控制条件中所需通风量较大，相对亚适量菌种而言会增加染菌的概率。

2. 发酵工艺

（1）斜面培养 谷氨酸产生菌主要是棒状菌属、短杆菌属和小杆菌属的细菌。这些菌种都是需氧微生物，都需要以生物素为生长因子，适合糖质原料的谷氨酸发酵。斜面培养基一般由1.0%蛋白胨、0.5%牛肉膏、0.5%氯化钠、0.1%葡萄糖和2%琼脂糖组成。

（2）一级种子培养 一级种子在摇瓶机上振荡培养。所用的培养基由2.5%葡萄糖、0.9%玉米浆、0.1%磷酸二氢钾、0.5%尿素、0.04%硫酸镁、20mg/L硫酸锰等组成。pH 7.0，在1000ml锥形瓶内装250ml液体培养基，灭菌后接入斜面孢子，摇床上32℃振荡培养12小时，经检查符合要求后，于4℃冰箱中保存、备用。

（3）二级种子培养 二级种子用种子罐培养。所用培养基配方与一级种子培养基配方基本相同。其主要区别是用淀粉水解糖代替葡萄糖。32℃进行通气培养7~10小时，此时在显微镜下检查，可见菌体生长正常，大小均匀，呈单个或"八"字形排列。

3. 发酵过程

（1）菌体生长阶段 当二级种子接入发酵罐后的2~4小时，菌体正处在延滞期，糖消耗很慢。由于尿素的分解，使pH有一定上升。开始进入对数生长期后，菌体代谢旺盛，糖消耗很快，尿素分解加快，pH迅速上升。继续培养，由于尿素分解出来的氨被利用，使pH又开始下降。此时，菌体大量繁殖，溶解氧浓度下降，显微镜检查可见菌体排列成整齐的"八"字形。这个时候，为了及时供给菌体生长所必需的氮源，可加入尿素，并以此调节pH使其稳定在7.5~8.0。在菌体生长阶段，培养温度应维持在32~35℃，培养时间在12小时左右。

（2）谷氨酸合成阶段 当菌体生长基本停滞时，就转入谷氨酸合成阶段。此时，菌体浓度基本不变，糖分解后产生的α-酮戊二酸和尿素分解产生的氨，开始合成谷氨酸。为了提供合成谷氨酸所需要的氨基并维持pH 7.2~7.4，必须随时流加尿素，同时通入大量气体。培养温度应维持在34~36℃。发酵后期，菌体衰老，糖耗缓慢，此时应注意尿素的加量。发酵周期一般为30小时。

4. 提取工艺
按谷氨酸提取工艺分类，大致可分为两类。生物素亚适量菌种工艺中，由于产酸不是太高，一般采用单罐等电提取的方法进行谷氨酸提取，发酵液在提取罐中边加硫酸和高流分边降温，最后降温至11~12℃，pH控制谷氨酸等电点3.22，此时罐下部就可以得到颗粒均匀饱满的α-谷氨酸晶体，上部清液含量基本在2.0%~2.5%之间，这部分谷氨酸一般由离子交换法进行回收，发酵尾液含量一般在0.2%以下，所以提取收率一般在95%~96%之间。

温度敏感型菌种由于产酸太高、菌体量太大，如果按照传统的等电离交工艺进行提取谷氨酸，提取中很容易出现"糊罐"现象，大大影响了谷氨酸的收率。针对产酸高、菌体量大、杂质多的特点，采用温敏型菌种的厂家一般采取的是浓缩等电工艺：浓缩发酵液、连续高温等电、卧螺式离心谷氨酸、谷氨酸转晶进行提取。"温敏浓缩等电"工艺的提取收率一般在88%~90%之间，比等电离交的96%的提取收率低6%~8%。

浓缩等电工艺需要对发酵液进行浓缩，虽然下游废水量减少，但是由于发酵液浓缩时pH 6.4，接近中性的溶液中含氨较多，所以浓缩过程生成的冷凝水氨氮含量较高，一般可达1000mg/L，这部分冷凝水生化处理难度较大，给下游生化处理工序增加了较大负担。等电离交工艺中四效蒸发器原液pH在3.5左右，铵根离子大多以硫酸铵形式存在，所以多效蒸发器冷凝出来冷凝水氨氮约在60mg/L左右，下游生化处理难度较小。另外，由于"温敏浓缩等电"工艺中增加了浓缩步骤，在加入阴离子絮凝剂进行絮凝菌体蛋白的过程中，温敏工艺所生产的菌体蛋白颜色黑、品相差。但是，浓缩等电工艺中环保排废量大大降低。

由于"亚适量等电离交"工艺需使用离子交换法回收谷氨酸，使用液氨作为洗脱剂，硫酸液氨均比"温敏浓缩等电"工艺成本高。同时由于温敏型菌种解除了对生物素的限制，使得糖酸转化率大为提高。通过上面的对比，可以总结出"温敏浓缩等电"工艺虽然有很多弊端，但是其发酵强度、环保排废量、生产成本具有很大优势，这也是新建厂大多选择此工艺的主要原因。

（二）工艺控制要点

（1）在培养基配方中，生物素的用量直接影响谷氨酸的合成。

（2）种龄与接种量必须严格控制。

（3）菌种在不同的生长时期需要不同的培养温度，在工艺控制上应该满足其需求。

（4）通风量影响培养液中的溶解氧含量。

（5）谷氨酸产生菌的最适 pH 一般是中性或微碱性，而不同的时期需要不同的 pH。

（6）要获得高产量的谷氨酸，必须要有足够量的、生长旺盛的菌体。

（7）谷氨酸产生菌对杂菌和噬菌体的抵抗能力差。

即学即练 9-4

谷氨酸合成阶段为了提供合成谷氨酸所需要的氨基并维持 pH 7.2 ~ 7.4，必须随时流加（　　），同时通入大量气体

A. 氨水　　　　B. 尿素　　　　C. 硫酸铵　　　　D. 磷酸　　　　E. 硫酸镁

答案解析

任务三　酶制剂生产工艺

PPT

📱 知识链接

嫩肉粉

嫩肉粉的主要成分为木瓜蛋白酶，它之所以能对肉类进行嫩化，是因为它能将肉中的结缔组织及肌纤维中结构较复杂的胶原蛋白、弹性蛋白进行适当降解，使得它们结构中的一些连接键发生断裂，在一定程度上破坏其结构，从而大大提高了肉的嫩度。同时可使肉的风味得到改善，并且安全、卫生、无毒、不产生任何不良风味。木瓜蛋白酶对肉类蛋白质进行分解的最佳环境为 65℃，pH 在 7 ~ 7.5 范围内。虽然在其他温度（不超过 90℃，不低于室温），以及其他酸碱范围内（不能过酸或过碱）也能对蛋白质进行分解，但效果却不如处于最佳环境时好。肉质的老韧主要由肉类中结缔组织的致密度大小、含水量的多少及弹力纤维的多少所决定。粗老干硬的肉类菜肴不但风味差，而且难于咀嚼，不利于消化吸收。但是，使用木瓜蛋白酶后，肉类的品质变得柔软、多汁和易于咀嚼，并可缩短肉的烹调时间，改善肉的风味，增加其营养价值。

不同的酶抑制剂作用于不同的酶，因此酶抑制剂具有专一性。酶抑制剂可用于抑制某种酶的活性，从而调节或抑制某些代谢过程。在生物代谢过程的研究中，人们早就应用了酶抑制剂。目前，在自然界中发现的酶达 2500 多种，其中数百种已经得到结晶，有 20 多种已经实现工业化生产。

我国的酶制剂始于 1965 年，当时成立的无锡酶制剂厂，是我国第一家酶制剂厂。该厂不断发展壮

大，酶制剂产量不断增长，品种不断完善，科研成果频繁出现，成为我国酶制剂科研、生产、应用的综合基地。无锡酶制剂厂培养了大批人才，成为我国第一代酶制剂科研和生产的专业人员，也为不断发展的中国酶制剂事业做出了贡献。我国酶制剂已广泛应用于食品、酿造、味精、制药、有机酸、淀粉糖、纺织、皮革、洗涤剂及保健品等很多领域，并且应用领域不断扩大，应用技术水平不断提高，然而与国外先进国家相比尚有差距。进入 21 世纪以来，发展速度较快的是啤酒、淀粉糖、食品、燃料乙醇、味精和枸橼酸等行业。

一、酶制剂的生产方法

酶制剂大多是采用微生物发酵进行大规模的生产，且可分为固态发酵法和液体深层发酵法。

1. 固态发酵法　适用于霉菌的生产。此法起源于我国的特曲技术，具有生产简单、易行、成本低等特点。固态发酵法一般使用麸皮作为培养基，将菌种与培养基充分混合后，在浅盘活帘子上铺成薄层，然后放置在多层架子上，根据不同微生物的需要控制不同的培养温度和湿度。待长满菌丝，酶活力达到最高值时，停止培养，进行酶的提取。

2. 液体深层发酵法　是采用在通气搅拌的发酵罐中进行微生物培养的方法，是目前酶制剂生产中最广泛使用的方法。液体深层发酵法具有机械化程度高、培养条件容易控制等特点。

二、尿激酶原的生产工艺

尿激酶是从新鲜人尿里提取的一种溶血栓药物。它能激活纤溶酶原转化为有活性的纤溶酶，纤溶酶能使不溶性的纤维蛋白转变为可溶性小肽，从而使血栓溶解。因此，临床上多用于治疗血栓形成、血栓栓塞等症。尿激酶与抗癌剂合用时，由于它能溶解癌细胞周围的纤维蛋白，使得抗癌剂能更有效地穿入癌细胞，从而提高抗癌剂杀伤癌细胞的能力。所以，尿激酶也是一种很好的癌症辅助治疗剂，而且它无抗原性问题，可长时间使用。

尿激酶原为尿激酶的前体，是由 411 个氨基酸组成的单链分子，在纤溶酶的作用下，赖氨酸和异亮氨酸间的肽键断裂后被激活为尿激酶。尿激酶原不同于尿激酶，它对纤溶酶原的激活具有纤维蛋白选择性，因而，作为溶栓制剂，具有较低的出血倾向，备受人们的重视，被誉为第二代纤溶酶原激活剂，并已在日本临床应用。天然尿激酶原含量稀少，纯化困难，而在各种表达系统中用基因重组技术制备尿激酶原具有不同程度的困难，主要表现如下：选用哺乳动物细胞为表达系统时，生产成本高且表达产物易转化为双链形式，分离困难；以酵母为表达体系时，其产量低且表达产物活性明显低于天然尿激酶原；以大肠埃希菌作为表达体系时，由于尿激酶原含有 12 对二硫键，表达产物以无活性形式存在，体外复性困难，难以放大生产。

用大肠埃希菌作为表达体系，工业化生产尿激酶原的工艺过程如下。

（一）菌种及培养基

1. 菌种　用 RT – PCR 获得尿激酶原基因，用大肠埃希菌构建尿激酶原重组表达质粒，并筛选、鉴定尿激酶原工程菌株。

2. 种子培养基　每升培养液含胰蛋白胨 10g、酵母粉 16g、氯化钠 10g。

3. 发酵培养基　每升发酵液含胰蛋白胨 20g、酵母粉 3g、磷酸氢二钾 4g、磷酸二氢钾 1g、氯化铵 1g、硫酸二钾 2.4g、氯化钙 132mg、丙三醇 4g、pH 7.0；发酵用补料液为 25% 葡萄糖。

（二）尿激酶原工程菌的发酵

挑取尿激酶原工程菌单菌落于培养基中，经37℃、180r/min培养约12小时后，接种至10L种子罐，初始时设定温度为37℃，pH 7.0，搅拌速度200r/min，通气量5L/min，溶氧100%，打开酸泵和碱泵控制pH为7.0。逐渐增加通气量至15L/min，搅拌速度最终提高到1000r/min。发酵进行约4小时，细菌生长进入对数期，移入100L发酵罐。控制pH为7.0，随着发酵的进行，溶氧逐渐下跌，可增加通气量和提高搅拌速度。约3小时后，开始补充葡萄糖液。发酵过程中，每1小时取样一次，测定OD_{600}，绘制生长曲线，当生长速度明显减慢，曲线达到基本水平时放罐，用离心机，4℃、20000r/min离心培养物，收集菌体并称量，-80℃保存备用，整个过程约10~12小时。

（三）尿激酶原的活化

取菌体，加入裂解液 [100mmol/L 三（羟甲基）氨基甲烷，5mmol/L 乙二胺四乙酸，pH 7.0] 搅拌混匀。用弗氏压碎器破碎细胞，待细胞裂解液冷至4℃时用超声匀浆仪超声，直至溶液不再黏稠。离心后，取沉淀物悬浮在洗涤缓冲液中，洗涤3次。静置24小时，测定酶活力。

（四）尿激酶原的分离纯化

浓缩活化液，经透析、缓冲液洗涤后，再用洗脱液洗脱，收集峰值洗脱液。

（五）尿激酶原制剂制备

选用L-精氨酸作为赋形剂，将尿激酶原冻干粉溶于赋形剂溶液（每升溶液中含L-精氨酸87g，磷酸39.96g，吐温-20 0.01%，pH 6.0）中，配成22万IU/ml浓度，过滤除菌后，每瓶分装5ml，送入冷冻室冷冻干燥。

尿激酶原本身作为一种蛋白水解酶，易自身降解或在血浆酶等蛋白酶的作用下转变为尿激酶。尿激酶原和一般酶原不同，它具有0.1%~0.4%的双链活性，能选择性地激活结合在血栓上的纤溶酶原，从而溶解血栓，而对血液中游离的纤溶酶原无作用，与尿激酶相比，在临床上出血危险性低，很有临床应用潜力。

> **▶▶ 岗位情景模拟9-1**
>
> **情景描述** 重组人尿激酶原工程菌的发酵过程中，每1小时取样一次，测定OD_{600}，绘制生长曲线，当生长速度明显减慢，曲线达到基本水平时放罐。但在取样之后测定OD_{600}发现数值一直不稳定，上下浮动很大。
>
> 答案解析
>
> **讨　　论** 在取样时应该如何保证取样的规范操作呢？

任务四　维生素生产工艺

PPT

📱 知识链接

维生素对身体的作用

维生素已经成为我们的生活日常品，它使用范围广泛，种类十分繁多，从普通的咀嚼片到昂贵的胶囊，它无处不在，和我们的生活息息相关。但是据英国《每日邮报》报道，英国的一项最新研究发现，作为提高人类免疫力的维生素对身体的作用却弊大于利。

通过对 2000 多名男性的实验研究显示，经常服用鱼油胶囊的人容易患前列腺癌，而食用鱼油胶囊的初衷是缓解关节疼痛，改善心脏功能和提高智力。这不是个例，参与这项研究的专家指出目前还没有确切的证据能够证明所有的维生素或矿物质药丸可以防止疾病，除非患有营养缺乏症。专家表示，通过多次的实验和研究，发现经常大量服用这些营养补充剂并没有达到有效的效果，反而会让发病的概率越来越高。

虽然专家的研究结果使对人们对维生素产生恐慌，但是对于大多数人来说，只要按照规定剂量服用，还是相对安全的。

维生素是指动物体内不能合成，却为动物体内物质代谢所必需的物质，也指天然食品中含有的能以微小数量对动物的生理功能起重大影响的一类有机化合物。维生素对人体物质代谢过程的调节作用十分重要。体内各种维生素应维持一定的水平，如果某种维生素的水平过低或过高都会引起相应的疾病。

一、维生素的生产方法

维生素的生产方法有三种：提取法、化学法和生物合成法。提取法是从富含维生素的天然食物或药用植物中浓缩、提取而得。由于天然动、植物中的维生素含量比较低、波动大，加工损失大，所以仅有极少数的维生素采用这种方法。化学合成法是目前生产维生素的主要方法，多数维生素的生产均采用化学合成法。生物合成法包括微生物发酵法和微藻类的生物转化法，发展速度非常快。生物合成法与化学合成法相比较，有很多优点，最为突出的优点为由发酵或生物转化反应得到的产物是旋光化合物，具有生物活性，而化学合成法得到的是消旋混合物。生物合成法在较为温和条件下进行，且安全可靠，成本较低，对环境污染小，其发展速度十分迅速。

二、维生素 B_2 的生产工艺

维生素 B_2 又称核黄素，是人和动物自身不能合成的低分子有机化合物，在自然界中多与蛋白质结合存在，被称作核黄素蛋白。在生物体内，它以黄素单核苷酸和黄素腺嘌呤二核苷酸的形式存在，直接参与碳水化合物、蛋白质、脂肪的生物氧化作用，在生物体内具有多种生理功能，因而核黄素在食品、饲料、医药工业等方面具有广泛的应用前景。目前，核黄素生产以微生物发酵为主。

目前，国际上有 4 种维生素 B_2 生产工艺：植物体提取法、化学合成法、微生物发酵法和半微生物发酵合成法。其中微生物发酵法是近年来发展起来的一种经济有效的方法，生产核黄素具有成本低、生产周期短、产品纯度较高等优点，是国内外工业生产维生素 B_2 的发展趋势。德国的 BASF 公司是全球第二大维生素生产商，采用微生物发酵生产核黄素已经有十多年的历史；瑞士的 Roche 公司在美国用微生物发酵法取代化学合成法生产维生素 B_2；我国的湖北广济药业公司也以微生物发酵生产维生素 B_2，年产量达到 300 吨以上。下面介绍两种维生素 B_2 的微生物发酵法。

（一）酵母菌发酵法

可以代谢产生维生素 B_2 的微生物很多，包括真菌和细菌，但真正应用于核黄素生产的菌种却很有限。目前，工业生产中主要以阿舒假囊酵母为核黄素生产菌种。

1. 培养基准备

（1）斜面培养基　葡萄糖 2%、蛋白胨 0.1%、麦芽浸膏 0.5%、琼脂 2%，灭菌后用氢氧化钠溶液调 pH 至 6.5。

（2）发酵培养基　以植物油、葡萄糖、糖蜜或大米粉等作为主要碳源，植物油中以豆油对维生素 B_2 产量提高的效果最为显著，有机氮源以蛋白胨、骨胶、鱼粉、玉米浆为主，无机盐有氯化钠、磷酸二氢钾、硫酸镁等。

如果采用少量的葡萄糖和一定数量的油脂作为混合碳源时，维生素 B_2 的产量可增加 4 倍。这可能是微生物对油脂的缓慢作用，解除了葡萄糖或其代谢物对维生素 B_2 生物合成的阻遏作用。在研究烷烃类化合物作碳源时，发现此时菌体合成的维生素 B_2 易分泌到细胞外，这可能是烷烃类物质影响细胞膜和细胞壁结构的缘故。

2. 发酵工艺

维生素 B_2 的工业发酵一般为二级或三级发酵，种子扩大培养和发酵的通气量要求均比较高，搅拌功率要求比较高。阿舒假囊酵母的最适生长温度在 28~30℃，种子培养 35~40 小时后接入发酵罐，发酵培养 40 小时后开始连续流加补糖，发酵液的 pH 控制在 5.4~6.2，发酵周期为 150~160 小时。通气效率高低是影响维生素 B_2 产量的关键，通气效果好，可促进大量膨大菌体的形成，维生素 B_2 的产量迅速上升，同时可缩短发酵周期。

（二）基因工程菌发酵法

由于生命科学技术的迅速发展，从 20 世纪 90 年代以来，出现了一种利用基因工程菌发酵生产核黄素的新方法，即运用 DNA 重组技术构建出能够过量合成维生素 B_2 的基因工程菌，取代原先使用的酵母菌，通过基因工程菌发酵生产核黄素。基因工程菌的发酵周期短，发酵单位高，它既有酵母菌发酵法产品质量好的特点，又有化学半合成法生产效率高的优势，代表了维生素 B_2 生产技术的发展方向。世界上主要的维生素 B_2 生产公司目前都在转向采用基因工程菌发酵法生产维生素 B_2。

瑞士的 Roche 公司采用以枯草芽孢杆菌为受体菌的基因工程菌，已用于核黄素的工业化生产；德国的 BASF 公司正在开发以酵母菌为受体菌的基因工程菌，用于生产核黄素；日本除使用枯草芽孢杆菌为受体菌的基因工程菌外，还开发了以产氨棒状杆菌为受体菌的产维生素 B_2 基因工程菌。

（三）提取及测定方法

从发酵液中提取维生素 B_2 的方法主要有重金属盐沉淀法、Morehouse 法、酸溶法和碱溶法。目前工业生产中大多采用酸溶法。酸溶法提取维生素 B_2 的能耗较大，经一次溶解、结晶获得的核黄素纯度只有 60%~70%。采用碱溶法提取维生素 B_2，经二次分离结晶，最终获得的成品纯度达到 92.6%，总收益率达 80%。碱溶法提取核黄素不仅收益率高，而且能耗低。随着离心分离设备的不断改进，碱溶法分离提取核黄素的优越性将越来越明显。

维生素 B_2 测定一般采用微生物法、荧光比色法。这些方法比较烦琐或特异性不高，不能区分维生素 B_2 及其衍生物，难以满足深入研究的需要。随着高效液相色谱分析技术的发展和应用，国内外建立了一些测定发酵液中维生素 B_2 的分析方法。采用 Diamonsil C_{18} 色谱柱，以甲醇–5mmol/L 乙酸铵（体积比为 35:65）为流动相，流速 1.2mL/min，荧光检测器检测，样品经乙腈、三氯甲烷处理后进样分析，维生素 B_2 测定的线性范围为 5~200nmol/L，最低检测限为 2.5nmol/L。采用离子对色谱法测定核黄素，在流动相中加入离子对试剂 PICB9，使维生素 B_1 和维生素 B_2 的分离快速完全，排除了其他杂质的干扰，为准确定量分析核黄素打下基础。

　　微生物发酵生产维生素 B_2 是一种经济有效的生产工艺，以其成本低、生产速度快、产品纯度高、易于自动化控制等优点，正日益引起人们的广泛重视。目前，我国对微生物发酵维生素 B_2 的研究，无论是理论研究还是工业生产，均与国外先进水平有不小的差距，要赶上和超过世界先进水平，还需在以下几个方面取得突破：①微生物代谢产维生素 B_2 的分子机制的研究。虽然此方面的研究取得了一定进展，但由于微生物产维生素 B_2 机制的复杂性和代谢类型的多样性，许多问题还没有完全从理论上得到根本解决。②高产菌株的选育。目前，用于工业生产的菌株十分有限，产量也不是很高，因此要加强这一方面的工作，争取筛选到产量更高、纯度更高的菌株用于工业生产。③利用基因工程技术构建具有较高维生素 B_2 合成能力的工程菌。④微生物发酵产维生素 B_2 自动化控制研究。此类研究包括培养基的配制、微生物发酵、维生素 B_2 提取、干燥等过程的自动化控制，从而优化维生素 B_2 的发酵工艺，降低生产成本，提高维生素 B_2 的产量和质量。我国学者已成功应用计算机自动化控制来发酵生产青霉素等医药和工业产品，这些成功的经验和技术必将在维生素 B_2 的工业生产中发挥重要作用。

任务五　基因工程药物生产工艺

PPT

　　基因工程药物又称生物技术药物，是根据人们愿望设计的基因，在体外剪切组合，并和载体 DNA 连接，然后将载体导入靶细胞（微生物、哺乳动物细胞或人体组织靶细胞），使目的基因在靶细胞中得到表达，最后将表达的目的蛋白质纯化并做成制剂，从而成为蛋白类药或疫苗。目前人类 60% 以上的生命科学成果集中应用于医药工业。这些药物包括细胞因子、菌苗、疫苗、毒素、抗原、血清、DNA 重组产品、体外诊断试剂等，在预防、诊断、控制乃至消灭传染病，保护人类健康，延长生命过程中发挥着越来越重要的作用。基因工程药物引入医药产业，由此引起了医药工业的重大变革，使得医药产业成为最活跃、发展最快的产业之一。

　　美国是率先应用基因工程药物的国家。自 1971 年全球首家基因工程药物公司在美国成立并试生产至今，已有 1300 余家基因药物公司在美国创建。1982 年，第一个基因工程药物"人胰岛素"在美国上市，至今，已有不少于 200 个基因工程药物和疫苗产品在美国获准上市，这些药物被广泛应用于治疗癌症、贫血、发育不良、糖尿病、肝炎及一些罕见的遗传性疾病等。欧洲在发展基因工程药物方面也进展较快，英、法、德、俄等国在开发研制和生产基因工程药物方面成绩斐然，在生命科学技术与产业的某些领域甚至赶上并超过了美国。在亚洲，日本在基因工程药物研发领域也有一定的建树，目前已有 65% 的生命科学技术与产业公司从事于基因工程药物研究，某些研究实践已达到世界前列。新加坡、韩国在基因工程药物研制和产业开发等方面也雄心勃勃。

　　我国基因工程药物的研究和开发起步较晚，直至 20 世纪 70 年代初才开始将 DNA 重组技术应用到医学上，但在国家产业政策的大力支持下，这一领域发展迅速，逐步缩短了与先进国家的差距。随着国内科技政策和科研环境的改善，综合国力和国际声望的不断提高，一大批在国外生命科学界很有建树的科学家回国创业，或与国内科研机构携手合作，为我国基因工程技术的成熟与生命科学的发展做出了巨大的贡献，也使得我国的生命科学技术和基因工程药物的基础研究与开发开始与国际接轨，某些研究领域已步入国际领先行列。

　　利用基因工程技术生产的药物，有以下几个优点。

　　（1）生产大量难以获得的生理活性蛋白和多肽。

　　（2）发现和挖掘更多的内源性生理活性物质。

（3）通过基因工程和蛋白质工程进行改造内源性生理活性物质在作为药物使用时存在的不足之处。

一、干扰素概述

当人或动物被某种病毒感染时，体内会产生一种物质，阻止或干扰人体再次受到病毒感染，人们称其为干扰素（interferon，IFN）。干扰素是 1957 年英国科学家多萨克斯和林德曼在研究流感病毒干扰现象时发现的。干扰素具有广谱抗病毒效能，是治疗乙型肝炎的有效药物，也是国际上唯一批准治疗丙型病毒性肝炎的药物。但是，通常情况下人体内干扰素基因处于"睡眠"状态，血中一般测不到。只有在发生病毒感染或受到干扰素诱导物的诱导时，人体内的干扰素基因才会"苏醒"，开始产生干扰素，但其数量微乎其微。即使经过诱导，从人血中提取 1mg 干扰素，也需要人血 8000ml，成本高得惊人。所以，基因工程生产出来的大量干扰素，是基因工程药物对人类的又一重大贡献。

在抗病毒治疗中，干扰素发挥着重要作用。据报道，人重组干扰素对严重急性呼吸综合征（SARS）的治疗有着较好的效果，研究发现在细胞培养上 SARS 病毒的活性能被重组人干扰素较好地抑制。目前，在临床治疗病毒性肝炎方面对干扰素的使用研究比较深入。

另外，干扰素具有控制细胞增长、促进细胞凋亡和抗肿瘤的功能，在抗肿瘤方面干扰素发挥着重要作用，其抗肿瘤作用机制主要表现在以下三个方面。

（1）直接抑制肿瘤细胞。干扰素能够抑制细胞分裂；增强淋巴细胞对肿瘤细胞的识别及应答。肿瘤细胞可分泌某些物质抑制机体的细胞免疫反应，使肿瘤细胞逃脱机体的免疫监视，迅速生长。干扰素等免疫活性物质对肿瘤细胞分泌物具有拮抗作用；在阻断肿瘤血供，抑制肿瘤新生血管形成方面发挥作用。

（2）增强或发动宿主对肿瘤细胞的反应。干扰素能调整人体的整个免疫功能，实现包括免疫监视、免疫保护和免疫自稳三大基本功能，主要表现为对免疫效应细胞的作用。

（3）通过与免疫反应无关的途径扰乱宿主与肿瘤间的关系。

二、干扰素的分类

干扰素是一类糖蛋白，它具有高度的种属特异性，故动物的 IFN 对人无效。干扰素具有抗病毒、抑制细胞增殖、调节免疫及抗肿瘤作用。

根据其结构和来源的不同，可将干扰素分为白细胞干扰素（IFN－α）、成纤维细胞干扰素（IFN－β）和免疫细胞干扰素（IFN－γ）三大类。近年又新发现了 IFN－ω 和 IFN－γ，它们都与 IFN－α 结构和功能相似。根据对酸和热的耐受性，可将天然干扰素分为Ⅰ型和Ⅱ型，Ⅰ型干扰素可耐受 pH 2.0 处理或 60℃、1 小时的加热，Ⅱ型干扰素则被这种处理灭活。在同一型干扰素内，按照氨基酸序列和组成的差异又分为不同的亚型，目前已知 IFN－α 有 25 个以上亚型，分别称为 α1、α2a、α2b、α3 等，IFN－β 有 4 个亚型，IFN－γ 有 4 个以上亚型。根据干扰素 α 的一级结构特点又可分为两个亚族，分别称为 IFN－αⅠ 和 IFN－αⅡ。

IFN－α 主要来源于 B 淋巴细胞和巨噬细胞；IFN－β 主要来源于成纤维细胞和上皮细胞；IFN－γ 主要由 T 淋巴细胞产生。

IFN－α 是被病毒感染的 B 淋巴细胞诱导产生的一类由 166 个氨基酸组成的非糖基化多肽。IFN－β 是病毒感染的成纤维细胞或内皮细胞诱导合成的含有 166 个氨基酸的蛋白质，它在正常情况下是糖基化的二聚体。IFN-γ是T细胞产生的，在正常情况下是糖基化的蛋白质，以长度为143个氨基酸残基的亚基构成四聚体的形式存在。

α、β和γ干扰素具有抑制病毒复制、保护细胞抵抗其他胞内寄生物的危害、抑制某些正常细胞或转化细胞的增殖、调节细胞的分化、增强Ⅰ型组织相容性抗原的表达以及激活天然杀伤细胞等作用。IFN-γ除上述功能之外，还具有诱导或增强Ⅱ型组织相容性抗原的表达、调节其他细胞因子受体的表达活性、诱导细胞因子的合成和激活巨噬细胞的活性等作用。

干扰素α-2b（IFNα-2b）是由165个氨基酸组成的单链多肽，理论分子量为19219，由两对二硫键构成，有一定空间结构，其中29~138位的二硫键对于维持活性尤其重要。利用传统的胞内表达方法有一定的缺陷，如蛋白始终以还原状态存在，无法形成正确的三级结构。利用分泌型表达技术构建的干扰素α-2b工程菌，使所表达的外源蛋白直接分泌于细菌的细胞间质中，有利于蛋白质纯化；同时，所表达的蛋白同天然干扰素α-2b有相同的一、二、三级结构，因此有100%的生物学活性。

干扰素检测方法较多，如空斑减少法、病毒定量法、放免测定法与细胞病变抑制法等。

即学即练 9-5

以下作用属于α、β和γ干扰素共同作用的是（　　　　）

A. 抑制病毒复制

B. 保护细胞，抵抗其他胞内寄生物的危害

C. 抑制某些正常细胞或转化细胞的增殖

D. 增强Ⅱ型组织相容性抗原的表达

E. 激活天然杀伤细胞

答案解析

三、干扰素的性质及类型

干扰素是由多种细胞产生的具有广泛的抗病毒、抗肿瘤和免疫调节作用的可溶性糖蛋白。干扰素在整体上不是均一的分子，可根据产生细胞分为三种类型：白细胞产生的为α型；成纤维细胞产生的为β型；T细胞产生的为ω型。根据干扰素的产生细胞、受体和活性等综合因素将其分为两种类型：Ⅰ型和Ⅱ型。

（一）Ⅰ型干扰素

又称为抗病毒干扰素，其生物活性以抗病毒为主。Ⅰ型干扰素有3种形式：IFN-α、IFN-β和IFN-ω，它们分别由白细胞、成纤维母细胞和活化T细胞产生。IFN-α为多基因产物，有十余种不同亚型，但它们的生物活性基本相同。IFN-α除有抗病毒作用外，还有抗肿瘤、免疫调节、控制细胞增殖及引起发热等作用。IFN-α由白细胞产生，含有至少14种不同基因编码的蛋白质，各成分之间氨基酸顺序的同源性约为90%，成熟的IFN-α的分子量约1820kD。IFN-β是单一基因的产物，主要由成纤维细胞和白细胞以外的其他细胞产生；分子量20kD，与IFN-α的同源性在氨基酸水平上仅为30%，在核苷酸水平上约45%。IFN-ω的基因有6个，但其中只有1个是有功能的；IFN-ω与IFN-α的基因相近，而且其主要产生细胞也为白细胞。IFN-α、β和ω的受体为同一种分子，其基因位于第21号染色体上，表达在几乎所有类型的有核细胞表面，因此其作用范围十分广泛。多数Ⅰ型干扰素对酸稳

定，在 pH 2.0 时不被破坏。

（二）Ⅱ型干扰素

又称免疫干扰素或 IFN – γ，主要由 T 细胞产生。主要活性是参与免疫调节，是体内重要的免疫调节因子。IFN – γ 与Ⅰ型干扰素几乎在所有方向均有不同：IFN – γ 只有一种活性形式的蛋白质，由一条分子量为 18kD 的多肽链进行不同程度的糖基化修饰而成；IFN – γ 的基因只有一个，位于人类第 12 号染色体上；IFN – γ 的受体与Ⅰ型干扰素的受体无关，其基因位于第 6 号染色体上，但也同样表达在多数有核细胞表面；IFN – γ 对酸不稳定，在 pH 2.0 时极易被破坏，利用此特性可以很容易地将其与Ⅰ型干扰素区分开来。

四、干扰素的诱导及产生

正常情况下组织或血清中不含干扰素，只有在某些特定因素的作用下才能诱使细胞产生干扰素。Ⅰ型干扰素的主要诱生剂是病毒及人工合成的双链 RNA，此外，某些细菌和原虫感染及某些细胞因子也能诱导Ⅰ型干扰素的产生。IFN – α 和 ω 的表达细胞非常局限，以白细胞为主；但 IFN – β 则可由几乎所有的有核细胞产生。IFN – γ 由 CD8 + T 细胞和某些 CD4 + T 细胞（特别是 TH1 细胞）产生，NK 细胞亦可合成少量的 IFN – γ；这些细胞只有在免疫应答中受到抗原或丝裂原活化后才能分泌 IFN – γ。

五、干扰素的生物活性

干扰素的生物活性有较严格的种属特异性，即某一种属细胞产生的干扰素，只能作用于相同种属的细胞。Ⅰ型干扰素的抗病毒作用较强，而Ⅱ型干扰素则具有较强的抑制肿瘤细胞增殖和免疫调节作用。目前，国内外均已利用基因工程技术批量生产重组人 IFN – α、IFN – β、IFN – γ，并投入抗病毒和肿瘤治疗的临床研究。

（一）抗病毒作用

在抗病毒方面，它是一个广谱抗病毒药，其机制可能是作用于蛋白质合成阶段，临床可用于病毒感染性疾病，如疱疹性角膜炎、病毒性眼病、带状疱疹等皮肤疾患、慢性乙型肝炎等。Ⅰ型干扰素具有广谱的抗病毒活性，对多种病毒如 DNA 病毒和 RNA 病毒均有抑制作用；但这种效应不是直接的，而是通过对宿主细胞的作用引起的。①对干扰素敏感的细胞表面存在于干扰素受体，核内有"抗病毒蛋白"基因，受干扰素作用后该基因活化，产生的抗病毒蛋白可阻止病毒 mRNA 翻译，并促进病毒 mRNA 降解；②干扰素能提高细胞表面 MHC Ⅰ类分子的表达水平，受到病毒感染的细胞表面 MHC Ⅰ类分子的增加有助于向 Tc 细胞递呈抗原，引起靶细胞的溶解；③干扰素可增强 NK 细胞对病毒感染的杀伤能力。在临床应用时常见的不良反应有发热和白细胞减少等，少数患者快速静脉注射时可出现血压下降。约 5% 的患者用后可产生 IGN 抗体。

（二）抗肿瘤作用

Ⅰ型干扰素能抑制细胞的 DNA 合成，减慢细胞的有丝分裂速度；这种抑制作用有明显的选择性，对肿瘤细胞的作用比对正常细胞的作用强 500 ~ 1000 倍。另外，Ⅱ型干扰素也可通过增强机体免疫机制、加强免疫监督功能来实现其抗肿瘤效应。IFN 的抗肿瘤作用是它既可直接抑制肿瘤细胞的生长，又可通过免疫调节发挥作用。临床试验表明，它对肾细胞癌、卡波西肉瘤、多毛细胞白血病，某些类型的淋巴瘤、黑色素瘤、乳癌等有效；而对肺癌、胃肠道癌及某些淋巴瘤无效。

（三）免疫调节作用

干扰素的免疫调节作用表现在对宿主免疫细胞活性的影响，如对巨噬细胞、T 细胞、B 细胞和 NK 细胞等均有一定作用。其免疫调节作用在小剂量时对细胞免疫和体液免疫都有增强作用，大剂量则产生抑制作用。

1. 对巨噬细胞的作用 IFN - γ 可使巨噬细胞表面 MHC Ⅱ 类分子的表达增加，增强其抗原递呈能力；此外还能增强巨噬细胞表面表达 Fc 受体，促进巨噬细胞吞噬免疫复合物、抗体包被的病原体和肿瘤细胞。

2. 对淋巴细胞的作用 干扰素对淋巴细胞的作用较为复杂，可受剂量和时间等因素的影响而产生不同的效应。在抗原致敏之前使用大剂量干扰素或将干扰素与抗原同时投入会产生明显的免疫抑制作用；而低剂量干扰素或在抗原致敏之后加入干扰素则能产生免疫增强的效果。在适宜的条件下，IFN - γ 对 B 细胞和 CD8 + T 细胞的分化有促进作用，但不能促进其增殖。IFN - γ 能增强 TH1 细胞的活性，增强细胞免疫功能；但对 TH2 细胞的增殖有抑制作用，因此抑制体液免疫功能。IFN - γ 不仅抑制 TH2 细胞产生 IL - 4，而且抑制 IL - 4 对 B 细胞的作用，特别是抑制 B 细胞生成 IgE。

3. 对其他细胞的作用 IFNγ 对其他细胞也有广泛影响：①刺激中性粒细胞，增强其吞噬能力；②活化 NK 细胞，增强其细胞毒作用；③使某些正常不表达 MHC Ⅱ 类分子的细胞（如血管内皮细胞、某些上皮细胞和结缔组织细胞）表达 MHC Ⅱ 类分子，发挥抗原递呈作用；④使静脉内皮细胞对中性粒细胞的黏附能力增强，且可分化为高内皮静脉，吸引循环的淋巴细胞。

六、干扰素的适应证

临床用于慢性骨髓性白血病、非霍奇金淋巴瘤、皮肤 T - 细胞淋巴瘤、卡波西肉瘤、多发性骨髓瘤、黑色素瘤、肾细胞癌、类癌综合征和骨髓增殖性病（包括真性红细胞增多症和原发性血小板增多症）。此外，干扰素 - α 还用于膀胱内注射、基底细胞癌的病变内注射和子宫癌的腹腔内注射。还可用于预防或治疗病毒感染，以及肿瘤的辅助治疗等。

七、干扰素的用量用法

1. 皮下注射或肌内注射 注入 6 ~ 8 小时后血浆水平达高峰。还可通过静脉内、肌内、皮下组织、膀胱内、病变内或腹膜内给药。一般用药剂量根据剂型和给药途径，每一种肿瘤的最佳用量和给药方案并不一样。

2. 注意事项 ①多数患者有发热、寒战、肌痛、皮乏和虚弱、厌食等症状；②长期或大剂量用药，胃肠道不良反应有恶心、呕吐、味觉改变和腹泻等；③心血管反应，如低血压、高血压；④神经系统反应，如头痛、头晕、目眩等；⑤局部反应，如荨麻疹、口腔炎和脱发；⑥本品可增加放射毒性、骨髓抑制，由于剂量的限制、中性粒细胞减少，但在停止或调整治疗后 24 ~ 48 小时内骨髓抑制可逆转；⑦肝内酶的短暂增高，少数患者可有代谢和肾脏毒性作用。

八、干扰素的生产工艺

对一个有商业潜质的蛋白类药物的研究，主要是要寻找一条稳定的工艺条件和获得较高的工作效率，因此在高密度发酵过程中对培养基、补料方式及补料时机的选择就变得十分重要。通过分泌型技术表达的蛋白质，采用流加葡萄糖的补料方式优于批发酵。但在实际发酵工作中，对于不同的表达体系及不同的蛋白类型来说，面临的问题都不同。要求培养基的营养物质比例要恰当，如碳氮比值（C/N）偏小，菌体虽然生长旺盛但会提前衰老自溶；若 C/N 偏大，则菌体繁殖较慢，代谢不平衡。因此在实际工作中，实现高密度培养并高表达的报道较少。

高密度发酵时表达量下降的原因可能与代谢副产物（主要是乙酸等有机酸）的积累有关，而有机酸的积累又与葡萄糖的利用有关。但在发酵过程中，能量、营养物质的传递有一个过程，而代谢有另一个过程，这也是进入对数生长期的大肠埃希菌的增长速度低于理论值的原因之一。而常规的检测方法，如采用糖指示剂方法检测发酵过程中葡萄糖含量，不能及时反映葡萄糖的变化情况，使补充的碳源和氮源滞后，影响细菌的正常生长及代谢过程，从而影响高密度发酵及蛋白质的表达。单纯的补充碳源，可能存在的问题是由于检测方法滞后，不能及时补充能量。

细菌的正常生长，依赖于能量的平衡。为保证能量的平衡，需要在起始培养基中加入足够的含氮物质，如常使用的酵母粉、蛋白胨、干酪素等。这类物质既可以作为氮源又可以为碳源，在碳源缺乏时，微生物可以将这些物质作为碳源使用，发酵参数表现为 pH 的剧烈变化。但是，在发酵罐中一次性投入过多的氮源，也较容易促使细菌生长过快和养分的过早消耗，以致菌体出现早衰而自溶。

（一）菌种及培养基

1. 菌种 工程菌为 *E. coli* JM 101，基因型 F - mcrAmcrBIN（rrnD - rrnE）lamda；用于构建表达质粒的起始质粒 PST Ⅱ其结构包括碱性磷酸酶启动子、翻译增强子序列、SD 序列、ST Ⅱ信号肽序列、*Amp* 及 *Tet* 抗性基因、复制起点。

2. 发酵罐 B. B raun 5L 发酵罐、A pplican 40L 发酵罐。

3. 培养基

（1）种子培养基 LB 培养基。

（2）筛选培养基（$g \cdot L^{-1}$） 葡萄糖 2g、酵母粉 1.2g、蛋白胨 15g、NaCl 1.2g、NH_4Cl 0.96g、$MgSO_4 \cdot 7H_2O$ 0.494g、调 pH 至 7.5。

（3）发酵基本培养基（$g \cdot 10 L^{-1}$） $NaH_2PO_4 \cdot 2H_2O$ 8.5g、$K_2HPO_4 \cdot 3H_2O$ 22.3g、$(NH_4)_2SO_4$ 42g、$MgSO_4 \cdot 7H_2O$ 12g、葡萄糖 10g、酵母粉 50g、蛋白胨 36g、枸橼酸三钠 9.65g、微量元素 5ml。其中微量元素混合物成分：Fe、Co、Mo、Zn、Cu、Mn 等。

（4）补料

1）50% 葡萄糖（105℃灭菌 20 分钟）。

2）蛋白胨 45g、酵母粉 14g，溶解于 1 L 水中。

3）采用单独流加葡萄糖方法，需在每升发酵基本培养基中另加入蛋白胨 4.5g、酵母粉 1.4g。使用发酵罐培养时，不应加入任何抗生素。

4. 检测方法 通过 SDS - PAGE 电泳，并经 VDS 扫描仪分析干扰素 α - 2b 的表达量；通过尿糖检测试剂盒检测发酵培养过程中糖的变化；中试发酵结果的研究采用低渗裂解方法，并通过 SDS - PAGE 电泳法检测蛋白量；对 40L 发酵罐中试结果的分析，均采用统一的纯化工艺路线；终产品检测方法及质量标准符合《中国药品生物制品检定规程》有关规定。

（二）工艺过程

1. 肠杆菌重组人干扰素 α - 2b 发酵 通过 SDS - PAGE 检测干扰素 α - 2b 表达量来决定发酵基本

条件的优劣。小试实验条件：划 LB 平板（含 Tet，37℃ 培养过夜），挑取单克隆，接种于 10ml 液体培养基中（含 Tet）。37℃ 培养至 A_{600} 在 1.5 左右，分别筛选，接种量均为 5%，摇床转速 220r·min^{-1}。

通过分泌型表达技术构建的工程菌，结构中包括碱性磷酸酶启动子，其特点是随着培养基中磷酸盐的逐渐消耗，出现低磷酸盐条件时，开始诱导表达分泌干扰素 α-2b。采用 5L 发酵罐和发酵培养基，采用单流加葡萄糖补料，并控制比生长速率。干扰素 α-2b 发酵的基本条件：温度 37℃，pH 7.0 左右，保持较高的溶解氧（保持溶解氧不低于 30%），有利于目的蛋白的表达及分泌。干扰素 α-2b 的发酵周期为 22 小时。

2. 中试发酵 是在 5L 发酵罐结果基础上进行线性放大，采用 40L 发酵罐进行。将发酵工程菌划种 LB 平板，37℃ 培养过夜，挑单菌落，接种于 10ml LB（含 Tet）的三角瓶中，37℃ 培养至 $A_{600}=1.0$，再在摇瓶中（含 Tet）放大培养至 $A_{600}=2.0$，作为种子液。按 5% 接种量接种于发酵培养基中，进行中试发酵。连续流加葡萄糖及氮源方法补料：补糖及检测方式同连续流加葡萄糖方法，同时流加补料 c，进入稳定期前，补料 c 的流速为补糖流速的 1/2，进入稳定期后，流速与补糖流速一致。

通过控制碳（C）源、氮（N）源的流加速度，很容易控制比生长速率，减少有机酸的积累，获得高密度发酵并使目标蛋白高表达。分别补充碳源和氮源优于单补碳源。经优化后的发酵条件，光密度达 $A_{600}=70$，重组人干扰素 α-2b 终产品为 120g·L^{-1} 菌体，平均比活性为 2.2×10^8 IU·mg^{-1} 蛋白。

岗位情景模拟 9-2

情景描述 干扰素发酵生产中，需要配制多种培养基，包括：①种子培养基；②筛选培养基；③发酵基本培养基；④补料 a、b、c。在使用时发现发酵辅助 1 和发酵辅助 2 都配制了补料 a、b、c，通过翻找检查批生产记录发现发酵辅助 1 填写了记录，发酵辅助 2 没有填写记录。

答案解析

讨 论 情景中的错误在谁？应该如何加强管理？

任务六 生物制品生产工艺

PPT

生物制品是指应用普通的或以基因工程、细胞工程、蛋白质工程、发酵工程等生物技术获得的微生物、细胞及各种动物和人源的组织和液体等生物材料制备的，用于人类疾病预防、治疗和诊断的药品。生物制品不同于一般医用药品，它是通过刺激机体免疫系统，产生免疫物质（如抗体）才发挥其功效，在人体内出现体液免疫、细胞免疫或细胞介导免疫。

生物制品主要包括人用疫苗、重组 DNA 蛋白、重组单克隆抗体、血液制品和组织提取物等。与小分子化学药物相比，生物制品来源基质为细胞、微生物、血液、组织和体液等，其生产制备工艺较为复杂，且按照目前分析手段其分子结构尚不能完全表征。

随着科学技术的进步，生物制品的研究及开发生产，已经发展成为以现代生物技术包括基因工程、细胞工程、发酵工程、蛋白质工程等为技术基础的新的独立学科和新兴产业，成为近几年来发展最快的高新技术产业之一。与之相适应，生物制品的世界市场也迅速发展，在整个药品市场中的份额迅速提高，竞争也日趋激烈。

生物制品具有成分复杂、易变性、使用的原辅料多为生物活性物质、去除无效成分过程复杂、最终制品要求无菌、设备清洁难度较大的特点，其整个生产过程存在较高的风险。为了保证制品的安全、有效、最终无菌，必须做好清洁验证。生物制品生产工艺一般包括、细胞复苏、病毒培养、病毒收获、浓缩、纯化、灭活、配制、灌装、冻干、包装等步骤，不同的工艺步骤需要使用不同的生产设备。一般认为与产品（中间品）直接接触的设备为关键生产设备，比如发酵罐、配制罐、灌装机等。

生物制品原液生产工艺一般分为以细胞发酵为主的上游工艺和以多步纯化工序为主的下游工艺。对于原液的工艺表征研究，应说明各工序操作参数的合理性，在早期阶段由于工艺仍不成熟，对产品了解不深入，可以适当增加中间控制，便于对工艺进一步了解，对于中间产品的质量标准可以参考制定或适当放宽标准范围。细胞培养工艺的研究应关注操作条件对细胞密度、活率、代谢水平和目的产物的影响，并且可以根据最大传代代次、微生物污染或产品质量建立发酵液废弃指标，如无菌、支原体、特异性病毒、目的产物产量等。

下游纯化生产工艺，应关注关键工序对于产品相关杂质（聚体、降解产物、电荷异构体、疏水变体等）、工艺相关杂质（宿主蛋白、宿主 DNA、脱落配基、内毒素、抗生素、消泡剂等）可有效去除或残留水平。由于在生产工艺过程中一般都会加入消泡剂，应当对其进行检测，评估残留的影响。对于其他项目应当根据国内外原则结合临床试验设计制定合理的质量标准进行控制。

生物制品的发展历程经过了漫长的时间。在 10 世纪时，中国发明了种痘术，用人痘接种法预防天花，这是人工自动免疫预防传染病的创始。种痘不仅减轻了病情，还减少了死亡。17 世纪时，俄国人来中国学习种痘，随后传到土耳其、英国、日本、朝鲜、东南亚各国，后又传入美洲、非洲。1796 年，英国人詹纳发明接种牛痘苗方法预防天花，他用弱毒病毒（牛痘）给人接种，预防强毒病毒（天花）感染，使人不得天花。

此法安全有效，很快推广到世界各地。牛痘苗可算作第一种安全有效的生物制品。微生物学和化学的发展促进了生物制品的研究与制作。19 世纪中期，"免疫"概念已基本形成。1885 年，法国人巴斯德发明狂犬病疫苗，用人工方法减弱病毒的致病毒力，做成疫苗，被犬咬伤的人及时注射疫苗后，可避免发生狂犬病。巴斯德用同样方法制成鸡霍乱活疫苗、炭疽活疫苗，将过去以毒攻毒的办法改为以弱制强。沙门、史密斯等人研究加热灭活疫苗，先后研制成功伤寒、霍乱等灭活疫苗。19 世纪末，日本人北里柴三郎和德国人贝林，用化学法处理白喉和破伤风毒素，使其在处理后失去致病力，接种动物后的血清中和相应的毒素，这种血清称为抗毒素，这种脱毒的毒素称为类毒素。科赫制成结核菌素，用来检查人体是否有结核菌感染。抗原 – 抗体反应概念的出现，有助于临床诊断。这些为微生物和免疫学发展奠定了基础，继续发展出各种生物制品，在预防疾病方面显得越发重要，是控制和消灭传染病不可缺少的步骤之一。

一、血红蛋白概述

血红蛋白是一类存在于原核和真核细胞中的、以血红素为辅基的含铁金属蛋白，在生物体内具有运输和储存氧、调节胞内 pH、调控生理代谢等诸多重要功能。近年来，血红蛋白已经被应用于急诊医学（作为无细胞氧载体）、医疗保健（作为铁补给剂）、食品加工（食品级着色和调味剂）等领域。但血红蛋白的获取依然需要从血液或植物组织中提取，提取法不仅费时低效，并且所用化学试剂还易造成环境污染。因此，以微生物细胞工厂为平台来合成不同来源的血红蛋白已经成为近年来的研究热点。

在 NCBI 的 GeneBank 数据库中已有超过 141110 条的血红蛋白基因编码序列，在 EMBL 蛋白数据库中已有超过 84424 条的血红蛋白氨基酸序列，在 PDB 蛋白晶体数据库中也已经有 725 条血红蛋白的三维结构数据，但现阶段其中只有 15 种不同来源（人、大豆、鳄鱼等）的血红蛋白可由 9 种有限的微生物（大肠埃希菌、酿酒酵母、枯草芽孢杆菌等）合成。根据对现有血红蛋白氨基酸序列进行系统发育树分析，发现不同来源的血红蛋白及其亚基分为几类：动物来源血红蛋白 α 亚基、β 亚基以及其他类型亚基，植物来源单亚基血红蛋白、微生物来源血红蛋白。因此，可以综合应用目前越来越成熟的代谢工程和合成生物学策略，开发出有效且稳定的血红蛋白微生物合成方法，来满足对人、大豆、透明颤菌等不同物种血红蛋白的大规模应用的需求。

血红素是血红蛋白执行其生理功能所必需的辅基，要想高效合成血红蛋白首先需要提高胞内血红素的供给水平。在自然界中血红素的合成主要通过 C4 和 C5 两种途径，通过强化 C4 途径并补加甘氨酸和琥珀酸作为底物，或强化抗反馈抑制的 C5 途径都可以增加胞内血红素前体 5 – 氨基酮戊酸（ALA）的含量。在此基础上继续强化并模块化改造血红素合成的下游途径，可在大肠埃希菌中不添加底物的情况下实现（115.5 ± 2.3）mg/L 血红素的合成。此外，由于胞内过高含量的血红素会显著抑制菌体的生长，利用血红素转运蛋白可以实现超过 60% 血红素的分泌合成，以减轻血红素对细胞的毒性作用。

二、血红蛋白的生产工艺

在提高血红素供给水平的基础上，利用大肠埃希菌、酵母等微生物宿主合成不同来源血红蛋白已获得成功。由于代谢改造成熟和培养成本低廉，目前超过 70% 的血红蛋白均由大肠埃希菌合成。首先，为了增强大肠埃希菌中血红蛋白的可溶性，密码子优化、启动子和载体的适配组合，以及蛋白促溶标签均已被成功应用于避免包涵体的形成；其次，为了增强动物来源血红蛋白 α 亚基的表达量，α 亚基编码基因的串联表达和稳定辅因子 AHSP 的共表达也已被用于提高 α 亚基的稳定型；此外，由于大肠埃希菌宿主中血红素的合成和运输能力较弱，可以通过引入志贺假单胞菌的血红素转运系统并在胞外添加高浓度的血红素，以增加细胞内血红素水平。在初步获得血红蛋白的基础上，还可以进一步通过将人源血红蛋白 α 亚基和牛源血红蛋白 β 亚基相结合，开发出一种自聚合的人牛杂源血红蛋白（180 ~ 500kDa 聚合物）来延长商业化无细胞氧载体产品在血液中的半衰期；在宿主中共表达甲硫氨酸氨基肽酶以加速血红蛋白 N 末端蛋氨酸残基的正确切除；优化诱导剂浓度、诱导温度等发酵条件来提高血红蛋白的产量。

除大肠埃希菌之外，酿酒酵母、毕赤酵母等酵母菌株也是合成血红蛋白的高效平台。但在前期研究中，酿酒酵母合成血红蛋白的产量较低，近几年通过优化血红蛋白 α 和 β 亚基之间表达水平的比率、强化血红素合成途径、敲除转录因子 Hap1p 改造氧气传感途径，人源血红蛋白的最高含量可以达到细胞中总可溶性蛋白的 7%。毕赤酵母是目前生产商业化大豆血红蛋白的高效宿主，所得大豆血红蛋白可添加到新型人造肉产品中来模拟真肉的肉色和风味。Impossible Foods 公司开发的可以商业化合成大豆血红蛋白的毕赤酵母菌株，已经获得 FDA 的许可并在多个国家申请了专利。在该菌株中血红素合成所需的八种酶被分为三个模块，并分别用甲醇诱导的 AOX1 启动子进行了强化表达；此外，两个拷贝的大豆血红蛋白的基因和转录激活因子 Mxr1p 也被整合到基因组中；最后，通过优化高密度发酵条件，实现了大豆血红蛋白的大规模工业生产。

目前利用微生物来合成血红蛋白虽然已经获得成功，但大部分血红蛋白的产量还较低，这对在生产中应用重组血红蛋白提出了重大挑战。在未来的研究中可以采用新的策略来进行强化菌株的合成能力：首先，可以通过深度学习的方法发现编码未知的具有特殊功能或特性的血红蛋白基因，例如具有高温不易变色特性的三叶草血红蛋白等；其次，应继续寻找血红素合成途径中的限速步骤，并应用蛋白质支架等策略解除这些步骤之间的空间隔离；再次，应抑制胞内血红素合成途径中的副产物和血红素加氧酶对血红素的降解；最后，由于血红素对细胞有毒性作用，并且血红素合成途径中酶的过度表达会增加宿主的代谢负担，因此，应用血红素感应器来实现血红素合成和血红蛋白表达之间的代谢平衡是突破血红蛋白合成瓶颈的关键。

实训十七　固态发酵生产纤维素酶

一、实验目的

1. 掌握　固态发酵培养基的配制；纤维素酶活性的分析方法。

2. 熟悉　影响纤维素酶固态发酵的因素。

二、实验原理

纤维素是 D – 葡萄糖以 β – 1，4 糖苷键结合起来的链状高分子化合物。一般认为纤维素分子由 8000 ~ 12000 个葡萄糖残基构成。纤维素在常温下不溶于水、不溶于稀酸和稀碱。纤维素酶是一个多酶体系。以麦麸、秸秆粉等作为原料，配置固体发酵培养基，以纤维素酶产生菌作为菌种固态发酵产纤维素酶。当采用固态发酵时，需要选用适当的溶剂处理含纤维素酶的原料，使之分溶解到溶剂中，这也被称为浸提。由于纤维素酶能够溶解于水，而且在一定浓度的盐溶液中，其溶解度增加，所以一般采用在稀盐酸溶液中进行纤维素酶的提取。

三、实验器材及材料

1. 菌种　分离筛选得到的纤维素酶产生菌或里氏木酶。

2. 培养基

（1）斜面培养基　葡萄糖 – 马铃薯琼脂培养基：将 200g 马铃薯去皮，切成小块，加水煮沸 10 分钟，纱布过滤。在滤液中加入 20g 葡萄糖，加热溶化后补足水至 1000ml，于 121℃ 灭菌 20 分钟。

（2）固体发酵培养基（无机盐按干料质量比计）　麦麸（粉碎后过 40 目筛）：秸秆粉（稻草秆或小麦秆粉碎后过 40 目筛）= 1:1，硫酸铵 1%，硫酸二氢钾 0.3%，硫酸镁 0.05%，按料水比 1:2 加水，于 121℃ 灭菌 60 分钟。

3. 试剂　乙酸、乙酸钠。

4. 仪器　高压蒸汽灭菌锅、超净工作台、恒温培养箱、控温摇床、pH 计、电子天平等。

四、实验内容

1. 孢子悬浮液的制备

（1）在装有斜面培养基的茄形瓶中接入菌种，30℃ 静置培养 6 ~ 7 天。

（2）用无菌水将孢子洗下，制成孢子悬浮液。用血球技术板计数，计算孢子悬浮液浓度。将孢子悬浮液浓度调为 1.7×10^6 ~ 2×10^6 个 /ml。

2. 固体发酵产酶

（1）在 250ml 三角瓶中，装入 7.5g 固体发酵培养基，于 121℃ 灭菌 60 分钟。

（2）冷却后，将 1ml 孢子悬浮液接入固体培养基中，置于 28℃ 恒温培养箱中发酵培养 5 ~ 6 天。

（3）培养前 3 天翻曲一次以打碎团体。第 3 天开始每天测一次酶活力。

3. 酶液的制备及酶活力测定

（1）取 5g 固体发酵曲，加入 pH 4.8 HAC – NaAC 缓冲液 45ml，置于摇床上 30℃，95r/min 浸提 1 小时。

（2）用滤纸过滤，滤液用于测定酶活力。

（3）于 25ml 具塞试管 A 和 B 中各加入 2ml 1% 羧甲基纤维素溶液（溶于 pH 4.8，0.05mol/L 枸橼酸缓冲溶液），50℃预热 5～10 分钟。

（4）在 A 试管中加入 0.5ml 适当浓度（使测定吸光度为 0.2～0.8）的酶液，50℃保温 60 分钟。取出试管，在试管中加入 2.5ml 3，5 – 二硝基水杨酸（3，5 – dinitrosalicylic acid，DNS）试剂，煮沸 5 分钟。

（5）在 B 试管中加入 0.5ml 酶液和 2.5ml DNS 试剂，煮沸 5 分钟。

（6）A、B 试管冷却后各加水定容到 25ml，摇匀，540nm 处测光密度（B 管为空白对照）。

（7）从葡萄糖标准曲线上查出相应的葡萄糖含量，求得外切葡聚糖酶活力。

五、实验结果

记录酶活测定所得吸光值，从葡萄糖标准曲线上查出相应的葡萄糖含量，按照酶活定义计算酶活力。

六、重点提示

DNS 法测还原糖含量时，标准曲线制作与样品含糖量测定应同时进行，一起显色和比色。

实训十八　四环素的发酵生产

一、实验目的

1. 掌握　四环素的发酵原理。

2. 熟悉　四环素发酵生产流程。

二、实验原理

四环素发酵生产采用金色链霉菌，由于该菌种也产生金霉素，故在培养时加入抑氯剂有利于合成四环素。产生菌菌种经二级斜面孢子培养、种子罐培养，再经发酵罐培养得到发酵液。

四环素在 pH 4.5～7.2 时在水中溶解度很小，生产上多用沉淀法提取。在提取过程中，应特别注意防止四环素被破坏，防止其降解产物污染成品。发酵液经预处理和过滤，调至 pH 4.8 沉淀析出四环素粗碱。粗碱溶于酸性丁醇，再在 pH 4.8 时结晶，得到四环素粗品。粗品与尿素生成四环素尿素复盐，得以纯化。复盐在酸性丁醇中分解，结晶出盐酸盐。结晶经洗涤、干燥，得到四环素盐酸盐成品。

三、实验器材及材料

1. 菌种　金色链霉菌。

2. 培养基

（1）种子罐培养基　蛋白胨、花生饼粉、淀粉等为主要成分。

（2）四环素培养基　氮源为 NH_2Cl、$(NH_4)_2SO_4$、NH_4NO_3、花生饼粉、黄豆饼粉、棉籽饼、尿素；碳源为淀粉（也可用玉米淀粉、燕麦粉、土豆粉等代替一部分）、可溶性淀粉、葡萄糖、糖蜜及油脂等；抑氯剂；无机盐为磷酸盐；消沫剂为植物油或动物油。

四、实验内容

1. 菌种准备 四环素采用金色链霉菌进行生产。在培养基中加入抑氯剂时，能合成95%左右的四环素。金霉菌在马铃薯、葡萄糖等固体培养基中生长时，营养菌丝能分泌金色素，但其气生菌丝却没有颜色。孢子在初形成时是白色，在28℃培养5～7天，孢子从棕灰色转变为灰黑色。金色链霉菌在麸皮斜面上培养，产孢子能力较强。

2. 种子制备

（1）孢子制备 为了避免发酵单位波动，除了稳定各种条件外，往往在砂土孢子接种母斜面后进行一次自然分离，挑选母斜面上正常形态的菌落接种在子斜面上，再将子斜面孢子接种进入种子罐。

（2）种子培养 种子罐培养基以蛋白胨、花生饼粉、淀粉等为主要成分，于30～32℃培养效果较好。正常的种子培养罐培养24～27小时即可成熟。

3. 发酵过程

（1）培养基 为了阻止金霉素的合成，促进四环素的合成，常要加入竞争性的抑氯剂。

（2）温度 四环素发酵的培养温度采用28～32℃。

（3）pH 链霉菌生长的最适pH为6.0～6.8，而生物合成四环素的最适pH为5.8～6.0。

（4）溶氧 二氧化碳浓度应控制在2～8ml/100ml，过高将抑制菌体的生长。

4. 提取和精制

（1）发酵液预处理 通常用草酸或草酸和无机酸的混合物将发酵液酸化到pH 1.5～2.0，四环素转入液体中。

（2）沉淀法提取 发酵滤液调pH 9.0左右，加入一定量的氯化钙，使其形成钙盐沉淀。收集沉淀，以草酸溶液溶解，草酸钙析出，过滤得滤液。滤液加草酸调pH 4.6～4.8，降温至10～15℃，过滤得滤液，再加草酸调pH至等电点4.0时，四环素以游离碱结晶出来。结晶再经草酸溶液溶解、脱色、分离、洗涤和干燥得四环素碱成品。将四环素碱悬浮于丁醇中，加入化学纯浓盐酸，在低于18℃的条件下过滤除掉不溶性杂质，然后加热，即有盐酸盐析出。再经丙酮洗涤、干燥，即可得四环素盐酸盐。

（3）精制 可通过四环素与尿素生成复合物而进一步纯化。四环素粗品溶液中加入1～2倍尿素，调pH为3.5～3.8，就会沉淀出四环素与尿素复合物。此复合物可转变为四环素盐酸盐。

📱 **知识链接**

四环素类抗生素的作用机制

四环素类抗生素可与微生物核糖核蛋白体30S亚基结合，通过抑制氨基酰－tRNA与起始复合物中核蛋白体的结合，阻断蛋白质合成时肽链的延长，抑制蛋白质的合成。细菌的核糖体对四环素类抗生素的敏感性比动物核糖体高100～1000倍，所以这类抗生素有较好的差异毒力。四环素类抗生素具有抗细菌和抗原生动物的广谱抗菌活性。

五、重点提示

（1）加到培养基中的消泡剂——植物油或动物油还可作为碳源，适当增加用量可以提高四环素发酵单位，但油的质量对发酵单位有很明显的影响，特别是油中酸价及过氧化物过多，对四环素的生物合成影响更为明显。质量差的油用量愈大，这种影响愈明显。

（2）发酵培养液中二氧化碳的浓度对四环素的生物合成也有影响。据报道，二氧化碳的浓度在2%～

8%范围内四环素产量较高，如二氧化碳浓度超过15%则会使菌体的呼吸率降低45%～50%。

实训十九　纳他霉素的发酵生产

一、实验目的

1. 掌握　纳他霉素的发酵原理。

2. 熟悉　纳他霉素发酵流程。

二、实验原理

纳他霉素在发酵生产中常用的菌种有恰塔努加链霉菌、纳塔尔链霉菌和褐黄孢链霉菌。发酵过程中，培养液中各成分的浓度和类型都会影响纳他霉素的生物合成，其中碳氮比是最关键的因素之一，氮源促进菌体的生长繁殖。纳他霉素在以葡萄糖为碳源时产量最高。纳他霉素能够专一性地抑制酵母菌和霉菌，故已被广泛应用于食品防腐和真菌引起的疾病的治疗等。

三、实验器材及材料

1. 菌种　褐黄孢链霉菌。

2. 培养基

（1）孢子斜面培养基　酵母提取粉4g/L、麦芽提取粉10g/L、葡萄糖4g/L、琼脂20g/L、pH 7.0。

（2）摇瓶种子培养基　葡萄糖15g/L、蛋白胨10g/L、氯化钠10g/L、pH 7.0。

（3）摇瓶发酵培养基　大豆分离蛋白19.5g/L、麦芽糊精50g/L、酵母提取粉4g/L、葡萄糖6g/L、pH 7.0。

3. 试剂与配料　酵母提取粉、葡萄糖、琼脂、蛋白胨、氯化钠、大豆分离蛋白、麦芽糊精、乙醇、20%氢氧化钠、1mol/L盐酸。

4. 仪器及器皿　250ml三角瓶、摇床、生化培养箱、离心机。

四、实验内容

1. 孢子的制备　按斜面孢子培养基配方准确配好培养基，121℃灭菌15分钟，摆斜面冷却后置于37℃培养1～2天，备用，用斜面转接管接种，25℃培养10天，待孢子长满后，放置冰箱5天以上再用。涂片观察孢子形态，并显微拍照。

2. 摇瓶种子的制备　按摇瓶种子培养基配方准确配好培养基200ml，平分装在2个三角锥瓶中，121℃灭菌25分钟。待培养基冷却后，刮取孢子接种摇瓶，每支斜面接种5瓶摇瓶。29℃，200r/min振荡培养24小时。

3. 摇瓶发酵　按摇瓶发酵培养基配方准确配培养基600ml，平分装在6个三角锥瓶中，121℃灭菌25分钟。待培养基冷却后，取摇瓶种子1ml接种，29℃，200r/min振荡培养120～168小时。

4. 纳他霉素的分离纯化　合并全部发酵液，12000r/min离心10小时。离心前发酵液的体积与离心后上清液的体积之差即湿菌泥的体积；加2倍湿菌泥体积的95%乙醇、20%氢氧化钠调pH 10～10.5，边加边搅拌0.5小时（注意一定要调过pH后再计时），以便纳他霉素充分溶解；然后再12000r/min离心10分钟，保留上清液，将上清液用1mol/L盐酸调pH 6.5，静置3小时（冰箱），以便纳他霉素在等电点处沉淀析出；最后再12000r/min离心10分钟，保留沉淀（产物），将产物置于55℃真空干燥2小时，称重。

纳他霉素的作用

纳他霉素是一种由链霉菌发酵产生的高效、广谱抗真菌抗生素，对哺乳动物细胞的毒性极低，可广泛应用于食品防腐保鲜以及抗真菌治疗上。1982 年 6 月，FDA 正式批准纳他霉素作为食品防腐剂，是 FDA 批准在食品中使用的仅两种生物防腐剂之一（另一种为乳酸链球菌素 Nisin）。目前全世界有三十多个国家允许纳他霉素用于乳制品、肉制品、果汁饮料、葡萄酒等的生产和保藏。与其他抗菌成分相比，纳他霉素对哺乳动物细胞的毒性极低，可以用于治疗一些由真菌引起的疾病。美国 CFR 编码为 ZlcFR 172.55，其中纳他霉素的 DAI 值是 0.3mg/kg。根据我国《食品添加剂使用卫生标准》（GB 2760）规定，食品中的使用量为 10^{-6} 数量级。因此，纳他霉素是一种高效、安全的新型生物防腐剂。

实训二十　青霉素的仿真发酵生产

一、实验目的

1. **掌握**　青霉素的发酵原理。
2. **熟悉**　青霉素发酵生产流程。

二、实验原理

青霉素是产黄青霉菌株在一定的培养条件下发酵生产的。生产上一般将孢子悬液接入种子罐经二级扩大培养后，移入发酵罐进行发酵，所制得的含有一定浓度青霉素的发酵液经适当的预处理，再经提炼、精制、成品分包等工序最终制得合乎《中国药典》要求的成品。

由于发酵液中青霉素浓度很低，仅 0.1% ~ 4.5%，而杂质浓度比青霉素高几十倍甚至几千倍，并且某些杂质的性质与抗生素的非常相近，因此提取精制是一件十分重要的工作。青霉素的提取采用溶媒萃取法。青霉素游离酸易溶于有机溶剂，而青霉素盐易溶于水。利用这一性质，在酸性条件下青霉素转入有机溶媒中，调节 pH，再转入中性水相，反复几次萃取，即可提纯浓缩。选择对青霉素分配系数高的有机溶剂，工业上通常用乙酸丁酯和戊酯。萃取 2 ~ 3 次。从发酵液萃取到乙酸丁酯时，pH 选择 2.8 ~ 3.0，从乙酸丁酯反萃到水相时，pH 选择 6.8 ~ 7.2。为了避免 pH 波动，采用硫酸盐、碳酸盐缓冲液进行反萃。所得滤液多采用二次萃取，用 10% 硫酸调 pH 2.8 ~ 3.0，加入乙酸丁酯。在一次丁酯萃取时，由于滤液含有大量蛋白，通常加入破乳剂防止乳化。第一次萃取，存在蛋白质，加 0.05% ~ 0.1% 乳化剂 PPB。

三、实验器材及材料

青霉素发酵生产仿真软件、Windows XP 操作系统、计算机。

四、实验内容

1. 正常发酵（过程）　进料（基质），开备料泵→开备料阀→备料后关备料阀→关备料泵→开搅拌器→设置搅拌转速为 200 转→开通风阀→开排气阀→投加菌种→补糖，开补糖阀→补氮，开加硫铵阀→冷却水，维持温度在 25℃→pH 保持在一定范围内→前体超过 1kg/m³（扣分步骤，出现则扣分）。

2. 出料　停止进空气→停搅拌→关闭所有进料，开阀出料。

3. 发酵过程中 pH 调节　发酵过程中 pH 低：开大氨水流量。发酵过程中 pH 高：关闭进氨水；开大补糖阀，调节 pH。

4. 发酵过程中溶解氧调节　发酵过程中溶解氧偏低：开大进空气阀 V02，调节溶解氧大于 30%。发酵过程中溶解氧偏高：关小进空气阀 V02。

5. 残糖浓度低　开加糖阀补糖。

6. 发酵过程中温度高　开通冷却水进水冷却，达到温度指标。

7. 泡沫高　添加消泡剂，泡沫高度降低到 30cm。

实训二十一　红霉素的发酵生产

一、实验目的

1. 掌握　红霉素的发酵原理。

2. 熟悉　红霉素发酵生产流程。

二、实验原理

红霉素的产生菌是红色链霉菌。红霉素是多组分的抗生素，其中红霉素 A 为有效组分，红霉素 B、红霉素 C 为杂物。国产红霉素中 C 为主要杂质。红霉素 C 和 A 的结构极为相似，但红霉素 C 抗菌活性比 A 低很多，其毒性却是它的 2 倍。由于两者在提炼过程难以分离，故要提高产品质量和抗菌活性，降低毒性。

红色糖多孢菌在合成培养基上生长的菌落由淡黄色变为微黄色，气生菌丝为白色，孢子呈不紧密的螺旋形，孢子呈球状。现在生产上使用的菌种为通过育种，选育的具有抗噬菌体、生产能力高的菌种。选育以诱变育种为主要方法。红色糖多孢菌一般经过斜面孢子、摇瓶培养、种子罐培养后移入发酵罐进行发酵生产。

三、实验器材及材料

1. 菌种　红色糖多孢菌。

2. 培养基

（1）孢子斜面培养基　淀粉 1%、硫酸铵 0.3%、氯化钠 0.3%、玉米浆 1%、碳酸钙 0.25%、琼脂 2.2%、pH 7.0 ~ 7.2。

（2）摇瓶种子培养基　淀粉 4%、糊精 2%、蛋白胨 5%、葡萄糖 1%、黄豆饼粉 1.5%、硫酸铵 0.25%、氯化钠 0.4%、七水合硫酸镁 0.05%、磷酸二氢钾 0.02%、碳酸钙 0.6%、pH 7.0。

（3）摇瓶发酵培养基　淀粉 4%、葡萄糖 5%、黄豆饼粉 4.5%、硫酸铵 0.1%、磷酸二氢钾 0.03% ~ 0.05%、碳酸钙 0.6%、油 1.2%、丙醇 1%、pH 7.0。

3. 仪器及器皿　250ml 三角瓶、摇床、生化培养箱、离心机。

四、实验内容

1. 孢子的制备　按斜面孢子培养基配方准确配好培养基，121℃灭菌 15 分钟，摆斜面冷却，空白斜面放置两周备用，用斜面转接管接种，375℃、湿度 50%、避光培养。培养 7 ~ 10 天斜面上长成白色至深米色孢子。

2. 摇瓶种子的制备　按摇瓶种子培养基配方准确配好培养基 200ml，平分装在 2 个三角锥瓶中，121℃灭菌 25 分钟。待培养基冷却后，刮取孢子接种摇瓶，每支斜面接种 5 瓶摇瓶。35℃，200r/min 振荡培养 60 ~ 70 小时。

3. 摇瓶发酵　按摇瓶发酵培养基配方准确配培养基 600ml，平分装在 6 个三角锥瓶中，121℃灭菌 25 分钟。待培养基冷却后，取摇瓶种子 1ml 接种，29℃，200r/min 振荡培养 150 ~ 160 小时。

4. 红霉素的分离纯化　合并全部发酵液，加入 0.05% 甲醛、3% ~ 5% 硫酸锌、氢氧化钠调 pH 7.8 ~ 8.2，进行过滤，收集滤液。在滤液中加入氢氧化钠调 pH 至 10 ~ 10.2，加入醋酸丁酯进行萃取，收集有机层产物。向醋酸丁酯溶液中加入用醋酸丁酯稀释至 20% ~ 30% 的乳酸，调节 pH 至 6.0，加完后继续搅拌 0.5 小时，得到红霉素的乳酸盐湿晶体。用适量醋酸丁酯洗涤，55℃干燥。将红霉素乳酸盐加入 10% 丙酮水溶液中溶解，加氨水碱化至 pH 10，水洗至 pH 7 ~ 8，55℃干燥得到红霉素成品，称重。

目标检测

答案解析

一、单项选择题

1. 按照发酵的特点，可以对发酵工业做不同的类别划分，其中根据（　　　）的不同，分为分批发酵、连续发酵和补料分批发酵

　　A. 微生物种类　　　　　　　　B. 培养基状态　　　　　　　　C. 发酵设备

　　D. 微生物发酵操作方式　　　　E. 微生物发酵产物

2. 按抗生素的化学结构分类，以下化学结构属于 β – 内酰胺类抗生素的是（　　　）

　　A. 青霉素类、头孢菌素类　　　B. 链霉素、庆大霉素　　　　C. 红霉素、螺旋霉素

　　D. 四环素、金霉素和土霉素　　E. 多黏菌素、杆菌肽

3. 青霉素的发酵液需要进行适当的预处理，除去 Fe^{3+} 可以加入（　　　）

　　A. 草酸　　　　　　　　　　　B. 硫酸盐　　　　　　　　　　C. 黄血盐

　　D. 絮凝剂　　　　　　　　　　E. 磷酸盐

4. 生产青霉素 G 时，应加入含有苄基基团的物质，如苯乙酸或苯乙酰胺等。这些是（　　　）

　　A. 碳源　　　　　　　　　　　B. 氮源　　　　　　　　　　　C. 前体

　　D. 无机盐　　　　　　　　　　E. 生长因子

5. （　　　）在培养基中控制亚适量添加是谷氨酸发酵生产的关键

　　A. 碳源　　　　　　　　　　　B. 氮源　　　　　　　　　　　C. 前体

　　D. 无机盐　　　　　　　　　　E. 生物素

6. （　　　）生产维生素最为突出的优点为其得到的产物是旋光化合物，具有生物活性

　　A. 提取法　　　　　　　　　　B. 化学法　　　　　　　　　　C. 生物合成法

　　D. 裂解法　　　　　　　　　　E. 还原法

7. 利用（　　　）特性可以很容易地将Ⅰ型与Ⅱ型干扰素区分开来

　　A. Ⅰ型干扰素为抗病毒干扰素，其生物活性以抗病毒为主，Ⅱ型干扰素为免疫干扰素，其生物活性是参与免疫调节

　　B. Ⅰ型干扰素可耐受 pH 2.0 处理或 60℃、1 小时的加热，Ⅱ型干扰素则被这种处理灭活

　　C. Ⅰ型干扰素有 3 种形式，分别由白细胞、成纤维母细胞和活化 T 细胞产生，Ⅱ型干扰素主要由 T 细胞产生

D. Ⅰ型干扰素含有不同基因编码的蛋白质，Ⅱ型干扰素只有一种活性形式的蛋白质

E. Ⅰ型干扰素受体为同一种分子，其基因位于第21号染色体上，Ⅱ型干扰素受体与Ⅰ型干扰素的受体无关，其基因位于第6号染色体上

8. 由于代谢改造成熟、培养成本低廉，目前超过70%的血红蛋白均由（　　）合成

    A. 大肠埃希菌　　　　　　　　B. 志贺假单胞菌　　　　　　　　C. 酿酒酵母

    D. 毕赤酵母　　　　　　　　　E. 阿舒假囊酵母

二、多项选择题

1. 以下对青霉素描述正确的是（　　）

    A. 青霉素是世界上第一种抗生素

    B. 青霉素能够控制严重的革兰阳性细菌感染并对机体没有毒性

    C. 青霉素基本结构是由 β‑内酰胺环和噻唑环并联组成的，不同类型的青霉素有不同的侧链

    D. 青霉素 G 疗效最好，应用很广，但是对酸不稳定，只能通过非肠道给药

    E. 青霉素在15℃以下和pH 5~7范围内较稳定，最稳定的pH为6左右

2. 青霉素的发酵液需要适当的预处理，以下正确的是（　　）

    A. 除去 Ca^{2+} 一般加入草酸

    B. 除去 Mg^{2+} 可以加入硫酸盐

    C. 除去 Fe^{3+} 可以加入黄血盐

    D. 除去蛋白质可以加入酸调节 pH 至蛋白质的等电点，然后加入絮凝剂

    E. 除去 Mg^{2+} 可以加入磷酸盐

3. 氨基酸生产的控制工艺包括（　　）

    A. 生物素的用量　　　　　　　B. 种龄与接种量　　　　　　　C. 培养温度

    D. 溶解氧含量　　　　　　　　E. pH

4. 以下对尿激酶原描述正确的是（　　）

    A. 对纤溶酶原的激活具有纤维蛋白选择性

    B. 是从新鲜人尿里提取的一种溶血栓药物

    C. 与抗癌剂合用时，它能溶解癌细胞周围的纤维蛋白

    D. 为尿激酶的前体

    E. 为溶栓制剂，具有较低的出血倾向

5. 目前，国际上有4种维生素 B_2 生产工艺，包括（　　）

    A. 植物体提取法　　　　　　　B. 化学合成法　　　　　　　C. 微生物发酵法

    D. 半微生物发酵合成法　　　　E. 还原法

6. 以下对干扰素描述正确的是（　　）

    A. 干扰素对病毒性肝炎的治疗有着较好的效果

    B. 干扰素具有广谱抗病毒效能

    C. 干扰素是治疗乙肝的有效药物

    D. 干扰素是国际上唯一批准治疗丙型病毒性肝炎的药物

    E. 干扰素在抗肿瘤方面有较好的效果

7. 生物制品主要包括（　　）

A. 人用疫苗　　　　　　B. 重组 DNA 蛋白　　　　C. 重组单克隆抗体

D. 血液制品　　　　　　E. 组织提取物

书网融合……

知识回顾　　　　微课　　　　习题

项目十　生物安全与职业防护

学习引导

在生产、劳动过程及环境中，可能存在（或潜在）对劳动者机能和健康产生不良影响的因素，这些因素被称为生产性有害因素，亦称职业性危害因素，当其达到一定程度时，有可能损害劳动者健康，甚至引起职业性疾病。

生物安全在发酵工业的职业防护方面占有重要地位。在发酵生产过程中，应该如何进行微生物污染的控制？怎样对危害职业健康的因素进行防护？

本项目主要介绍发酵工业中的生物安全和职业防护。

学习目标

1. **掌握**　微生物在发酵工业生产中的危害；职业健康的防护与防护用品的使用、管理。
2. **熟悉**　微生物的安全管理；职业危害的因素与防护用品的分类、标准。
3. **了解**　生物安全的概念；职业性危害因素的种类及其特点。

任务一　发酵工业中的生物安全 ⓔ 微课

PPT

发酵生产涉及较多的危险化学品和菌毒种等生物因子，生产过程一般具有高温、高压、真空、易燃、易爆、易中毒等特点，因此，发酵企业易发生火灾、毒气泄漏、爆炸等事故以及生物安全事故。企业能否安全生产事关人员生命财产安全和社会稳定。

要成为一名合格的发酵企业员工，必须具备生物安全和职业健康的保护能力。使生产过程在符合安全要求的条件和工作秩序下进行，保障人身安全与健康，设备、设施免遭破坏，环境免受污染，保证人身安全、设备安全、产品安全和环境安全。

📱 知识链接

生物安全标识

生物安全标识用于指示该区域或物品中的生物物质（致病微生物、细菌等）对人类及环境会有危害。危险废弃物的容器、存放血液和其他有潜在传染性的物品及进行生物危险物质操作的二级以上生物防护安全实验室的入口处等都贴有此标识。目前使用的生物安全标识的主体均为图示标志，但颜色及背景可以为其他颜色，用于表示不同的生物安全级别，该标志下方还可以附带相应的警示信息。

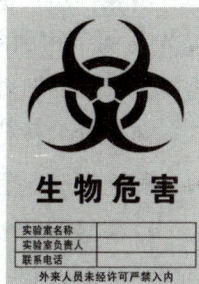

生物危害

实验室名称
实验室负责人
联系电话

外来人员未经许可严禁入内

一、生物安全

（一）生物安全的概念

生物安全一般是指由现代生物技术开发和应用对生态环境和人体健康造成的潜在威胁，及对其所采取的一系列有效预防和控制措施。

（二）生物安全法

2020 年 10 月 17 日，十三届全国人大常委会第二十二次会议表决通过了《中华人民共和国生物安全法》。这部法律自 2021 年 4 月 15 日起施行。该法明确了生物安全的重要地位和原则，规定生物安全是国家安全的重要组成部分；维护生物安全应当贯彻总体国家安全观，统筹发展和安全，坚持以人为本、风险预防、分类管理、协同配合的原则。

二、微生物危害与管理

（一）微生物危害的分级

表 10 - 1　微生物危害的分级

危害级别	危害程度
第 I 级	对个人和群体无危害性或危害性很低，未必可能对人或动物致病的微生物
第 II 级	对个人有轻度危害性，对群体危害性低，其病原体可使人或动物致病，但对实验室工作者、群体、家畜或环境未必可能有严重危害性。暴露于实验室后可能引发实验室感染，但有有效的治疗和预防措施，而且传染性有限
第 III 级	对个人有高度危害性，对群体有低度危害性。其病原体通常使人或动物产生严重疾病，但一般不致传染。有有效的治疗和预防措施
第 IV 级	对个人和群体均有高度危害性。其病原体通常使人或动物产生严重疾病，且易于直接或间接传染

即学即练 10 - 1

在微生物危害的分级中对个人有高度危害性，对群体有低度危害性的是（　　　）

A. 第 I 级　　　　B. 第 II 级　　　　C. 第 III 级　　　　D. 第 IV 级　　　　E. 第 V 级

答案解析

（二）菌毒种的危害与管理

菌毒种系指直接用于制造和检定微生物的细菌、立克次体或病毒等。生产和检定用菌毒种，包括 DNA 重组工程菌菌种，来源途径应合法，并经国家药品监督管理部门批准。菌毒种由国家药品检定机构或国家药品监督管理部门认可的单位保存、检定及分发，微生物生产用菌毒种应采用种子批系统。

菌毒种的传代及检定实验室应符合国家生物安全的相关规定。各生产单位质量管理部门对本单位的菌毒种施行统一管理。

1. 菌毒种登记程序　包括国家菌毒种编号；登记制度；菌毒种的检定制度；菌毒种的保存制度；菌毒种的销毁制度；菌毒种的索取、分发与运输制度等。

2. 菌毒种检定程序　包括菌毒种检定时限；检定结果的记录；洁净室操作管理规定；国家生物安全的相关规定；主要抗原表位的遗传稳定性检测。

3. 菌毒种保存程序　包括菌毒种保存时限；保存培养基的管理规定；保存菌毒种的编号管理；保存结果的记录；菌毒种的销毁。

4. 菌毒种销毁程序　销毁一类、二类菌毒种时，必须经本单位领导批准，并报请国家卫生行政管理部门或省、自治区、直辖市卫生行政管理部门认可。销毁三类、四类菌毒种必须经单位领导批准。销毁后应在账上注销，做出专项记录，写明销毁原因、方式和日期。

5. 菌毒种索取、分发与运输　包括菌毒种的索取；菌毒种的分发；菌毒种的运输管理规定。

（三）废弃物的危害与管理

由于微生物生产或实验过程中需进行大规模病原体培养，在生产车间或隔离区域进行活生物体操作的过程中和结束后，对有可能污染的区域和物品，如不及时进行原位消毒清洁，可能造成污染扩散。

由于疫苗生产过程中需进行大规模病原体培养，在生产车间或隔离区域进行活生物体操作的过程中和结束后，对有可能污染的区域和物品，如不及时进行原位消毒清洁，可能造成污染扩散。对生物制品生产过程中产生的污物和废弃物，特别是带有活生物体的污染物，如不能原位消毒处理需运送到别处消毒时，应放置在密闭容器内，用专用运输工具通过污物通道运输，避免产生污染扩散和交叉污染。此外，所有用于生产的设备，包括蒸汽灭菌柜、干烤箱、空气过滤系统、水处理系统、除菌过滤及超滤设备、洗瓶及灌封系统、冻干机等，都可能被病原体污染，应能原位消毒清洁。

（四）微生物气溶胶的危害与管理

微生物气溶胶的吸入是引起感染的最主要途径，防止微生物气溶胶扩散是控制病原微生物感染的重要方法。综合利用围场操作、屏障隔开、有效拦截、定向气流空气消毒等防护措施可以获得良好的效果。但由于气溶胶具有很强的扩散能力，工作人员在这些防护措施基础上，仍然需要进行个人防护，以防止气溶胶吸入。

1. 围场操作　是把感染性物质局限在一个尽可能小的空间（如生物安全柜）内进行操作，使之不与人体直接接触，并与开放的空气隔离，避免人的暴露。

2. 屏障隔离　微生物气溶胶一旦产生并突破围场，就要靠各种屏障防止其扩散，因此屏障也被视为第二层围场。例如，生物安全实验室围护结构及其缓冲室或通道，能防止气溶胶进一步扩散，保护环境和公众健康。

3. 定向气流　对生物安全三级以上实验室的要求是保持定向气流。

4. 有效消毒灭菌　微生物实验室的消毒主要包括空气、表面、仪器、废物、废水等的消毒灭菌。

5. 有效拦截　生物安全实验室内的空气在排出大气之前，必须通过高效粒子空气过滤器过滤，将其中的感染性颗粒阻拦在滤材上。

任务二　发酵工业中的职业防护

PPT

人们的生产劳动与劳动条件密不可分，劳动条件包括生产过程、劳动过程和生产环境等。

一般来说，与生产事故造成的突发性、直接性伤亡相比，职业性危害因素有三个特点：①慢性危害，一般是慢性的、渐进式的，积累到一定程度才表现出来；②群体危害，可以涉及生产现场的所有作业人员；③遗传危害，不仅危害劳动者本人，还可能危及下一代，如畸形、基因变异等，这一点特别是对女工影响较大。

因此预防职业危害是对劳动者从业健康的基本保障。

▶▶ 岗位情景模拟 10 – 1

情景描述　某 TMP 车间三名职工正在离心操作，孙某刚把离心机放满料液，发现刘某又往离心机放料，孙某走过去提醒刘某料已放满，情急之下刘某从离心机往外拿物料管，高速转动的离心机使物料溅到孙某的脸上，造成孙某眼部碱液严重烧伤及腈类物质中毒。

讨　　论　1. 企业要从哪些方面阻断、预防职业危害因素？
　　　　　　　2. 工作时佩戴规定的个人防护用品有什么作用？

答案解析

一、职业健康

（一）职业健康的概念

职业健康的研究对象是从事生产劳动及其他职业活动的人群。主要任务是识别、控制和消除职业性危害因素，预防职业性疾病的发生，保护和增强劳动者健康及其劳动能力。

人们的生产劳动与劳动条件密不可分，劳动条件包括生产过程、劳动过程和生产环境等。生产过程主要指生产所用材（物）料、生产设备和生产工艺；劳动过程主要指生产过程的劳动组织、操作方式（工具）和技术手段；生产环境主要指自然环境和为生产目的建立的人工环境。

（二）职业健康的危害因素

职业危害因素是指在生产过程、劳动过程、作业环境中存在或产生的对职工的健康和劳动能力产生有害作用并导致疾病的因素。按其来源可分为以下三类。

1. 与生产过程有关的危害因素

（1）化学因素　工业毒物，如铅、苯、汞、一氧化碳等；生产性粉尘，如砂尘、煤尘、有机性粉尘等。

（2）物理性因素　异常气候条件，如高温、低温、高湿、高压、低压等；辐射，如 X 射线、γ 射线、紫外线、红外线、高频电磁场微波、激光等；噪声；振动。

（3）生物因素　作业场所存在的微生物、病菌，如炭疽杆菌、布鲁杆菌、霉菌、病毒、真菌等。

2. 劳动过程中的危害因素　如作业时间过长、作业强度过大、劳动制度与劳动组织不合理、长时间强迫体位劳动、个别器官和系统过度紧张，均可造成对劳动者健康的损害。

3. 生产环境中的危害因素

（1）生产场所设计不合理　如厂房布局时把有粉尘源的车间放在上风口，建筑物容积或建筑构件与生产性质不相适应等。

（2）缺乏安全卫生防护设施　如作业场所采光、照明不足，地面湿滑，没有通风设备；防尘、防爆等设施缺乏或不足；个人防护用品不足或有缺陷等。

（3）特殊工作场所的不良作业条件　如由于生产工艺需要而设置的冷库低温、烘房高温等。

二、职业防护

（一）预防措施

生产企业应按照《中华人民共和国职业病防治法》等相关法律、法规的规定，制定相应的职业卫生管理制度，定期进行作业环境监测，配备职业病危害防护设施、应急救援设施及卫生辅助设施、专职的职业卫生管理人员，坚持对职工进行定期健康检查，严格执行健康监护制度。

1. 作业环境监测

（1）空气采样　可分为区域采样和个体采样两种方式，定点定时对空气质量进行监控，测定有害物质浓度，掌握空气质量准确数据。

（2）皮肤污染测定　对苯胺、四乙铅等（这类化学品能通过皮肤吸收）化学品的接触人员，测定其皮肤、衣服、手套等的污染量。

（3）生物学监测　采集人的生物样品，如尿液、血液、头发、指甲、唾液等，进行化学毒物化验检查，包括反映毒物吸收（如血铅、尿酚、发汞等）、毒作用、毒物所致病损三项指标，以判断毒物对人体组织器官是否产生了损害以及损害的程度。

2. 物理因素监测　物理因素对人体的作用强度，主要取决于发生源的特性数量、分布和距离等，监测时应确定监测点、监测时间和监测次数，并做好监测记录。物理因素的监测大多采用仪器测定，如评价作业地点的噪声强度和噪声分布情况等。

3. 生产性粉尘监测　主要包括粉尘浓度、粉尘分散度、粉尘中游离二氧化硅含量等。通过对作业场所空气中粉尘的分析检测，了解粉尘含量及其变化情况，以便及时采取相应的控制措施。

（二）职业健康监护

职业健康监护主要是通过预防性健康检查，早期发现职业性危害，以便及时采取措施减少或消除致害因素，同时对接触过致害因素的人员及早进行观察或治疗。

1. 健康检查

（1）就业前健康检查　对准备就业的人员进行健康检查。一般检查其体质和健康状况是否适合从事某职业，对危险作业是否有职业禁忌证和危及他人的疾病，如心脏病、精神病等；同时取得基础健康状况的第一手资料，供日后定期检查或进行动态观察时用作对比分析。

（2）从业人员定期体检　按一定时间间隔，主要针对接触职业危害因素的作业人员进行的健康检查。目的是及早发现和诊治职业病患者或其他疾病患者，并对高危易感人群做重点监护；发现有早期可疑症状者，进行职业病筛查，查出不适合从事某职业或某工种的人员，应调离或变换工种。

（3）离岗健康检查　对将调离或退职离开存在职业危害的岗位人员进行的健康检查。通过检查确认其在岗期间是否受到职业性危害，以消除离岗人员的心理担忧；若有危害，则应根据病情助其诊治。退休人员也应定期进行体检，以利于对某些潜伏期较长的职业病（如肺尘埃沉着病）及时进行治疗。

2. 建立职业健康监护档案

（1）劳动者职业史、既往史和职业病危害接触史。

（2）相应作业场所职业病危害因素监测结果。

（3）职业健康检查结果及处理情况。

（4）职业病诊疗等劳动者健康资料。

3. 跟踪监护　对接触过职业危害因素的工作人员或职业病疑似患者，应进行健康跟踪观察监护，并对其健康监护资料进行积累、统计分析，以期早预防、早治疗。

（三）防护用品的使用

所谓劳动防护用品，是指由生产经营单位为从业人员配备的，使其在劳动过程中免遭或者减轻事故伤害及职业危害的个人防护装备，属于生产劳动过程中个人随身穿戴或佩戴的防护用品。

1. 劳动防护用品的分类　从劳动卫生学的角度，劳动防护用品通常按人体防护部位分类。我国制定的标准《劳动防护用品分类与代码》，将劳动防护用品按照人体防护部位分成九大类。

（1）头部防护用品　用于保护头部免遭或减轻外力冲击、碰撞、挤压和其他危害。通常是工作帽和安全帽。目前主要有普通工作帽、防冲击安全帽、防尘帽、防水帽、防寒帽、防静电帽、防高温帽、防电磁辐射帽、防昆虫帽九类产品。医药化工企业一般选用安全帽、防静电帽（图10-1）、防尘帽。

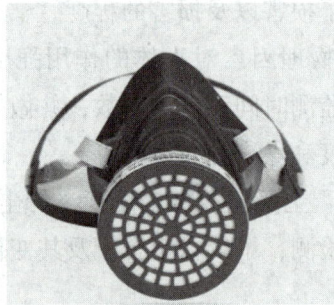

（2）呼吸器官防护用品　用于保护呼吸器官免遭或减轻有毒有害气体、蒸气、粉尘、烟、雾等的危害。按用途分为防尘、防毒、供氧三类；按功能又分为过滤式、隔离式两类。医药化工企业一般选用防毒口罩和过滤式防尘口罩（图10-2）。

图10-1　防静电帽　　　图10-2　过滤式防尘口罩

（3）眼（面）部防护用品　用于保护眼（面）部免遭或减轻飞溅异物、高温、辐射、风沙、化学溶液或烟雾等的侵害。根据防护功能，分为防尘、防水、防冲击、防毒、防高温、防电磁辐射（射线）、防酸碱（图10-3）、防风沙、防强光九类，主要有各类眼镜、眼罩、面罩、护目镜等产品。

（4）听觉器官防护用品　用于保护听觉器官免遭或减轻噪声、爆震声和其他危害。根据防护功能，分为防水、防寒、防噪声三类，主要有耳塞、耳罩、防噪声帽等护耳产品（图10-4）。

（5）手部防护用品　用于保护手、臂部免遭或减轻意外伤害和其他危害。通常是手套。按照防护功能，分为普通防护手套（袖套）和防水、防寒、防毒、防静电、防高温、防射线、防酸碱（图10-5）、防油、防振、防切割手套及电绝缘手套十二类。每类手套按制作的材质和式样不同又分为许多品种，分别适用于不同的场合。

图 10-3　防酸碱护目镜　　　　图 10-4　头戴式防噪音耳机

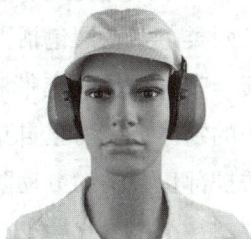

（6）足部防护用品　用于保护足、腿部免遭或减轻各种损伤和其他危害。通常是鞋和靴。按照防护功能，主要包括防尘、防寒、防滑、防振、防静电鞋和防高温、防酸碱、防油、防刺穿鞋（靴）以及防水靴、电绝缘鞋（靴）、防烫脚盖、防冲击安全鞋（图 10-6）十三类产品。

图 10-5　防酸碱手套　　　　图 10-6　防冲击安全鞋

（7）躯体防护用品　用于保护躯体免遭或减轻作业场所物理、化学、生物等因素的危害。通常是防护服。按照防护功能，主要包括普通工作服（图 10-7）、防水服（雨衣或围裙）、防寒服（棉大衣或皮夹克）、防毒服（连体衣）（图 10-8）、阻燃服、潜水服、耐酸碱服、防油服、水上救生衣、防静电服、防高温服、防辐射服、防昆虫服、防风沙服、带电作业屏蔽服、防冲击背心、反光标志服等产品。每类服装按制作的材质和式样不同又分为许多品种，分别适用于不同的场合。

图 10-7　普通工作服　　　　图 10-8　防毒服

（8）皮肤防护用品　用于保护脸、手等裸露皮肤免遭或减轻有毒有害物质的侵蚀。按照防护功能，分为防毒、防照射（放射线或暴晒）、防涂料、防冻（皲裂）、防污（蚀）五类，主要有洗涤剂、毛巾、肥皂、护肤油膏、驱蚊剂等产品。

（9）防坠落及其他护品　防坠落护品用于保护高处作业者免遭或减轻坠落伤害。按照防护功能，主要分为安全网和安全带两类。安全网包括平网和立网，通常在高处作业场所的边侧立装或下方平装安全网。安全带包括围杆安全带、悬挂安全带和攀登安全带，作业人员（电工、架子工、维修工等）运用安全带将身体系于牢固的物体上，防止自身不慎坠落。

其他护品属不能按防护部位分类的劳动防护用品，主要有遮阳伞、登高板、电绝缘板、防滑垫、水上救生圈、脚扣等。

2. 劳动防护用品的选用

（1）选择　如何正确选用劳动防护用品，以我国最新公布的《个体防护装备选用规范》为依据。此标准明确了常用防护性能，规定了选用的原则和要求，劳动者可根据作业类别、危险特性与防护用品的配伍关系，按编号查找选用劳动防护用品。

劳动防护用品的选用原则是，首先保证劳动者安全与健康，同时又不影响正常操作。防护用品若选用不当，有可能导致伤亡事故的发生。

（2）使用　生产劳动现场的管理者和作业者，都应该重视劳动防护用品的正确使用。应注意以下几点：①在使用防护用品前，必须认真检查其防护性能及外观质量是否合格；使用的护品与防御的有害因素是否匹配；②劳动防护用品的使用必须在其性能范围内，严禁使用过期或失效的护品，不得超极限使用，不得使用未经国家指定和检测达不到标准的产品，不能随便代替，更不能以次充好；③严格按照使用说明书，正确使用劳动防护用品。

对防护用品要有专人保管，并定期检查与维护等，以确保安全和卫生。

实训二十二　消防器材的使用

一、实验目的

能够根据不同的火灾类型选择合适的灭火器；熟练使用常见的灭火器材。

二、实验原理

根据可燃物的类型和燃烧特性，将火灾分为 A、B、C、D、E 五类，见表 10-2。此种分类方法对灭火器材的选用具有指导作用。

表 10-2　火灾按可燃物的类型和燃烧特性分类表

类别	燃烧特性	举例
A 类	固体物质火灾	管制保温材料、煤炭等燃烧造成的火灾
B 类	液体或可熔化的固体物质火灾	乙酸丁酯、丙酮等燃烧造成的火灾
C 类	气体火灾	氢气、乙炔等燃烧造成的火灾
D 类	金属火灾	钾、钠、镁等燃烧造成的火灾
E 类	带电火灾	物体带电等燃烧造成的火灾

三、实验器材及材料

干粉灭火器仿真教学系统、消防栓仿真教学系统。

四、实验内容

常用灭火器材及消防设施的使用方法。

（一）消防栓的使用

防栓的使用程序如图 10－9 所示。

1.打开或击碎箱门，取出消防水带　　　2.展开消防水带　　　3.水带一头接到消防栓接口上

4.另一头接上消防水枪　　　5.另外一人打开消防栓上的水阀开头　　　6.对准火源根部，进行灭火

图 10－9　消防栓的使用程序

（二）消防栓的日常维护

（1）定期检查消火栓是否完好，有无生锈现象。

（2）检查接口垫圈是否完整无缺。

（3）消火栓阀门上应加注润滑油。

（4）定期进行放水检查，水压水量是否符合正常范畴，以确保火灾发生时能及时打开放水。

（5）灭火后，要把水带洗净晾干，以盘卷或折叠方式放入箱内，再把水枪卡在枪夹内，关好箱门。

（6）要定期检查卷盘、水枪、水带是否损坏，阀门、卷盘转动是否灵活。

（7）定期检查消火栓箱门是否损坏，门是否开启灵活，水带架是否完好，箱体是否锈死。发现问题要及时更换、修理。

（三）手提式干粉灭火器的使用

（1）使用前，先把灭火器摇动数次，使瓶内干粉松散。

（2）在距离燃烧处五米左右，拔下保险销，握住喷射软管前端喷嘴部，另一只手将开启压把压下进行灭火，如在室外喷射，操作人员应站在火源的上风方向。

（3）灭火时对着火焰的根部平射，由近及远，向前平推，左右横扫，不让火焰窜回。

（4）在扑救液体火灾时，因干粉灭火器具有较大的冲击力，不可将干粉直接冲击液面，以防把燃烧的液体溅出，扩大火势。

五、重点提示

（1）灭火器放在阴凉干燥便于取用的地方。

（2）喷射时，操作人员应站在火源的上风方向。

（3）干粉灭火器需要经常检查压力表压力，当指针低于绿区，即进入红区时，应送专业机构检修。

（4）灭火器材使用时禁止对着人。

实训十三　发酵生产的个人防护

一、实验目的

1. 掌握　正确佩戴个人防护用品的方法。

2. 熟悉　常用个人防护用品种类。

二、实验原理

按照我国制定的《劳动防护用品分类与代码》标准，劳动防护用品按照人体防护部位分类，共分九大类包括头部、呼吸器官、眼（面）部、听觉器官、手部、足部、躯体、皮肤等部位防护用品和防坠落及其他护品。

三、实验器材及材料

防冲击安全帽、半面罩防毒面具、全面罩防毒面具、防毒服。

四、实验内容

正确佩戴防冲击安全帽、半面罩防毒面具、全面罩防毒面具；正确使用防毒服。

（一）防冲击安全帽

防冲击安全帽可以防止物体打击伤害、高处坠落伤害头部、机械性损伤以及污染毛发伤害等。

安全帽如图 10 - 10 所示，佩戴方式如下。

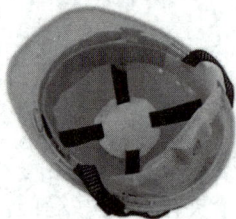

（1）戴安全帽前应将帽后调整带按自己头形调整到适合的位置，然后将帽内弹性带系牢。缓冲衬垫的松紧，由带子调节的头顶和帽体内顶部的空间垂直距离一般在 25 ~ 50mm 之间，以至少小于 32mm 为好。

（2）不要把安全帽歪戴，也不要把帽檐戴在脑后方。

（3）安全帽的下颌带必须扣在颌下，并系牢，松紧要适度，这样不至于被大风吹掉，或者被其他障碍物碰掉，或者由于头的前后摆动，使安全帽脱落。

图 10 - 10　安全帽

（二）半面罩防毒面具

半面罩防毒面具如图 10 - 11 所示，佩戴方式如下。

（1）首先，将扣着的头部底部搭扣解开，将半面罩面具覆盖在口鼻上面。其次，拉起半面罩防毒面具上端的头带，将其置于头顶的位置上面，进行调整。再次，将位颈后的头带底部搭扣扣住。最后，对头带进行调整，使面具与脸部密合，不留缝隙（图 10 - 11）。

（2）使用者用手掌将滤毒盒表面盖住，然后轻轻吸气。半面罩防毒面具会有轻微塌陷，并向脸部靠拢。如果在此期间感觉到气体从面部及面具间漏进，应重新对面罩的位置、头带等进行调节，之后再次进行测试，直至密合良好。

（三）全面罩防毒面具

全面罩防毒面具，如图 10 - 12 所示，佩戴方式如下。

（1）放松全面罩防毒面具头带调整至最长。

（2）两手拇指穿过头带将全面罩防毒面具拿起，如配置有背包呼吸管，将其套过头部。

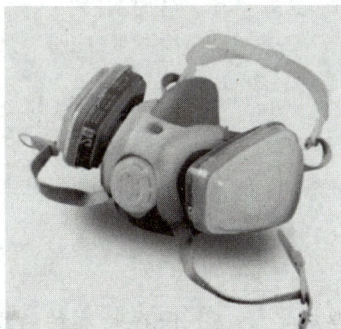

图 10 –11　半面罩防毒面具　　　　　　图 10 –12　全面罩防毒面具

（3）将头带向上拉起，将头发拂过面部密封区，套向脑后中部，并使下颌进入下颌杯。

（4）确保全面罩防毒面具位于面部正中，将下方两条系带拉紧使其贴合脑后。拉紧上方两条系带。

（四）防毒服

（1）穿衣时，将防毒服展开（头罩对向自己，开口向上），撑开防毒服的颈口、胸襟，两腿先后伸进裤内，穿好上衣，系好腰带。戴上防毒面具后，戴上防毒衣头罩，扎好胸襟，系好颈扣带。戴上手套放下外袖并系紧。

（2）脱衣时，自下而上解开各系带，脱下头罩，拉开胸襟至肩下，脱手套时，两手缩进袖口内并抓住内袖，两手背于身后脱下手套和上衣。再将两手插进裤腰往外翻，脱下裤子。

五、重点提示

（1）正确佩戴安全帽才能保证受到冲击时，帽体有足够的空间可供缓冲，平时也有利于头和帽体之间的通风。

（2）半面罩防毒面具和全面罩防毒面具要进行气密性检查，漏气情况不利于安全防护。

（3）要防止防毒服破损，如果有破口，防毒服的防护作用就会消失。

目标检测

答案解析

一、单项选择题

1. 微生物的危害等级中最严重的是（　　　）

　　A. 第Ⅰ级　　　　　　　　B. 第Ⅱ级　　　　　　　　C. 第Ⅲ级

　　D. 第Ⅳ级　　　　　　　　E. 第Ⅴ级

2. 在生产劳动过程和作业环境中存在的危害劳动者健康的因素，称为（　　　）

　　A. 职业性危害因素　　　　B. 劳动生理危害因素　　　C. 劳动心理危害因素

　　D. 劳动环境危害因素　　　E. 劳动操作危害因素

3. 下列职业危害因素中，属于化学因素的是（　　　）

　　A. 高温　　　　　　　　　B. 辐射　　　　　　　　　C. 工业毒物

　　D. 病毒　　　　　　　　　E. 细菌

4. 下列不属于劳动防护用品的作用的是（　　　）

A. 隔离作用   B. 过滤作用   C. 屏蔽作用

D. 保险作用   E. 治疗作用

二、多项选择题

1. 防止微生物气溶胶扩散的措施包括（　　　）

A. 围场操作   B. 屏障隔离   C. 定向气流

D. 有效消毒灭菌   E. 有效拦截

2. 菌毒种保存程序包括（　　　）

A. 菌毒种保存时限   B. 保存培养基的管理规定   C. 保存菌毒种的编号管理

D. 保存结果的记录   E. 菌毒种的销毁

3. 维护生物安全应当贯彻总体国家安全观，统筹发展和安全，坚持（　　　）的原则

A. 以人为本   B. 风险预防   C. 分类管理

D. 协同配合   E. 效率优先

书网融合……

知识回顾   微课   习题

参考文献

[1] 陈明琪. 药用微生物学基础 [M].3 版. 北京：中国医药科技出版社，2017.

[2] 陈梁军. 生物制药工艺技术 [M]. 北京：中国医药科技出版社，2017.

[3] 田华. 发酵工程工艺原理 [M]. 北京：化学工业出版社，2018.

[4] 李光跃. 安全生产与环境保护 [M]. 哈尔滨：哈尔滨工程大学出版社，2020.

[5] 于文国. 发酵生产技术 [M].3 版. 北京：化学工业出版社，2015.

[6] 徐锐. 发酵技术 [M]. 重庆：重庆大学出版社，2016.

[7] 夏焕章. 发酵工艺学 [M].4 版. 北京：中国医药科技出版社，2020.

[8] 许赣荣，胡鹏刚. 发酵工程 [M]. 北京：科学出版社，2013.

[9] 雷德柱，胡位荣. 生物工程中游技术实验手册 [M]. 北京：科学出版社，2010.

[10] 诸葛健. 现代发酵微生物实验技术 [M].2 版. 北京：化学工业出版社，2011.